基幹講座 数学 編集委員会 編

基幹講座　数学

集合・論理と位相

新井敏康 著

代表編集委員

砂田 利一
新井 敏康
木村 俊一
西浦 廉政

東京図書

『基幹講座 数学』刊行にあたって

数ある学問の中で，数学ほど順を追って学ばなければならないものは他にはないだろう．5世紀の新プラトン主義者であるプロクルスは，ユークリッドの『原論』への注釈の中で，「プトレマイオス王が，幾何学を学ぶのに手取り早い道はないものかとユークリッドに訊ねたところ，『幾何学に王道なし』とユークリッドは答えた」という有名な逸話を述べている．この逸話の真偽は別として，数学を学ぶには体系的に王道を歩むことしかないのである．これを怠れば，現代数学の高みに達することは覚束ないし，科学技術における真のイノベーションを期するための数学的知識の獲得も困難になるだろう．

本講座は，理工系の学生が学ぶべき数学を懇切丁寧に解説することを目的としている．ただ単に数学的事柄を並べるだけでなく，通常は行間にあって読者が自力で読み解くことが期待される部分にも十分注意を払い，ともすれば長く暗いトンネルの中を歩くかのような学習を避けるために，随所に「明り採り」を設けて，数学を学ぶ楽しさを味わってもらう．古代バビロニア以来の4,000年の歴史を持つ数学を，読者には是非とも理解し楽しんでもらいたい．これが本講座の著者たちの切なる願いである．

2016年8月

代表編集委員

砂田 利一

新井 敏康

木村 俊一

西浦 廉政

序

本書では大学で微分積分学や線型代数学をある程度は学んだ読者を想定して，集合と位相に関する初歩を解説する．集合も位相も数学全体の基礎・基本となる題材である．

しかしこう書いてみたものの，実際には「集合・位相」の授業は数学科ではあまり評判がよくないように思う．すぐにどこで役立つか分からないし，なにより抽象的すぎて理解できないという受講生の声をよく聴く．たしかにそういう面はあるのだが，ここを通らなければ先へ進めない関門であることも確かなのである．エウクレイデス（ユークリッド）の言と言い伝えられている「幾何学に王道なし」とはこのことであろうか．

数学（の言葉）は一度，読んだだけではさっぱり分からないのがふつうである．それで分からないときにはどうしたらいいか？ 先ずその「言葉」を書き写す，声に出して復誦する．これで少し気持ちが落ち着く．しかしそれでも分かった気がしないものである．そのときにはその定義なりにあてはまる例を考える．しかしこれはある程度数学の経験を積まないとできない芸当である．それでものごとを搦め手から考えてみるのも手である．その定義が成り立たない状況を思い描く．すると少しだけ成り立つ状況の輪郭が明らかになってくる．例えば微分積分学で既に見たことがあるかもしれないが，実数上の関数 $y = f(x)$ が点 $x = a$ において連続であるとは「いかに小さな正の数 ε が与えられても（それに応じて）正の数 δ を十分に小さく取れば，$|x - a| < \delta$ となっている任意の x について必ず $|f(x) - f(a)| < \varepsilon$ が成り立つ」と定義される．気持ちは「a のそばの x では関数の値 $f(x)$ は $f(a)$ にすごく近い」なのだが，これでは数学の定義にならない．「そば」や「近い」ってどのくらいの差の範囲なのかが何も言われていないからである．そこで不連続つまり連続ではない関数の例を挙げてみよう．思いつくのはどこかで関数のグラフが途切れている関数であろうか．しかし世の中にはおそろしいこともあるもので「各点で不連続な関数」などというのまで存在するのである．何が言いたいかというと，手で触れることができないばかりか目で見ることもできないようなものまでが数学の

対象だということである．するとそのような対象を統御するには先ずは言葉によるしかない．しかし言葉は所詮は言葉であり，そこを通り過ぎて初めて直観が働きだす．言葉はそのための入り口に過ぎないことも覚えておいてほしい．

さて本書の章立てを見てみよう．1 章，2 章，3 章，4 章が第 I 部でそこで集合・論理を解説する．続いて 5 章，6 章，7 章，8 章から成る第 II 部で位相を扱う．

集合は（現代）数学における言葉である．これに対抗しうるのは，圏 (category) であろうが，やはりまだ現代の数学のほとんどは集合の言葉で書かれていると言ってよい．ガリレオ・ガリレイの言葉に「自然は数学の言葉で書かれている」[1] というのがあるそうだが，この伝でいうと「数学は集合の言葉で書かれている」といったところだろうか．この「集合の言葉」は日常語=母語と違うという意味で一種の外国語だと覚悟したほうがよい．第 1 章では集合の基本中の基本を説明する．数学が集合の言葉で書かれているとしたらその文法は如何に？ それが論理であると考えて第 2 章では，集合に関する議論の背後で動いている「論理」をやや明確に表に出して解説した．論理的な議論の一部を機械的な式変形として扱えるようになると，集合の入り口における障壁のひとつは取り除かれると考えたからである．つぎの第 3 章は関数を一般化した写像，そしてベキ集合と集合の積と商が扱われる．このあたりが正に数学の言葉であり，じっくりと学ぶ必要がある．ここの集合の積に関連して選択公理という公理が導入される．第 4 章においてこの選択公理からツォルンの補題（実はふたつは同値である）が導かれる．このツォルンの補題はときどき要所で顔を出す原理である．多くの類書では選択公理から整列化可能定理という事実を先ず導いて（あるいは整列集合を導入して），そこからツォルンの補題を証明するのだが，本書ではこの証明の途中を省くために 3.3.1 項において帰納的定義の一般論を述べた．整列順序や順序数をすべて省いたのは入門書としての性格を考えての処置である．帰納的定義自体は数学のあちこちで使われているのだが，それを主題に説明した類書は少ない．第 4 章の残りで，濃度（集合の大きさのこと）のごく初歩を説明した．

つぎに第 II 部の位相篇は具体から抽象へと階段を昇っていく構成である．

[1] これには様々な訳があるようである．

先ず第5章で実数の位相的性質を実数の連続性から導いた．これは微分積分学の基礎の復習であるが，そこで出てくる多くの性質や概念が後に一般化され，また定義そのものとなっていくことを目撃することになる．つぎに第6章において，ユークリッド空間 $\mathbb{R}^n$ における点列の極限の概念を出発点にして，そこから $\mathbb{R}^n$ の位相をつくっていく立場を取った．コンパクト性や連結性といった位相空間での最も重要な概念をユークリッド空間の上で実体験する．それから第7章で距離空間を抽出する．距離空間は2点間の距離が定まっているような任意の空間のことである．さらに距離空間の完備性（実数の完備性と似た概念）とコンパクト性を扱う．最後の第8章でようやく一般的な位相空間を導入する．位相空間は「近さ」の概念が定義された空間のことである．ここで，与えられた位相空間から別の位相空間を構成する方法を述べた．

このように具体から抽象に進むのは実は効率が悪い．初めに最も抽象的な設定をしてそこで成り立つ性質を一般的に述べておけば，具体的な場面で証明し直す必要がなくなる．これが現代の数学の書かれ方であろう．しかし一般的な位相空間の定義をいきなり見せられても初学者にとってはそれこそ呪文にしか思えないだろう．そう考えて敢えて逆順に題材を並べてみた．すると実数で成り立つことは，適当に言い換えれば一般の n 次元のユークリッド空間 $\mathbb{R}^n$ でも成り立ち，$\mathbb{R}^n$ に関する議論の多くが一般の距離空間でも同様にできることになる等々．繰り返しが多くて効率が悪い．それでもこの繰り返しを何度も厭わずに述べた．そのたびに読者は前の章に戻って証明を，新しい一般化された設定のもとで是非とも読み直してほしい．証明も一度，読んだだけでは頭に入らないのがふつうである．繰り返して慣れることが肝要と心得よ，である．

なお，はじめにも述べたが本書は，通常，大学1年で学ぶ微分積分学や線型代数学といった数学を一度は通ってきた（理解したではない）方々を読者として想定している．本書の題材は論理的な順序だけで言えば，微分積分学や線型代数学に先立つものである．そのためか後者を学ぶ前，あるいはその学習と並行して大学に入学してすぐに「集合・位相」の授業がある数学科も珍しくない．しかし管見では，集合・論理と位相などの抽象的な題材は，ある程度の数学的成熟の後に学ぶのがよいと考えており，大学入学直後に教えるのは賛成しかねる．この意味での読者の想定であることをご理解頂きたい．

参考文献

巻末の関連図書についてふれておく．本書の第 3 章以降を執筆する際に常に机上にあり，多いに参考にさせて頂いたのが [2, 3, 5] の三冊である．先ず松坂和夫先生の [5] はこの分野の教科書として定評のあるロングセラーで，美しい日本語で集合と位相が解説されている．齋藤正彦先生の [3] には最近の数学科の授業ではあまり扱われず，本書でも割愛してしまった実数論（自然数からの実数の構成）を含めて「数学の基礎」という立場から集合・数・位相が書かれている．また斎藤毅氏の [2] は集合と位相を語る際に圏論の視点が取り入れられ，さらに具体的な例が数学の現場から数多く取られている．また本書のツォルンの補題の証明は [2] から取った．いずれも優れた良書で，参考にさせて頂いたことを感謝申し上げる．本書で微分積分学からの簡単な例がいくつか出てくるが，微分積分学をこれから学ばれる方には微分積分学を「数学の文法」の観点から書かれた 砂田利一先生の [4] を薦めたい．また本書が難しいと感じられる方には，先ず数学の言葉の気持ちを説明してくれる新井紀子の [1] を手に取られるとよいと思う．

2016 年 8 月

新井敏康

目次

◆装幀　戸田ツトム・今垣知沙子

第1章　集合の基本

ここでは集合に関する最も基本的な記法や演算を導入する．

§1.1　集合とその記法

ものの集まりをひとまとめにして考察の対象にしたものを集合という．集合を構成するひとつひとつのものをその集合の要素とか元（げん）と呼ぶ．ものの集まりを「集合」としてひとつの対象にすることで，それらの関係や演算を考えることができるようになり，われわれの思考の操作対象とすることができる．

a が集合 A の要素であることを，

$$a \in A$$

と書き表す．これは $A \ni a$ とも書き表される．読み方は「a は 集合 A の要素である・元である」「a は集合 A に属する」「集合 A は a を要素に（として）持つ」などという．

集合はたいてい大文字 $A, B, C, \ldots, X, Y, Z$ 等で書き表し，それらの要素は小文字 $a, b, c, \ldots, x, y, z$ で書き表す．しかし後に述べるように，この集合と要素の区別は常に暫定的なものであることを覚えておいたほうがよい．

a が A の要素ではないことを

$$a \notin A \text{ または } A \not\ni a$$

で表す．

要素をひとつも持たない集合を空集合（くうしゅうごう）と呼んで，記号 $\emptyset$ で表す．したがって，どんな a についても $a \notin \emptyset$ となる．

ふたつの集合 A, B について，それらの要素が一致する，つまり A と B が持っている要素が同じときに，集合 A と B は等しいと言い，

$$A = B$$

で表す．つまり $A=B$ は，A の要素 a はみな B の要素であり，かつ逆に B の要素 a はみな A の要素である場合を言う．任意の a について「$a \in A$ ならば $a \in B$, かつ $a \in B$ ならば $a \in A$」あるいは「$a \in A$ は $a \in B$ の必要十分条件」ということである．

注意

　したがって，空集合はひとつしかない．つまり A, B がいずれも要素をひとつも持たない集合ならば $A=B$ である．これにより空集合を表す記号 $\emptyset$ が意味を持つことになる．数学において特定のものを表すために決まった記号を使うことができるのは，その定義によって表されている対象が存在してしかもただ一つに決まる場合に限られる．空集合 $\emptyset$ は集合としてひとつに決まるのだからひとつの決まった記号で表される資格があることになる．

　さて読者はこのふたつの集合の間の「等しい」という関係（集合の相等関係）をわざわざ定義したことを奇異に感じる方もおられよう．整数のような初等的対象では「等しいものは等しい」という同語反復で納得してきた．あるいはわれわれの定義如何に関わらず「等しい」という関係はどこかで予め定まっていると感じていたであろう．しかし新たな対象を数学に導入するとき，それらの間の最も基本的な関係は「いつ・どのようなときにそれらが等しいか」であり，これは定義しなければならない．たとえば，線型代数学において行列が導入された直後に，ふたつの行列が等しいと呼ばれるのはどのようなときか定義されたはずである．集合とはものの集まりであるから，その要素が等しいときに等しいと定めた．つまり集合という対象を考えるときには，それがどのように与えられたか，どのようにその集合を定めたかということはまったく考えない，と言っているに等しい定義である．

　さて A と B が等しくないことは

$$A \neq B$$

と表される．$A \neq B$ となるのは，

1. A の要素 a で B の要素でないもの ($a \in A$ かつ $a \notin B$) が存在するか，または
2. B の要素 a で A の要素でないもの ($a \in B$ かつ $a \notin A$) が存在する

場合である．

ふたつの集合 A, B について，A の要素 a がみな B の要素であるとき，A は B の部分集合といって，

$$A \subset B$$

で表す[1)]．つまり $A \subset B$ ということは，任意の x について $x \in A$ であれば必ず $x \in B$ となっているということである．

$A \subset A$ と $\emptyset \subset A$ はつねに正しく，空集合 $\emptyset$ の部分集合は自分自身 $\emptyset$ のみである．また $A = B$ であることと $A \subset B$ と $B \subset A$ の両方が成立することは同値である．さらに集合 A, B, C について，$A \subset B$, $B \subset C$ がともに正しければ $A \subset C$ となる．

説明　最後に述べた事実だけ説明しておこう．いま $A \subset B$ と $B \subset C$ がともに正しいと仮定する．このとき $A \subset C$ を示すためには，任意に x を取って，$x \in A$ であることを仮定する．この仮定のもとで $x \in C$ を示す．先ずはじめの仮定のひとつ $A \subset B$ より，任意の y についてもし $y \in A$ ならば $y \in B$ である．ここで特に $y = x$ と取ると，仮定 $x \in A$ より $x \in B$ であることが分かる．次にもうひとつの仮定 $B \subset C$ より，任意の z についてもし $z \in B$ ならば $z \in C$ である．そこで $z = x$ として，さっき分かった $x \in B$ より $x \in C$ となる．よって $x \in A$ ならば $x \in C$ であることが分かった．ここまで x は任意であったから，これは定義により $A \subset C$ を意味する．こうして $A \subset B$ と $B \subset C$ を仮定すれば $A \subset C$ が正しいことが分かった．

ここで使った一般的事実を書いておこう．任意の集合 A, B と任意の対象 x について以下が成立する：

$$A \subset B \text{ であるとき，} \quad x \in A \text{ であるならば } x \in B$$

A が B の部分集合ではないことは

$$A \not\subset B$$

と書かれ，これは A の要素 a で B の要素でないもの ($a \in A$ かつ $a \notin B$) が存在することと同値である．このことから $\emptyset \not\subset A$ はつねに正しくないことが

[1)] $A \subset B$ を $A \subseteq B$ と書く流儀もある．

分かる．なぜなら $a \in \emptyset$ となる a は存在しないからである．したがって，上で述べたように $\emptyset \subset A$ が正しいとせざるを得ない．

さて A が B の部分集合だが A と B が等しくないときに，A は B の真部分集合であるといい $A \subsetneq B$ と書く[2)]．これは，$A \subset B$ かつ $B \not\subset A$ と同値であり，言い換えれば，A の要素がみな B の要素であり，しかも B の要素で A の要素でないものが存在するということである．A が B の真部分集合ではないことは $A \not\subsetneq B$ と書かれる．これは，$A \not\subset B$ かまたは $A = B$ と言い換えられる．

ひとつ注意をする．ここまで集合の間に定義した関係 $A \subset B$, $A \not\subset B$, $A \subsetneq B$ および $A \not\subsetneq B$ はすべて集合の間の相等関係と「両立する」．この言葉の意味は，$A_0 = A_1$ かつ $B_0 = B_1$ ならば，$A_0 \subset B_0$ であることと $A_1 \subset B_1$ であることは同値である，ということである．$A \not\subset B$, $A \subsetneq B$, $A \not\subsetneq B$ についても同様．これらの関係の相等関係に対する両立性は，要素のレベルに落として考えれば明らかだが，それよりもこれらの集合 A, B 間の関係がそれらの要素に関する条件から規定されているという事実から分かる．つまり集合の要素に関する条件から決まるような集合の間の関係は，つねに集合のこの相等関係と両立する．なぜなら集合はただその要素だけから決まるからである．

集合を書き表すのに2通りの方法がある．

先ず，その要素を並べて括弧で括って集合を表す外延的記法，たとえば

$$\{1, 2, 3, 4\}$$

は5より小さい正の整数の集合[3)]の要素を並べて表したもので，その要素は $1, 2, 3, 4$ である．このようなとき「要素 $1, 2, 3, 4$ から成る集合」という言い方をする．集合では何がその要素かだけが問題なのでその要素をどんな順序に並べても，あるいはひとつの要素を2回以上書き並べても（ふつうはこうはしないけど）同じ集合になる．たとえば

2) $A \subsetneq B$ を $A \subset B$ と書くひともたまにいる．

3) 本書では自然数に0（ゼロ）を含めておくことにする．

$$\{1,2,3,4\} = \{3,2,4,1\} = \{1,1,3,4,2,4\} = \{1,2,4,1,3,4\}.$$

数学では，数の集合の書き表し方がつぎのように決まっている．

$$\begin{aligned}
\mathbb{N} &:= \text{自然数全体から成る集合} = \{0,1,2,\ldots\}\\
\mathbb{Z}^+ &:= \text{正整数全体の集合} = \{1,2,3,\ldots\}\\
\mathbb{Z} &:= \text{整数全体から成る集合}\\
\mathbb{Q} &:= \text{有理数全体から成る集合}\\
\mathbb{R} &:= \text{実数全体から成る集合}\\
\mathbb{C} &:= \text{複素数全体から成る集合}
\end{aligned}$$

なお，ここで

$$A := B$$

は「A を B で定義する」という意味である．A, B が条件のときには

$$A :\Leftrightarrow B$$

と書く．

自然数全体の集合のように要素が無限にある場合には

$$\mathbb{N} = \{0,1,2,\ldots\}$$

と点々 $\ldots$ で「以下，同様に続く」という気持ちを表せるが，そこで順序を入れ替えてしまうと $\{2,1,100,5,66,\ldots\}$ ではこの気持ちが伝わらないので，通常は大小順に並べて表す．

しかし要素がたくさんある集合を表すには外延的記法は不向きで，そのときには「$\cdots$ という条件を充たす要素 x を集めてできる集合」という内包的記法

$$\{x|\cdots\} \text{ または } \{x:\cdots\} \text{ あるいは } \{x;\cdots\}$$

によって集合を記述する．ここで $\cdots$ は要素 x に関する条件である．たとえば

$$\{1,2,3,4\} = \{x|x<5\} = \{x|x=1 \text{ または } x=2 \text{ または } x=3 \text{ または } x=4\}$$

である．

ところで何も言わずに $\{x|x<5\}$ と書いたとき，ここでの x は何を指しているだろうか？ 高校での数学では実数であろうが，それは「高校数学」という文脈に依存している．

いま考えている対象全体をそこの議論での全体集合と呼ぶ．たいていの場合は何がそこでの全体集合かは文脈によって決まっているので明示する必要はないが，たとえば「正整数 x について」と言ったらそのときの全体集合は $\mathbb{Z}^+$ である（ことが多い）．

そこで変数 x が何を指しているか文脈から明らかなときには $\{x|x<5\}$ でよいのだが，正確を期すには，そこでの全体集合を明示して，たとえば全体集合が $\mathbb{Z}^+$ つまり変数 x が正整数を表すときには

$$\{x \in \mathbb{Z}^+|x<5\}$$

と書く．

よって $P(x)$ が x に関する条件で，U が全体集合であるとき，$\{x \in U|P(x)\}$ は，条件 $P(a)$ を充たす U の要素 a 全体から成る集合を表す．

$$a \in \{x \in U|P(x)\} \text{ iff } a \in U \text{ で } P(a) \text{ が成り立つ}$$

ここで iff は「if and only if」の略記で「同値」「必要十分条件」ということと同じである．

「$P(a)$ が成り立つ」を別の言い方にすれば「a は条件 $P(x)$ を充たす」ともいう．明らかに集合 $\{x \in U|P(x)\}$ はつねに集合 U の部分集合である．実は数学において内包的記法を用いるのは，ほとんどの場合，ある集合 U の部分集合をつくるときである．なんらかの集合 U が既に考えられている状況で，その要素 x のうちである条件 $P(x)$ をみたすもの全体を考えて新しい集合 $\{x \in U|P(x)\}$ を対象とする．

たとえば（実）数直線 $\mathbb{R}$ 上において，$a, b \in \mathbb{R}$ を端点とする区間は

$$[a,b] = \{x \in \mathbb{R}|a \leq x \leq b\} \quad \text{閉区間}$$

$$(a,b) = \{x \in \mathbb{R}|a < x < b\} \quad \text{開区間}$$

半開区間なら $(a,b] = \{x \in \mathbb{R} | a < x \leq b\}$, $[a,b) = \{x \in \mathbb{R} | a \leq x < b\}$ である．また実数 x に対して $-\infty < x < \infty$ と定めて，これらの区間における開いている端点を $-\infty, \infty$ で置き換えて無限区間 $(-\infty, b] = \{x \in \mathbb{R} | x \leq b\}$,$[a, \infty) = \{x \in \mathbb{R} | a \leq x\}$, $(a, \infty) = \{x \in \mathbb{R} | a < x\}$, $(-\infty, b) = \{x \in \mathbb{R} | x < b\}$, $(-\infty, \infty) = \mathbb{R}$ も定義される．

なお，開区間を表す (a,b) は，2.5 節で導入する a と b の順序対（組とも呼ぶ）(a,b) と同じ表記だが，ともにこのように表記する習慣なので敢えて記法上で区別せず，混乱の怖れがあればその都度，断るようにする．

要素が無限にある集合を無限集合といい，要素が有限個しかない集合を有限集合という[4)]．空集合は有限集合であり，有限集合 A は外延的記法によりその要素を書き並べて

$$A = \{a_1, \ldots, a_n\} \, (n = 0, 1, 2, \ldots)$$

と（原理的には）書ける．ここで $n = 0$ つまり A が空集合のときには $A = \emptyset$ も外延的記法に含めておく．

なおここでの $A = \{a_1, \ldots, a_n\}$ の後の括弧書き $(n = 0, 1, 2, \ldots)$ の意味は「なおここでは括弧内が成り立つ範囲で考えている」という注釈書きである．

ときとして $a \in A$ を「“点” a が A に入る」ともいう．かつては，その要素を点と呼ぶとき，A は点集合と呼ばれていた．「点 a」という言い方は，幾何的な対象を考えているときに限らず使う．つまり集合 A がいかなる意味でも「空間」でなくてよいのである．ただ単に a を点として考える，言い換えればそれが何から構成されているかは考えずに，ただひとつの「もの」として見ていることを表明しているに過ぎない．逆に言えば，仮に a は別の場所で集合として導入されたとしても，少なくとも現時点では a をものの集まりとしての集合とは見ていないと宣言しているのである．

他方 $a \in A$ を「a は A に含まれる」ということもあるが，この言い方は「集合 a は集合 A の部分集合である（部分集合として含まれる） $a \subset A$」ということがらと紛らわしいので本書では使わない．敢えて区別して言

4) 正確な定義は 3.3 節で行う．

うのなら「a は集合 A に要素として含まれる」であろう．

通常，数学では「もの」と「集合」はその都度の文脈において区別されていて，混同されるおそれはあまりない．集合として考えられている対象を，同時に他の集合の要素であり得る「もの」とみなすことは少ない．しかしこの見方に固執していると「集合を要素とする集合」は考えられなくなるし，事実，このような集合を考える必要がある（後で定義するベキ集合など）．いや必要があるというより，それを考えないのなら「集合」を導入するまでもないのである．

演習問題 1.1

以下の内包的記法で書かれた集合を考える：

$$A = \{x \in \mathbb{Z}^+ | x^2 - 3x + 5 \leq 0\}$$
$$B = \{x \in \mathbb{Z}^+ | x^2 - 3x + 2 \leq 0\}$$
$$C = \{x \in \mathbb{Z}^+ | x \text{ は偶数であり，かつ } x^3 \leq 100\}$$
$$D = \{x \in \mathbb{Z}^+ | x \leq 5\}$$

1. これらの集合の表記を外延的記法に改めよ．
2. $A \subset B$ と $B \subset D$ を示せ．
3. $B \not\subset C$ を示せ．

§1.2　集合の演算

A と B を集合とするとき，A, B 両方に属す要素全体から成る集合を A, B の共通部分（または交わりともいう）といって，$A \cap B$（$\cap$ は「キャップ(cap)」と読む）で表す．すなわち

$$A \cap B := \{x | x \in A \text{ かつ } x \in B\} = \{x \in A | x \in B\} = \{x \in B | x \in A\}$$
$$x \in A \cap B \Leftrightarrow x \in A \text{ かつ } x \in B$$

ここで $\Leftrightarrow$ は「同値」または「必要十分条件」ということで iff と同じ意味である．

集合 $A \cap B$ は以下の図の斜線部である:

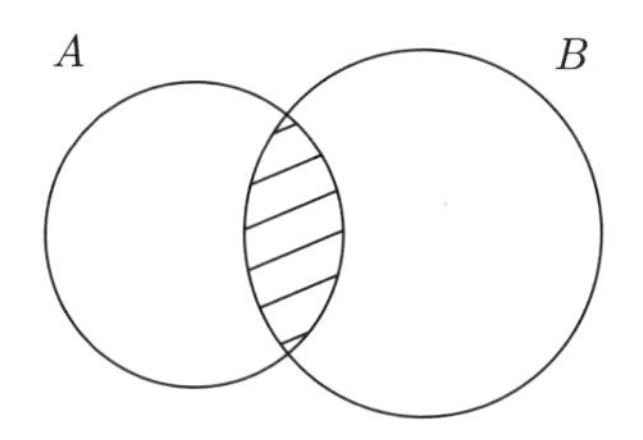

図 1.1　集合 $A \cap B$

注意

このような図を ベン図 という．ベン図では集合を丸や四角などで書き表し，その要素をその丸などの内部に書く．簡単な集合の演算を直観的に理解するにはベン図は便利なものである．しかしそれだけでは集合の演算に関する法則の証明（十分な説明）にはならないことに注意しよう．それは，ただ図を描くだけでは平面幾何の定理の証明にならないことと同じである．

たとえば

$$\{1, 2, 3, 4\} \cap \{2, 4, 6, 8\} = \{2, 4\}.$$

また

$$A \cap \emptyset = \emptyset$$

$A \cap \emptyset$ が空集合であることを示すにはそこに属す要素がひとつも無いことを言えばよい．ところが $x \in A \cap \emptyset$ ということは「$x \in A$ かつ $x \in \emptyset$」ということだが，（$x \in A$ は成立するかもしれないがともかく）$x \in \emptyset$ は空集合 $\emptyset$ の定義からあり得ない．$x \notin \emptyset$ より，「$x \in A$ かつ $x \in \emptyset$」は正しくなく，よって任意の x について $x \notin A \cap \emptyset$ となり，これは $A \cap \emptyset = \emptyset$ を意味する．

つぎは明らかだろう：

$$A \cap A = A$$
$$(A \cap B) \cap C = A \cap (B \cap C) \text{（}\cap\text{の結合律）}$$

集合 A, B, C について明らかに以下が成立する：

$$A \cap B = B \cap A \text{（}\cap\text{の交換律）} \tag{1.1}$$

$$B \cap C \subset B \text{ かつ } B \cap C \subset C \tag{1.2}$$

$$A \subset B \cap C \iff A \subset B \text{ かつ } A \subset C \tag{1.3}$$

説明

こちらも簡単に説明しておこう．初めに (1.1) について．これには「$A \cap B \subset B \cap A$ かつ $B \cap A \subset A \cap B$」を示せばよい[5]．$A \cap B \subset B \cap A$ を示すには，任意に取った x について $x \in A \cap B$ を仮定して，この仮定のもとで $x \in B \cap A$ が成り立つことを言えばよい．そこで $x \in A \cap B$ であるとしよう．これは「$x \in A$ かつ $x \in B$」が正しいということである．するとそれは「$x \in B$ かつ $x \in A$」ということと同じであるから $x \in B \cap A$ が成り立つことが分かる．x は任意であったから結局「任意の x について $x \in A \cap B$ ならば $x \in B \cap A$」が正しいことが言えた．つまり $A \cap B \subset B \cap A$ となる．逆の $B \cap A \subset A \cap B$ も同様である．A と B を入れ替えるだけである．

つぎに (1.2) を考える．これを示すには $x \in B \cap C$ である任意 x について $x \in B$ であることを示せばよいが，$x \in B \cap C$ ということは「$x \in B$ かつ $x \in C$」ということだから，このとき $x \in B$ となるのでよい．$B \cap C \subset C$ も同様にして分かる．

最後に (1.3) を確かめよう．はじめに $A \subset B \cap C$ であると仮定する．(1.2) で示したことから $B \cap C \subset B$ であるから，仮定 $A \subset B \cap C$ と合わせて $A \subset B$ が分かる．$A \subset C$ は同様にして $B \cap C \subset C$ より分かる．よって $A \subset B$, $A \subset C$ の両方が仮定 $A \subset B \cap C$ のもとで正しいことが分かったので，同じ仮定のもとで「$A \subset B$ かつ $A \subset C$」が成り立つことが言えた．逆に $A \subset B$ と $A \subset C$ がともに正しいと仮定する．いま $A \subset B \cap C$ くわしくは[6] $A \subset (B \cap C)$ つまり A が $B \cap C$ の部分集合であることを示すために，$x \in A$ であるとしよう．いま示したいことは $x \in B \cap C$ であるが，このためには $x \in B$ と $x \in C$ の双方を示せばよい．さて仮定 $A \subset B$ と $x \in A$ より $x \in B$ である．同様にして仮定 $A \subset C$ より $x \in C$ となる．こうして $x \in A$ である任意の x について $x \in B$ かつ $x \in C$ が言えたので，これは $x \in B \cap C$ を意味する．つまり $A \subset B \cap C$ が仮定「$A \subset B$ かつ $A \subset C$」のもとで示された．

---

[5] ここで括弧を入れて $(A \cap B) \subset (B \cap A)$ と書いてもよいが，その必要はない．なぜなら括弧はそのようにしか入れようがないからだ．たとえば $A \cap (B \subset B) \cap A$ は，集合 A と「命題 $B \subset B$」と集合 A の共通部分（？）を表すことになり，無意味である．共通部分は集合の間でしか定義されていない．

[6] 繰り返すが $(A \subset B) \cap C$ ではない．$A \subset B$ は命題であって，集合ではなく，集合でないものと集合 C との共通部分は考えられない．

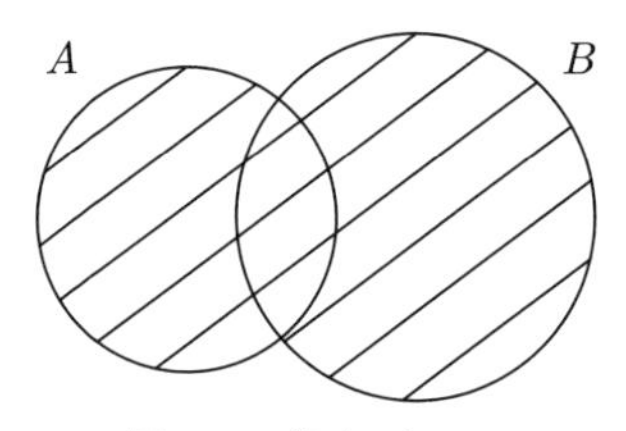

図 1.2　集合 $A \cup B$

つぎに A か B の少なくとも一方（両方でも可）に属す要素全体から成る集合を A, B の合併（または和集合ともいう[7]）と言って，$A \cup B$（$\cup$は「カップ (cup)」と読む） で表す．すなわち

$$A \cup B := \{x | x \in A \text{ または } x \in B\}$$

$$x \in A \cup B \Leftrightarrow x \in A \text{ または } x \in B$$

ここでの「$x \in A$ または $x \in B$」は，$x \in A$ と $x \in B$ の両方が正しい場合も含めていることに注意せよ．

たとえば

$$\{a_1, \ldots, a_n\} \cup \{b_1, \ldots, b_m\} = \{a_1, \ldots, a_n, b_1, \ldots, b_m\}$$

であるから

$$\{1, 2, 3, 4\} \cup \{2, 4, 6, 8\} = \{1, 2, 3, 4, 2, 4, 6, 8\} = \{1, 2, 3, 4, 6, 8\}$$

となる．ここでの集合の「等しい」という関係は以前に述べた通りである．

明らかに

$$A \subset B \Leftrightarrow A \cap B = A \Leftrightarrow A \cup B = B.$$

また

$$A \cup \emptyset = A.$$

つぎは明らかだろう：

$$A \cup A = A$$

[7] $A \cup B$ を和集合ということと並べて，$A \cap B$ を積集合と呼びたくなるが，これは後に述べる集合の「直積」と紛らわしいので避ける．

$$(A \cup B) \cup C = A \cup (B \cup C) \text{（}\cup\text{の結合律）}$$

集合 A, B, C について明らかに以下が成立している：

$$A \cup B = B \cup A \text{（}\cup\text{の交換律）} \tag{1.4}$$

$$A \subset A \cup B \text{ かつ } B \subset A \cup B \tag{1.5}$$

$$A \cup B \subset C \Leftrightarrow A \subset C \text{ かつ } B \subset C \tag{1.6}$$

説明　これらは共通部分のときと同様にして，「$x \in A$ または $x \in B$」と「$x \in B$ または $x \in A$」が同値であり，それぞれ $x \in A$ および $x \in B$ から従うこと，そして「“$x \in A$ または $x \in B$” ならば $x \in C$」は「“$x \in A$ ならば $x \in C$” かつ “$x \in B$ ならば $x \in C$”」と言い換えられることから分かる．読者自ら確かめてみよ．

$\cap$ と $\cup$ はともに交換律と結合律をみたすので，いくつかの集合 $A_1, A_2, \ldots, A_n$ $(n = 2, 3, \ldots)$ の

$$\text{共通部分 } \bigcap_{i=1}^{n} A_i = A_1 \cap A_2 \cap \cdots \cap A_n, \quad \text{合併 } \bigcup_{i=1}^{n} A_i = A_1 \cup A_2 \cup \cdots \cup A_n$$

について，括弧をどこにどのように入れても集合として同じであるので，以下，括弧は書かずにこれらを表すことにする．

共通部分と合併の間には分配律が成り立つ：

$$A \cup (B \cap C) = (A \cup B) \cap (A \cup C) \tag{1.7}$$

$$A \cap (B \cup C) = (A \cap B) \cup (A \cap C) \tag{1.8}$$

説明　(1.7) は「$x \in A$ または “$x \in B$ かつ $x \in C$”」ということと「“$x \in A$ または $x \in B$” かつ “$x \in A$ または $x \in C$”」が同値であることから分かる．つまり条件 $x \in A, x \in B, x \in C$ をそれぞれ P, Q, R で表せば，「P または (Q かつ R)」と「(P または Q) かつ (P または R)」が同値ということである．

なぜなら先ず「P または (Q かつ R)」であるとしてみよう．このとき P か「Q かつ R」の少なくとも一方は正しいので，場合分けして考える．

先ず P である場合を考える．すると「P または Q」　である．また「P または R」でもある．よって「(P または Q) かつ (P または R)」となる．つぎに「Q かつ R」とする．このとき Q と R 双方が正しい．前者より「P または Q」となり，後者より「P または R」であることも分かる．よって再び「(P または Q) かつ (P または R)」となる．こうして P ,「Q かつ R」いずれの場合でも「(P または Q) かつ (P または R)」が言えたので「P または (Q かつ R)」を仮定すれば「(P または Q) かつ (P または R)」となる．

逆に「(P または Q) かつ (P または R)」であるとする．もしも P が正しければ文句無く「P または (Q かつ R)」であるからそれでよい．そこで P ではないと仮定しよう．このとき「P または Q」ということは Q が正しいということにほかならない．同様に「P または R」は R を意味する．よって仮定「(P または Q) かつ (P または R)」より「Q かつ R」であることになる．したがって，もちろん「P または (Q かつ R)」である．

(1.8) は命題（もしくは条件）P, Q, R について，「P かつ (Q または R)」と「(P かつ Q) または（P かつ R)」が同値であることによる．

(1.7),(1.8) は 2 個以上の集合にも一般化されて

$$B \cup \bigcap_{i=1}^{n} A_i = \bigcap_{i=1}^{n} (B \cup A_i)$$

$$B \cap \bigcup_{i=1}^{n} A_i = \bigcup_{i=1}^{n} (B \cap A_i) \tag{1.9}$$

これは $n = 2, 3, \ldots$ に関する数学的帰納法により分かる．

集合 A が集合 U の部分集合であるとき，すなわち $A \subset U$ であるとき，もしくは U が全体集合でその部分集合のみを考えているとき，A に属さない U の要素全体から成る集合を A の（U に関する，もしくは U での）補集合と言って，A^c で表す．すなわち

$$A^c := \{x \in U | x \notin A\}$$

$$x \in A^c \Leftrightarrow x \in U \text{ かつ } x \notin A$$

要素としては U に属するものしか考えていないとき，x は U の任意の要素を表すとして

$$x \in A^c \Leftrightarrow x \notin A$$

とも書ける．

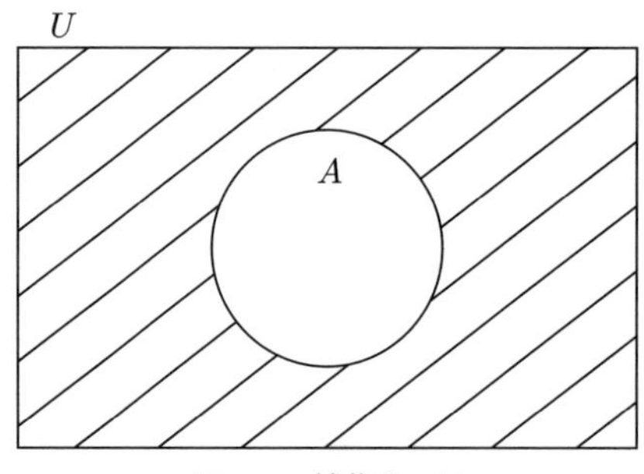

図 1.3　補集合 A^c

集合 A が U の要素に関する条件 $P(x)$ で与えられている，つまり $A = \{x \in U | P(x)\}$ のとき

$$A^c = \{x \in U | P(x) \text{ でない }\}$$

となる．たとえば $E \subset \mathbb{N}$ を自然数のうち偶数全体から成る集合として，E の（$\mathbb{N}$ での）補集合 E^c は

$$E = \{n \in \mathbb{N} | n \text{ は偶数 }\}$$

$$E^c = \{n \in \mathbb{N} | n \text{ は偶数でない }\} = \{n \in \mathbb{N} | n \text{ は奇数 }\}$$

集合 A, B について $A \cap B = \emptyset$ が成り立つ，すなわち A, B 両方に属す要素がひとつもないときに，A と B は互いに素であるという．そうでないとき，すなわち $A \cap B \neq \emptyset$ であるとき A と B は交わるという．

A とその U に関する補集合 A^c については，必ず A と A^c は互いに素となる：

$$A \cap A^c = \emptyset \tag{1.10}$$

$$A \cup A^c = U \tag{1.11}$$

説明　(1.10) は，どんな x に対しても $x \in A$ と $x \notin A$ が両立することはないという事実から分かり，(1.11) は，$x \in A$ か $x \notin A$ の少なくとも一方（もちろん一方のみ）が成立するという事実から従う．

また集合Uの部分集合A, Bについて以下が成立する：

$$A \cap B = \emptyset \text{ かつ } A \cup B = U \text{ ならば } B = A^c \tag{1.12}$$

$$(A^c)^c = A \tag{1.13}$$

$$A \subset B \quad \Leftrightarrow \quad B^c \subset A^c \tag{1.14}$$

$$(A \cap B)^c = A^c \cup B^c \qquad \text{（de Morgan の法則）} \tag{1.15}$$

$$(A \cup B)^c = A^c \cap B^c \qquad \text{（de Morgan の法則）} \tag{1.16}$$

集合Uの部分集合A, Bについて$A = B$を示すには，Uの任意の要素xについて，$x \in A$と$x \in B$が同値であることを示せばよい．また$A \subset B$を示すには，Uの任意の要素xについて，$x \in A$ならば$x \in B$となることを言えばよい．

説明

さてはじめに(1.12)を考える．$A \cap B = \emptyset$かつ$A \cup B = U$であるとしよう．いま$x \in U$について，$x \in B \Leftrightarrow x \notin A$を示そう．これより$B = A^c$が結論される．さて先ず$x \notin \emptyset$であるから，仮定$A \cap B = \emptyset$より$x \notin A \cap B$である．「$x \in A \cap B$でない」を言い換えて，「“$x \in A$かつ$x \in B$”でない」となる．これは「“$x \in A$でない”かまたは“$x \in B$でない”」ということであるから，「$x \notin A$かまたは$x \notin B$」となる．よって$x \in B$であるとすれば$x \notin A$でなければならない．逆に$x \in U$であるから，仮定$A \cup B = U$より$x \in A \cup B$である．よって「$x \in A$または$x \in B$」である．したがって，$x \notin A$とすれば$x \in B$でなければならない．こうして任意の$x \in U$について，$x \in B$であることと$x \notin A$が同値であることが分かったので，$U$の部分集合$A, B$は$B = A^c$をみたすことになる．

補集合の補集合は元へ戻る(1.13)はいま示した(1.12)より従う．

つぎに(1.14)を示す．$A \subset B$であるとして，$B^c \subset A^c$を示そう．$x \in U$について，いま$x \in B^c$つまり$x \notin B$であるとする．仮定$A \subset B$より，「$x \in A$ならば$x \in B$」であるから，この対偶を取れば「$x \notin B$ならば$x \notin A$」である．よって$x \notin A$つまり$x \in A^c$が導かれる．$x \in U$は任意であったから$B^c \subset A^c$が分かった．逆は，いま示したことと(1.13)より分かる．

最後にde Morganの法則の内，(1.15)を考えよう．それには(1.12)より，

$$(A^c \cup B^c) \cap (A \cap B) = \emptyset \text{ と } (A^c \cup B^c) \cup (A \cap B) = U$$

を示せばよい．はじめに分配律 (1.8) より $(A^c \cup B^c) \cap (A \cap B) = (A^c \cap A \cap B) \cup (B^c \cap A \cap B)$ だがこの右辺において $A \cap A^c = B \cap B^c = \emptyset$ より，$A^c \cap A \cap B = B^c \cap A \cap B = \emptyset$ であり，$(A^c \cap A \cap B) \cup (B^c \cap A \cap B) = \emptyset \cup \emptyset = \emptyset$ となる．よって $(A^c \cup B^c) \cap (A \cap B) = \emptyset$ である．

つぎに分配律 (1.7) より $(A^c \cup B^c) \cup (A \cap B) = (A^c \cup B^c \cup A) \cap (A^c \cup B^c \cup B)$ だがこの右辺において $A \cup A^c = B \cup B^c = U$ より，$A^c \cup B^c \cup A = A^c \cup B^c \cup B = U$ であり，$(A^c \cup B^c \cup A) \cap (A^c \cup B^c \cup B) = U \cap U = U$ となる．よって $(A^c \cup B^c) \cup (A \cap B) = U$ となる．

(1.16) も (1.15) と同様に (1.12) と分配律 (1.7),(1.8) から分かる．(1.16) は (1.13) と (1.15) からも示せるので読者は確かめよ．

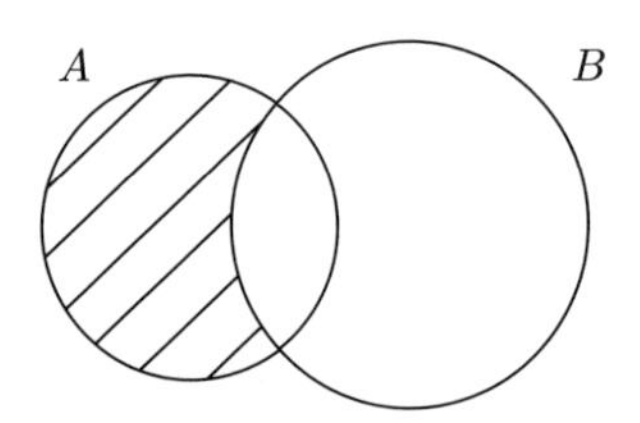

図 1.4　差集合 $A - B$

集合 A, B について，A には属すが B には属さない要素全体から成る集合を A, B の差集合といって，$A - B$ で表す．すなわち

$$A - B := \{x | x \in A \text{ かつ } x \notin B\}$$

$$x \in A - B \Leftrightarrow x \in A \text{ かつ } x \notin B$$

$A, B \subset U$ とする．A の U に関する補集合 A^c は U, A の差集合であり，差集合 $A - B$ は A と B^c の共通部分である：

$$A^c = U - A$$

$$A - B = A \cap B^c$$

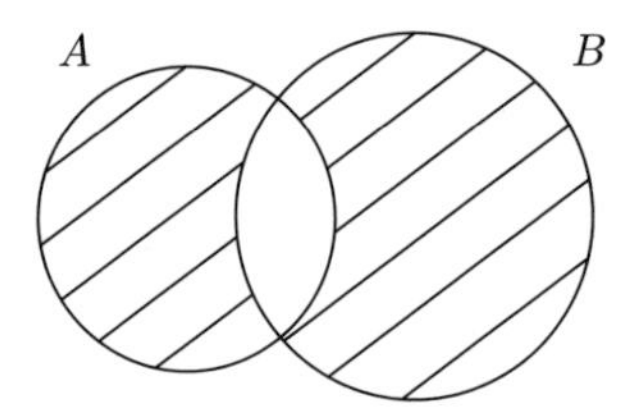

図 1.5　対称差 $A \triangle B$

また A と B の一方のみに属す要素全体から成る集合を A, B の対称差といって，$A \triangle B$ で表す．すなわち

$$A \triangle B := \{x | (x \in A \text{ かつ } x \notin B) \text{ または } (x \in B \text{ かつ } x \notin A)\}$$
$$x \in A \triangle B \Leftrightarrow (x \in A \text{ かつ } x \notin B) \text{ または } (x \in B \text{ かつ } x \notin A)$$

たとえば

$$\{1,2,3,4\} - \{3,4,5,6\} = \{1,2\},\ \{1,2,3,4\} \triangle \{3,4,5,6\} = \{1,2,5,6\}$$

ここまで定義してきた集合 A, B に対する演算 $A \cap B$, $A \cup B$, A^c, $A - B$, $A \triangle B$ のそれぞれと集合の相等関係が両立することは明らかだろう．その意味は，たとえば $A_0 = A_1$ かつ $B_0 = B_1$ ならば $A_0 \cap B_0 = A_1 \cap B_1$ ということである．これらの演算が集合の要素から定義されているので，この意味での相等関係との両立性も明らかである．

演習問題 1.2

以下で A, B, C はいずれも集合 U の部分集合であり，A^c は U に関する A の補集合を表す．また $P \Leftrightarrow Q$ は，条件（命題）P と Q が同値であることを表す．

このとき以下を証明せよ．

1. (1.4), (1.5), (1.6) を確かめよ．
2. (1.9) を n に関する数学的帰納法により示せ．
3. (1.16) を (1.13) と (1.5) から示せ．
4. $A \triangle B = (A - B) \cup (B - A) = (A \cap B^c) \cup (B \cap A^c) = (A \cup B) - (A \cap B)$.
5. $A \triangle B = A^c \triangle B^c$.
6. $A \cap B \subset C \Leftrightarrow B \subset (A^c \cup C)$.
7. $A - (B \cup C) = (A - B) - C$.
8. $(A \cup B) - C = (A - C) \cup (B - C)$.
9. $A - (B \cap C) = (A - B) \cup (A - C)$.
10. $(A \cap B) - C = (A - C) \cap B$.
11. $A - (B - C) = (A - B) \cup (A - C^c)$.
12. （対称差に関する交換律）$A \triangle B = B \triangle A$.
13. （対称差に関する結合律）$(A \triangle B) \triangle C = A \triangle (B \triangle C)$.

14. n 個の集合 $A_1, A_2, \ldots, A_n$ $(n = 1, 2, \ldots)$ の対称差 $\triangle_{i=1}^{n} A_i$ を n に関して帰納的に定める：

$$\triangle_{i=1}^{1} A_i := A_1$$
$$\triangle_{i=1}^{n+1} A_i := (\triangle_{i=1}^{n} A_i) \triangle A_{n+1}$$

対称差は交換律と結合律をみたすので $\triangle_{i=1}^{n} A_i = A_1 \triangle A_2 \triangle \cdots \triangle A_n$ においてどこにどう括弧を入れても結果は同じである．
さてこのとき $x \in \triangle_{i=1}^{n} A_i$ であることと，x が奇数個の集合 A_i に属す，つまり集合 $\{i \in \{1, 2, \ldots, n\} | x \in A_i\}$ の要素の個数が奇数であることが同値であることを示せ．

15. $(A \triangle B) \cup C = (A \cup C) \triangle (B \cup C) \Leftrightarrow C = \emptyset$.

第2章　論理

前章では集合とその上の演算を導入して，それに関するいくつかの公式を示した．これらの公式の説明は，「論理」に関する法則に基づいている．集合に関する議論の背後で動いている「論理」を意識化してその記号表現を獲得することで，論理的操作の少なくとも一部は機械的にもできるようになる．つまりその意味を考えずとも，一種の式変形として論理が扱える．

§2.1　命題

正しいか間違っているか決まっている文を命題という．命題には正しいものもあれば，間違っている命題もある．命題はその真か偽かによらず，ただ真偽いずれかに決まっていることだけが命題であるための要件である．

ここでは命題一般について成立する法則を紹介するが，命題一般という抽象的なものがすぐには呑み込めないようならば，とりあえず集合 A と対象 a について「a は A に属す "$a \in A$"」は命題であると認めてもらえればそれでここでは足りる．

集合 A とひとつひとつのモノ a について「$a \in A$」も「$a \notin A$」もそれぞれ命題である．ここで 命題 $a \notin A$ が正しいのは，$a \in A$ が正しくないときで，かつそのときに限る．つまり

$$a \notin A \Leftrightarrow a \in A \text{ でない}$$

このように，命題 P に対して，「P が正しくない」という主張もまたひとつの命題である．これを命題 P を否定して得られる否定命題と呼ぶ.

さていま U を全体集合として, A, B を U の部分集合, a を U の要素とする. U の部分集合 X が，1章で定義した演算によりつくられた集合 $A \cap B$, $A \cup B$, A^c, $A - B$, $A \triangle B$ のいずれかとすると，命題 $a \in X$ は，命題 $a \in A, a \in B$ とその否定 $a \notin A, a \notin B$ を「かつ」「または」という言葉を使った組合せで表されていた：

$$a \in A \cap B \Leftrightarrow a \in A \text{ かつ } a \in B$$

$$a \in A \cup B \Leftrightarrow a \in A \text{ または } a \in B$$

$$a \in A^c \Leftrightarrow a \notin A$$

$$a \in A - B \Leftrightarrow a \in A \text{ かつ } a \notin B$$

$$a \in A \triangle B \Leftrightarrow (a \in A \text{ かつ } a \notin B) \text{ または } (a \in B \text{ かつ } a \notin A)$$

$a \notin A$ が「$a \in A$ でない」であるから，結局ここでの右辺はそれぞれ，命題 $a \in A, a \in B$ から「でない」「かつ」「または」によってつくられた命題であることになる．

そこで以下，簡単のためこれらの命題をつくる接続詞「でない」「かつ」「または」の記号表記を導入する．命題 P, Q について命題 $\neg P$, $P \wedge Q$, $P \vee Q$ をそれぞれ

$$\neg P :\Leftrightarrow P \text{ でない}$$

$$P \wedge Q :\Leftrightarrow P \text{ かつ } Q$$

$$P \vee Q :\Leftrightarrow P \text{ または } Q$$

によって定める．

これを用いると

$$a \in A \cap B \Leftrightarrow (a \in A) \wedge (a \in B)$$

$$a \in A \cup B \Leftrightarrow (a \in A) \vee (a \in B)$$

$$a \in A^c \Leftrightarrow a \notin A \Leftrightarrow \neg(a \in A)$$

$$a \in A - B \Leftrightarrow (a \in A) \wedge (a \notin B)$$

$$a \in A \triangle B \Leftrightarrow [(a \in A) \wedge (a \notin B)] \vee [(a \in B) \wedge (a \notin A)]$$

と書ける．

「かつ」$\wedge$ は「で」「しかも」とも言い表されるし，「または」$\vee$ は「か」「あるいは」「もしくは」などとも言うことに注意しよう．

これらの $\neg, \wedge, \vee$ を <u>論理記号</u> と呼ぶ．これらを用いてつくられた命題 $\neg P$, $P \wedge Q$, $P \vee Q$ が正しいことを示す典型的な方法は以下のようである．

1. P を仮定したときに矛盾が生じることを示せば，$\neg P$ が示される．
2. $P \wedge Q$ を示すには，P が正しいことと Q が正しいことをそれぞれ示す．
3. P か Q のいずれかが正しいことが分かれば $P \vee Q$ が直接に示されるが，P, Q のどちらが正しいとも分からないままで $P \vee Q$ が正しいと間接的に結論する方法がある．それは下で述べる論理記号の法則（二重否定の除去，de Morgan の法則）を使う示し方である．

論理記号の法則をいくつか列挙してみよう．これらの論理法則を証明することはしない．もちろん別の論理法則から，以下の論理法則のいくつかを証明することはできるが，それでもその根拠とした論理法則の証明は残る．したがって，以下の論理法則は自明であると認めることにしよう．論理法則ひとつひとつを言葉に直してみれば，納得できると思う．

二重否定の除去 $\neg(\neg P) \Leftrightarrow P$.

命題は2回否定すると元に戻る．「“P でない” でない」は P と同値．

背理法（帰謬法）「P でない $(\neg P)$ と仮定して矛盾させれば，$\neg(\neg P)$ となり，P が結論できる」

交換律 $P \vee Q \Leftrightarrow Q \vee P$, $P \wedge Q \Leftrightarrow Q \wedge P$.

「P または Q」と「Q または P」は同値であり，「P かつ Q」と「Q かつ P」は同値である．

結合律 $P \vee (Q \vee R) \Leftrightarrow (P \vee Q) \vee R$, $P \wedge (Q \wedge R) \Leftrightarrow (P \wedge Q) \wedge R$.

「P または “Q または R”」と「“P または Q” または R」は同値であり，「P かつ “Q かつ R”」と「“P かつ Q” かつ R」は同値である．

ベキ等律 $P \vee P \Leftrightarrow P$, $P \wedge P \Leftrightarrow P$.

P と「P または P」そして「P かつ P」はそれぞれ同値である．

分配律 $P \vee (Q \wedge R) \Leftrightarrow (P \vee Q) \wedge (P \vee R)$, $P \wedge (Q \vee R) \Leftrightarrow (P \wedge Q) \vee (P \wedge R)$.

「P または “Q かつ R”」と「“P または Q” かつ “P または R”」は同値であり，「P かつ “Q または R”」と「“P かつ Q” または “P かつ R”」は同値である．

$(\vee, \wedge$ の$)$ **de Morgan の法則**

$\neg(P \vee Q) \Leftrightarrow (\neg P) \wedge (\neg Q)$, $\neg(P \wedge Q) \Leftrightarrow (\neg P) \vee (\neg Q)$.

「“P または Q” でない」ことは「“P でない” かつ “Q でない”」ことと同値

である．なぜなら「P または Q」が成り立つのは，P, Q の少なくとも一方が正しいということなので，そうでないとは P, Q がともに不成立ということだからである．

「“P かつ Q” でない」ことは「“P でない” または “Q でない”」ことと同値である．なぜなら「P かつ Q」が成り立つのは，P, Q ともに正しいということなので，そうでないとは P, Q いずれか一方は不成立ということに他ならないからである．

$P \vee (\neg P)$, $\neg(P \wedge (\neg P))$.

命題 P の真偽によらず，$P \vee (\neg P)$ は正しく，$P \wedge (\neg P)$ は正しくない．これより $[(P \vee (\neg P)) \wedge Q] \Leftrightarrow Q$, $[(P \wedge (\neg P)) \vee Q] \Leftrightarrow Q$ となる．つまり真な命題を $\top$, 偽な命題を $\bot$ で表せば $\top \wedge Q \Leftrightarrow Q$, $\bot \vee Q \Leftrightarrow Q$.

ここまでの交換律・結合律・分配律と（$\vee, \wedge$ の）de Morgan の法則において $\vee$ と $\wedge$ を一斉に置き換えれば対応する法則が得られる．これを双対原理という．法則 $\top \wedge Q \Leftrightarrow Q$; $\bot \vee Q \Leftrightarrow Q$ では $\top$ と $\bot$ を入れ替える．

上で述べた $P \vee Q$ の間接証明は

$$P \vee Q \Leftrightarrow \neg[\neg(P \vee Q)] \Leftrightarrow \neg[\neg P \wedge \neg Q]$$

つまり「P でも Q でもないと仮定すると矛盾することが分かれば，$P \vee Q$ を結論してよい」による．

演習問題 2.1

1. 命題 P, Q について以下を証明せよ．
   (a) $[P \wedge (\neg P \vee Q)] \Leftrightarrow [P \wedge Q]$.
   (b) $[(P \wedge \neg Q) \vee (\neg P \wedge Q)] \Leftrightarrow [(P \vee Q) \wedge \neg(P \wedge Q)]$.

2. $0 < a, b < 1$ について，$\min\{ab, (1-a)(1-b)\} \leq \dfrac{1}{4}$ を示せ．

（津田塾大学 入試問題）

§2.2 関係

変数をいくつか含んでいる文で，それらの変数に具体的なモノを代入（変数の値を決めること）すると真偽が決まる命題になるとき，そのような文を関係と呼ぶことにする．すなわち関係とは，性質，条件などと呼ばれるものの総称である．関係が，変数をたかだか k 個含む文であるとき，k-変数の関係と呼ぶ．

たとえば自然数 n について（つまり自然数を表す変数 n について）の条件「n は平方数である」は（変数 n に関する）1-変数関係であり，m も自然数を表すとして，関係「n は m の約数である」も（変数 n, m に関する）2-変数関係である．

なお，それぞれの変数が何を表しているかは，たいてい文脈から分かるか，もしくははっきりと宣言されている．たとえば「自然数 x について」「x を自然数とするとき」のようにして，変数 x が（いまの文脈では）自然数を表していることが宣言される．これは，変数 x が全体集合（か，その一部の部分集合）$\mathbb{N}$ の要素を表していると考えられる．よって以下では特に断らなくても，それぞれの変数はなんらかの全体集合の要素を表しているとする．

一般に変数 x に関する関係を $P(x), Q(x)$ などで書き表すことにする．すると集合の内包的記法により $\{x|P(x)\}$ は，関係 $P(x)$ を充たす x 全体の集合を表す．逆に A を集合とするとき，変数 x について $x \in A$（x は A に属す）は関係となる．このように関係と集合は互いに対応している：

関係		集合
$P(x)$	$\leftrightarrow$	$\{x\|P(x)\}$
$x \in A$	$\leftrightarrow$	A

いま $P(x)$ が関係であるとき，集合 $A = \{x|P(x)\}$ について関係 $x \in A$ は $P(x)$ と同値である

$$x \in A \Leftrightarrow x \in \{x|P(x)\} \Leftrightarrow P(x)$$

逆に集合 A について関係 $x \in A$ から集合 $\{x|x \in A\}$ をつくれば，元の集合 A が得られる：

$$A = \{x|x \in A\}$$

こうして関係と集合は表裏一体の関係にある．

　すると関係の同値性は集合の相等に対応している．つまり関係 $P(x), Q(x)$ が互いに同値ということは，任意の x について

$$P(x) \Leftrightarrow Q(x)$$

ということであるから，これは

$$\{x|P(x)\} = \{x|Q(x)\}$$

ということにほかならない．逆に集合 A, B が等しい $(A = B)$ ということは，任意の x について

$$x \in A \Leftrightarrow x \in B$$

ということだから，関係 $x \in A$, $x \in B$ が同値ということである．

　さらに集合の間の関係「A は B の部分集合」$A \subset B$ は，ふたつの関係 $x \in A$, $x \in B$ の間の関係に移れば，任意の x について

$$x \in A \Rightarrow x \in B$$

ということだから，関係 $x \in A$ が $x \in B$ の十分条件，$x \in B$ が $x \in A$ の必要条件であることを意味する．関係からつくられる集合で言い換えれば，$\{x|P(x)\} \subset \{x|Q(x)\}$ ということは，任意の x について $P(x) \Rightarrow Q(x)$ が成り立つということである．

　命題の接続詞である論理記号を使って，新しい関係が作り出される．$P(x), Q(x)$ をともに関係とするとき，$\neg P(x)$, $(P \wedge Q)(x)$, $(P \vee Q)(x)$ はそれぞれ

$$\neg P(x) :\Leftrightarrow P(x) \text{ でない}$$

$$(P \wedge Q)(x) :\Leftrightarrow P(x) \wedge Q(x) \Leftrightarrow P(x) \text{ かつ } Q(x)$$

$$(P \vee Q)(x) :\Leftrightarrow P(x) \vee Q(x) \Leftrightarrow P(x) \text{ または } Q(x)$$

で定義される関係を表す．

　これらは集合の演算である，補集合 A^c, 共通部分 $A \cap B$, 合併 $A \cup B$ に対応している．

$$\{x|\neg P(x)\} = \{x|P(x)\}^c$$

$$\{x|P(x) \wedge Q(x)\} = \{x|P(x)\} \cap \{x|Q(x)\}$$
$$\{x|P(x) \vee Q(x)\} = \{x|P(x)\} \cup \{x|Q(x)\}$$

この集合と関係の対応によって，論理記号の法則は集合の法則に翻訳されることになる．先ず命題をつくる論理記号の法則はそのまま関係をつくる論理法則になることに注意する．

二重否定の除去 $\neg(\neg P) \Leftrightarrow P$.

あるいは関係では，任意の x に対して，$\neg(\neg P(x)) \Leftrightarrow P(x)$ であることに対応して，「補集合の補集合はもとの集合 (1.13)」$(A^c)^c = A$ が得られる．なぜなら任意の $x \in U$ について $x \in (A^c)^c \Leftrightarrow x \notin A^c \Leftrightarrow \neg(x \in A^c) \Leftrightarrow \neg(\neg(x \in A)) \Leftrightarrow x \in A$ だからである．

以下で「対応して」と「任意の x に対して」を省略して単に論理法則と集合の公式を並記する．

交換律 $P(x) \vee Q(x) \Leftrightarrow Q(x) \vee P(x)$, $P(x) \wedge Q(x) \Leftrightarrow Q(x) \wedge P(x)$.

(1.4), (1.1) $A \cup B = B \cup A$, $A \cap B = B \cap A$.

結合律 $P(x) \vee (Q(x) \vee R(x)) \Leftrightarrow (P(x) \vee Q(x)) \vee R(x)$, $P(x) \wedge (Q(x) \wedge R(x)) \Leftrightarrow (P(x) \wedge Q(x)) \wedge R(x)$.

$A \cup (B \cup C) = (A \cup B) \cup C$, $A \cap (B \cap C) = (A \cap B) \cap C$.

ベキ等律 $P(x) \vee P(x) \Leftrightarrow P(x)$, $P(x) \wedge P(x) \Leftrightarrow P(x)$.

$A \cup A = A \cap A = A$.

分配律 $P(x) \vee (Q(x) \wedge R(x)) \Leftrightarrow (P(x) \vee Q(x)) \wedge (P(x) \vee R(x))$, $P(x) \wedge (Q(x) \vee R(x)) \Leftrightarrow (P(x) \wedge Q(x)) \vee (P(x) \wedge R(x))$.

(1.7), (1.8) $A \cap (B \cup C) = (A \cap B) \cup (A \cap C)$, $A \cup (B \cap C) = (A \cup B) \cap (A \cup C)$.

de Morgan の法則 $\neg(P(x) \vee Q(x)) \Leftrightarrow (\neg P(x)) \wedge (\neg Q(x))$, $\neg(P(x) \wedge Q(x)) \Leftrightarrow (\neg P(x)) \vee (\neg Q(x))$.

(1.16), (1.15) $(A \cup B)^c = A^c \cap B^c$, $(A \cap B)^c = A^c \cup B^c$.

$P(x) \vee \neg P(x)$, $\neg(P(x) \wedge \neg P(x))$

(1.11), (1.10) $A \cup A^c = U$, $A \cap A^c = \emptyset$.

このようにして上記の集合の法則は論理（記号）の法則から従うことが分かる．読者自らひとつずつ確認してほしい．

注意

1. $\wedge, \vee$ が続くときには必ず括弧を入れること．

$$P \wedge Q \vee R \ (P \text{ かつ } Q \text{ または } R)$$

では $(P \wedge Q) \vee R$（P と Q 両方が成り立つか，または R が成り立つ）なのか $P \wedge (Q \vee R)$（P が成り立ち，しかも Q と R のうち少なくとも一方が成り立つ）なのか分からないし，これらは同値ではない．
同様にして $\cap, \cup$ が続くときには必ず括弧を入れる．

$$(A \cap B) \cup C \neq A \cap (B \cup C).$$

2. ここでひとつ大切な注意をする．
命題は判断を述べた文であり，モノや集合とはそもそも種別が異なる．集合はモノをひとまとめにして考察の対象にしているので，やはりモノの一種と言える．よって命題や関係と集合をひとしなみに混ぜて扱ってはいけない．ただし，命題を変数を含まない 0-変数の関係とみなして，命題は関係の一種である．
たとえば集合 A, B について $A \cap B$ は集合であって，命題や関係ではない．よって集合 $A \cap B$ と命題「(任意の x について) $x \in A$ かつ $x \in B$」を等値したり

$$A \cap B = \text{「(任意の } x \text{ について)} x \in A \text{ かつ } x \in B\text{」}$$

同値

$$A \cap B \Leftrightarrow \text{「(任意の } x \text{ について)} x \in A \text{ かつ } x \in B\text{」}$$

とは書けない．
また $A \cap B \subset C$ は括弧が無くても $(A \cap B) \subset C$ を表し，$A \cap (B \subset C)$ では決してない．なぜなら $A \cap B$, $B \subset C$ と書いたら A, B, C は集合を表し，$A \cap B$ は集合で $B \subset C$ は命題である．集合 A と命題 $B \subset C$ の共通部分は考えられない，定義されない．

演習問題 2.2

（2.1 節の演習問題 2.1 の 1. を参照せよ）集合 A, B について以下を証明せよ．

1. $A \cap (A^c \cup B) = A \cap B$.
2. $(A \cap B^c) \cup (A^c \cap B) = (A \cup B) \cap (A \cap B)^c$.

§2.3　ならば

先ず，ここまでも用いてきた「ならば」「のとき」を表す記号$\Rightarrow$を新しい命題を作り出す接続詞として考えて，$\to$と書くことにする．すなわち命題P, Qについて命題$P \to Q$を

$$P \to Q :\Leftrightarrow [P \text{ ならば } Q]$$

命題$P \to Q$が正しいことを示すには，Pが正しいことを仮定してQが正しいことを示せばよい．

「PならばQ」という文は，日常ではPが成立しない場合を考えない，もしくは無意味であると考える．しかしここ（数学）ではPが正しくないときにはQの成立如何に関わらず命題「PならばQ」を正しいと約束する．

注意

たとえば，$A \subset B$を「任意のxについて，$x \in A$ならば$x \in B$」と定義した．すると$\{1, 2\} \subset \mathbb{N}$においてこれは「任意の$x$について，$x \in \{1, 2\}$ならば$x \in \mathbb{N}$」を意味するので，$x \notin \{1, 2\}$のとき，つまり$x \neq 1$かつ$x \neq 2$のとき，たとえば$x = 3$や$x = \dfrac{1}{2}$のときに「$x \in \{1, 2\}$ならば$x \in \mathbb{N}$」は正しいはずである．よって$x \notin A$のときには$x \in B$の真偽に関わらず「$x \in A$ならば$x \in B$」は正しいと定めなければならない．同じことだが空集合$\emptyset$について，任意の集合Aに関して$\emptyset \subset A$は正しい．つまり「任意のxについて，$x \in \emptyset$ならば$x \in A$」が正しい．ここでどんなxにつても「$x \in \emptyset$」は偽であるから，「$x \in \emptyset$ならば$x \in A$」が正しいとするしかない．

あるいは「PならばQ」が正しくないのは，PなのにQでない場合に限られるだろう．すると

$$\neg[P \to Q] \Leftrightarrow [P \wedge \neg Q]$$

よって

$$[P \to Q] \Leftrightarrow \neg[P \wedge \neg Q] \Leftrightarrow [\neg P \vee Q]$$

つまり「PならばQ」は「“Pでない”と“Q”の少なくとも一方が成立」と同値であり，特にPが正しくない場合は自動的に「PならばQ」は正しい．

$\Rightarrow$と$\to$の違いについて触れておく．命題P, Qについて$P \Rightarrow Q$は「命題$[P \to Q]$が正しい」という事実，判断もしくは主張を述べたものであり，命題$[P \to Q]$そのものとは同じではない．

「同値」$\Leftrightarrow$ に相当する論理記号 $\leftrightarrow$ も入れておく．命題 P, Q について命題 $P \leftrightarrow Q$ を

$$P \leftrightarrow Q :\Leftrightarrow [P \text{ と } Q \text{ は同値}]$$

すると

$$[P \leftrightarrow Q] \Leftrightarrow [(P \to Q) \wedge (Q \to P)] \Leftrightarrow [(P \wedge Q) \vee (\neg P \wedge \neg Q)]$$

「ならば」$\to$ とほかの論理記号が関係する論理法則をいくつか列挙してみる．以下の「cf.」は「参照せよ (confer)」の意味である．

$(P \to Q) \wedge (Q \to R) \to (P \to R)$.
対偶 $[\neg Q \to \neg P] \Leftrightarrow [P \to Q]$, cf. (1.14).

$$[(P \vee Q) \to R] \Leftrightarrow [(P \to R) \wedge (Q \to R)], \text{cf. (1.6)} \tag{2.1}$$

$(P \to (P \vee Q)) \wedge (Q \to (P \vee Q))$, cf. (1.5).
$[P \to (Q \vee R)] \Leftrightarrow [(P \to Q) \vee (P \to R)]$.
$[P \to (Q \wedge R)] \Leftrightarrow [(P \to Q) \wedge (P \to R)]$, cf. (1.3).
$((P \wedge Q) \to P) \wedge ((P \wedge Q) \to Q)$, cf. (1.2).

$$[(P \wedge Q) \to R] \Leftrightarrow [P \to (Q \to R)] \tag{2.2}$$

$\neg(P \wedge Q) \wedge (P \vee Q) \to (\neg P \leftrightarrow Q)$, cf. (1.12).

これらはすべて「ならば」という言葉の上記で述べた意味から明らかであろうが，いくつか式計算で示してみよう．

$[\neg Q \to \neg P] \Leftrightarrow [P \to Q]$ は二重否定の除去と $\vee$ の交換律により以下のように分かる:

$$\neg Q \to \neg P \Leftrightarrow \neg(\neg Q) \vee \neg P \Leftrightarrow \neg P \vee Q \Leftrightarrow P \to Q$$

(2.1) $[(P \vee Q) \to R] \Leftrightarrow [(P \to R) \wedge (Q \to R)]$ は de Morgan の法則と分配律から以下のように分かる：

$$(P \vee Q) \to R \Leftrightarrow \neg(P \vee Q) \vee R \Leftrightarrow (\neg P \wedge \neg Q) \vee R$$

$$\Leftrightarrow (\neg P \vee R) \wedge (\neg Q \vee R) \Leftrightarrow (P \to R) \wedge (Q \to R)$$

(2.2) $[(P \wedge Q) \to R] \Leftrightarrow [P \to (Q \to R)]$ は de Morgan の法則と結合律から以下のように分かる：

$$(P \wedge Q) \to R \Leftrightarrow \neg(P \wedge Q) \vee R \Leftrightarrow (\neg P \vee \neg Q) \vee R$$
$$\Leftrightarrow \neg P \vee (\neg Q \vee R) \Leftrightarrow P \to (Q \to R)$$

論理記号 $\to$, $\leftrightarrow$ は関係 $P(x)$, $Q(x)$ から新しい関係 $(P \to Q)(x) :\Leftrightarrow (P(x) \to Q(x))$, $(P \leftrightarrow Q)(x) :\Leftrightarrow (P(x) \leftrightarrow Q(x))$ も作り出す．これらに関しても上で述べた論理法則が成り立つ．

演習問題 2.3

1. (a) 命題 P, Q について $(P \to Q) \Leftrightarrow [(P \vee Q) \leftrightarrow Q] \Leftrightarrow [(P \wedge Q) \leftrightarrow P]$ を証明せよ．
   (b) 集合 A, B について $A \subset B \Leftrightarrow A \cup B = B \Leftrightarrow A \cap B = A$ を証明せよ．
2. $[(P \wedge Q) \to R] \not\Leftrightarrow [(P \to R) \wedge (Q \to R)]$ となる命題の例 P, Q, R をつくれ．

§2.4　全称と存在

U を全体集合として，$P(x)$ を U の要素 x に関する関係とする（ここでは x は U の要素を表す変数である）．このとき「任意の U の要素 x について $P(x)$（が成り立つ）」は真偽が決まるひとつの命題になる．この命題を

$$\forall x \in U[P(x)] :\Leftrightarrow \text{任意の } U \text{ の要素 } x \text{ について } P(x) \text{（が成り立つ）}$$

と表す．「任意の U の要素 x について」と読む $\forall x \in U$ は，「どの（どんな）U の要素 x についても」「すべての U の要素 x について」とか「U の要素 x を勝手に（任意に）取ったとき」などとも読む．したがって，明らかに U の要素 a について

$$\forall x \in U[P(x)] \Rightarrow P(a) \tag{2.3}$$

また「ある U の要素 x について $P(x)$（が成り立つ）」も真偽が決まる命題になる．この命題を

$$\exists x \in U\ [P(x)] :\Leftrightarrow \text{ ある } U \text{ の要素 } x \text{ について } P(x) \text{（が成り立つ）}$$

と表す.「適当な U の要素 x について $P(x)$（となる）」や「U の要素 x を適当に（うまく）取れば $P(x)$（が成り立つ）」「少なくともひとつの U の要素 x で $P(x)$ を充たすものが存在する（ある）」もしくは「$P(x)$ を充たす（$P(x)$ となる）U の要素 x が存在する」は，いずれも「ある U の要素 x について $P(x)$（が成り立つ）」$\exists x \in U[P(x)]$ と同じ意味である．命題 $\exists x \in U[P(x)]$ を $\exists x \in U$ s.t. $P(x)$ と書くことも多い．ここで s.t. は such that の略である．明らかに U の要素 a について

$$P(a) \Rightarrow \exists x \in U\ [P(x)] \tag{2.4}$$

$\forall$ を全称量化記号, $\exists$ を存在量化記号とそれぞれ呼び，ふたつを総称して量化記号という．なお，関係 $P(x)$ が変数 x 以外の変数 $y_1, \ldots, y_n$ を含むときには，$\forall x \in U\ [P(x)]$, $\exists x \in U\ [P(x)]$ はそれぞれ $Q(y_1, \ldots, y_n) \equiv (\forall x \in U\ [P(x, y_1, \ldots, y_n)])$, $R(y_1, \ldots, y_n) \equiv (\exists x \in U\ [P(x, y_1, \ldots, y_n)])$ となって変数 $y_1, \ldots, y_n$ に関する n-変数関係となる．

たとえば $\forall x \in \mathbb{N}\ (x < x+1)$ は自然数に 1 を足すと必ず大きくなることを主張する真な命題であり，$\exists x \in \mathbb{N}\ (1 = 2x)$ は $\frac{1}{2} \notin \mathbb{N}$ なので偽な命題である．また $\exists x \in \mathbb{R}\ (2 = x^2)$ は 2 の平方根の（実数での）存在を主張する正しい命題であり，$\exists x \in \mathbb{R}(-1 = x^2)$ は偽な命題である．

注意

なおここで，$x < x+1$, $1 = 2x$, $2 = x^2$, $-1 = x^2$ はいずれも関係（x に関する条件）であり，それ自身では真偽を決められる命題ではないことに注意してほしい．変数 x に自然数や実数を代入する，もしくは 変数 x の値を決めたときにのみ真偽が決まる．

ただ数学の習慣として，しばしば全称量化記号 $\forall$ は省略されることがある．つまり恒等式

$$(x+1)(x-1) = x^2 - 1$$

を書いたとき，意図していることは（変数 x の変域が実数であるとして）

$$\forall x \in \mathbb{R}\ [(x+1)(x-1) = x^2 - 1]$$

という命題であって，関係，あるいはそれに対応する集合 $\{x \in \mathbb{R} | (x+1)(x-1) = x^2 - 1\} (= \mathbb{R})$ ではない．

またこれも数学の習慣としてしばしば量化記号を命題（関係）の後ろに書くことがある．たとえば $\forall x \in \mathbb{R}\ [(x+1)(x-1) = x^2-1]$ を

$$(x+1)(x-1) = x^2 - 1\ ({}^{\forall}x \in \mathbb{R})$$

のように量化記号を変数の左上に書いて括弧書き（注釈？）で後ろに書くのである．あるいは $\exists x \in \mathbb{R}\ (2 = x^2)$ を

$$2 = x^2\ ({}^{\exists}x \in \mathbb{R})$$

などとも書き表す．習慣は習慣として，後で述べるような複雑な状況（連続する量化記号）においてはこれでは困るので，以下では上で述べた正式な書き方をすることにする．

なお，量化記号 $\forall, \exists$ の後に書けるのは，なんらかの集合 U の要素を走る変数のみであることに注意せよ．たとえば「3 は平方数である」という（間違った）命題，つまり「なんらかの自然数の 2 乗は 3 に等しい」を書き表すのに，「なんらかの自然数の 2 乗」の部分を「自然数の 2 乗が存在して」と読んで，$\exists x^2(3 = x^2)$ と書き表しては規則違反である．正しくは「なんらかの自然数を 2 乗すると 3 に等しくなる」つまり「2 乗すると 3 に等しくなる自然数が存在する」と読んで $\exists x \in \mathbb{N}\ (3 = x^2)$ と書く．

あるいは（関数や写像のことは後で述べるが）たとえば実数上の関数 $f : \mathbb{R} \to \mathbb{R}$ の値域に 1 が入っているということを「関数 f のある値 $f(x)$ が存在して，それが 1 に等しい」と考えて $\exists f(x)\ [1 = f(x)]$ と書くことも頂けない．これでは存在が主張されているのが関数 f の値 $f(x)$ なのか関数 f そのものなのか判別できない．もちろん正しくは「ある実数 x が存在して，そこでの f の値 $f(x)$ が 1 に等しい」 $\exists x \in \mathbb{R}\ [1 = f(x)]$ である．

ふたつ変数に関する注意をする．たとえば $P(y) \equiv (\exists x \in \mathbb{R}\ [x^2 + 1 = y])$ の右辺には変数がふたつ「現れている」．ところが $P(y)$ は変数 y に関する 1-変数関係（条件）であって，変数 x は無関係である．つまり変数 y には値や式を代入できて，$P(1)$ は真な命題で $P(-1)$ は偽な命題となる．ところが右辺において変数 x には何も代入できない．このような変数の式における使用は，たとえば積分 $f(y) = \displaystyle\int_0^1 \sin(x+y)\,dx$ での変数 x の用い方と同様である．変数 y には値や式を代入して $f(2) = \displaystyle\int_0^1 \sin(x+2)\,dx$ は意味を持つが，右辺の x には代入のしようがない．ただひとつの例外は「変数の書き換え」である．積分の例では変数 y に式 $\log(x^2+1)$ を代入したものは $g(x) = f(\log(x^2+1)) = \displaystyle\int_0^1 \sin(z + \log(x^2+1))\,dz$ である．元の式での変数 x は新しい，つまり x とは異なる変数 z に書き換えられている．同様にして $P(y)$ の変数 y のところへ $(x+3)$ を代入すると，$Q(x) \equiv P(x+3) \equiv (\exists z \in \mathbb{R}\ [z^2 + 1 = x + 3])$ となる．代入において変数 x は別の変数 z に書き換えられる．

また量化記号の後の括弧[ ]は，混乱のおそれが無い限り省略して$\forall x \in U\, P(x)$, $\exists x \in U\, P(x)$とも書く．混乱のおそれがある場合とは，たとえば$\forall x \in \mathbb{R}\, x^2 \geq 0 \wedge x < 2$と書いたら，通常は命題$\forall x \in \mathbb{R}\, [x^2 \geq 0 \wedge x < 2]$を指していて，変数$x$に関する関係$\forall y \in \mathbb{R}\, [y^2 \geq 0] \wedge x < 2$ではないのだが，やはり括弧をつけたほうが安全であろう．これは式$\displaystyle\sum_{i=0}^{k} i^2 + i$が$\displaystyle\sum_{i=0}^{k}(i^2+i)$を意味していて，$(\displaystyle\sum_{j=0}^{k} j^2) + i$ではないのと似ているが，括弧付きの$\displaystyle\sum_{i=0}^{k}(i^2+i)$のほうが望ましいのと同じである．

$\forall x \in U\ [P(x)]$もしくは$\exists x \in U\ [P(x)]$において，変数xは（全体）集合Uの要素を走る，つまりUの要素xひとつひとつについて$P(x)$が充たされるかどうかが問題になっている．そこでUを変数xの変域とも呼ぶ．

変数xが何を表しているか文脈から明らかなときには，その変域である全体集合Uを$\forall x \in U\ [P(x)]$, $\exists x \in U\ [P(x)]$において省略してそれぞれ$\forall x[P(x)]$, $\exists x[P(x)]$とも書かれる．さらに変域であるUの部分集合Aについて，「Aの任意の要素xは$P(x)$を充たす」$\forall x \in U\ [x \in A \to P(x)]$を$\forall x \in A\ [P(x)]$と書き，「$A$の要素$x$で$P(x)$を充たすものが存在する」$\exists x \in U\ [x \in A \wedge P(x)]$は$\exists x \in A\ [P(x)]$と書く．

そして「Aに属さない任意のxは$P(x)$を充たす」$\forall x \in U\ [x \notin A \to P(x)]$を$\forall x \notin A\ [P(x)]$（もちろん$\forall x \in A^c[P(x)]$でもよい）と書き，「$A$に属さないある$x$で$P(x)$を充たすものが存在する」$\exists x \in U\ [x \notin A \wedge P(x)]$は$\exists x \notin A\ [P(x)]$（もちろん$\exists x \in A^c\ [P(x)]$でもよい）と書く．

さらに変数xが実数のように順序がついている集合の要素を表すときには，$\forall x > a\ [P(x)]$, $\exists x > a\ [P(x)]$はそれぞれ$\forall x \in \mathbb{R}\ [x > a \to P(x)]$, $\exists x \in \mathbb{R}\ [x > a \wedge P(x)]$を表す．$\forall x \geq a\ [P(x)]$, $\exists x < a[P(x)]$なども同様である．

Uが有限集合$\{a_1, \ldots, a_n\}\,(n \geq 0)$のときには量化記号$\forall, \exists$は論理記号$\wedge, \vee$の連なりで表せる：

$$\forall x \in \{a_1, \ldots, a_n\}\ [P(x)] \Leftrightarrow P(a_1) \wedge \cdots \wedge P(a_n)$$

$$\exists x \in \{a_1, \ldots, a_n\}\ [P(x)] \Leftrightarrow P(a_1) \lor \cdots \lor P(a_n)$$

特に $n = 0$ つまり空集合 $\emptyset$ のときには，$\forall x \in \emptyset\ [P(x)]$ は $P(x)$ の如何に関わらず真な命題で，$\exists x \in \emptyset\ [P(x)]$ は偽な命題となる．

さて量化記号と否定 $\neg$ の関係を与えておく．たとえば $\forall x \in U\ [P(x)]$ つまり「任意の U の要素 x について $P(x)$」が成り立たないことを主張する命題 $\neg\forall x \in U\ [P(x)]$ を示すにはどうすればよいか．それは「“どの U の要素 x を取っても $P(x)$”が成り立つわけではない」ということだから，$P(x)$ が成り立たない U の要素 x が少なくともひとつは存在することを意味する．つまり $\forall x \in U\ [P(x)]$ が成り立たないことを示すには $P(x)$ とはならないその反例 $x \in U$ を挙げればよい．

あるいは $\neg\exists x \in U\ [P(x)]$ は「“適当に U の要素 x を取れば $P(x)$”とはならない」ということなので，「どのように U の要素 x を取っても $P(x)$ を成立させることができない」ということを意味する．よってつぎの

（量化記号 $\exists, \forall$ の）de Morgan の法則 (2.5)

$$\neg\exists x \in U\ [P(x)] \Leftrightarrow \forall x \in U\ [\neg P(x)];\ \neg\forall x \in U\ [P(x)] \Leftrightarrow \exists x \in U\ [\neg P(x)]$$

を得る．これと二重否定の除去を組み合わせて

$$\exists x \in U\ [P(x)] \Leftrightarrow \neg\forall x \in U\ [\neg P(x)];\ \forall x \in U\ [P(x)] \Leftrightarrow \neg\exists x \in U\ [\neg P(x)]$$

つまり $P(x)$ を充たす $x \in U$ が存在することを示すには，仮定「どんな $x \in U$ についても $\neg P(x)$」を設けると矛盾することを示せばよいし，任意の $x \in U$ について $P(x)$ であることを示すには，仮定「$\neg P(x)$ となる $x \in U$ が存在する」のもとで矛盾を導けばよいことになる．

例　（存在することは分かってもその例が分からない証明の例）

無理数の $\sqrt{2}$ 乗が有理数になることがある: $\exists a \notin \mathbb{Q}(a^{\sqrt{2}} \in \mathbb{Q})$.

証明　先ず $a = \sqrt{2} \notin \mathbb{Q}$ と取ってみる．$\sqrt{2}^{\sqrt{2}} \in \mathbb{Q} \lor \sqrt{2}^{\sqrt{2}} \notin \mathbb{Q}$ であるから，場合分けして考える．$\sqrt{2}^{\sqrt{2}} \in \mathbb{Q}$ であれば，$a = \sqrt{2}$ について $a \notin \mathbb{Q} \land a^{\sqrt{2}} \in \mathbb{Q}$ である．つぎに $\sqrt{2}^{\sqrt{2}} \notin \mathbb{Q}$ である場合を考える．このとき $a = \sqrt{2}^{\sqrt{2}} \notin \mathbb{Q}$ とすれば $a^{\sqrt{2}} = (\sqrt{2}^{\sqrt{2}})^{\sqrt{2}} = \sqrt{2}^2 = 2 \in \mathbb{Q}$ となってよい． ■

注意

ひとつ言葉の注意をする．「任意の $x \in U$ について $P(x)$ ではない」は $\forall x \in U\ [\neg P(x)]$ を意味するだろうか，それとも $\neg\forall x \in U[P(x)]$ を意図しているのか．どちらとも取れるように思われる．さらに「任意の $x \in U$ について $\neg P(x)$ であると仮定すると矛盾する」を「どの $x \in U$ についても必ず，仮定 $\neg P(x)$ のもとで矛盾が導ける」とするなら，「$\neg P$ とすると矛盾する」が $\neg(\neg P)$ つまり P であるから，$\forall x \in U\ [\neg(\neg P(x))]$ つまり $\forall x \in U\ [P(x)]$ を意味することになる．よって $\neg\forall x \in U\ [\neg P(x)]$ を意図したいなら，上述のように書くか，「任意の $x \in U$ について $\neg P(x)$ であると仮定する．このとき（かくかくしかじかの理由により）矛盾する」とふたつに分けて書くことを薦める．

注意

部分集合 $A \subset U$ について

$$\neg\forall x \in A[P(x)] \Leftrightarrow \neg\forall x \in U\ [x \in A \to P(x)] \Leftrightarrow \exists x \in U \neg[x \in A \to P(x)]$$
$$\Leftrightarrow \exists x \in U\ [x \in A \land \neg P(x)] \Leftrightarrow \exists x \in A[\neg P(x)]$$

$$\neg\exists x \in A[P(x)] \Leftrightarrow \neg\exists x \in U\ [x \in A \land P(x)] \Leftrightarrow \forall x \in U \neg[x \in A \land P(x)]$$
$$\Leftrightarrow \forall x \in U\ [x \in A \to \neg P(x)] \Leftrightarrow \forall x \in A[\neg P(x)]$$

よりやはり de Morgan の法則がそのままのかたちで成立する．

$$\neg\forall x \in A[P(x)] \Leftrightarrow \exists x \in A[\neg P(x)]\ ;\ \neg\exists x \in A[P(x)] \Leftrightarrow \forall x \in A[\neg P(x)]$$

論理記号 $\lor, \land, \to$ と量化記号の組合せについてもまとめておく．U を変数の変域である集合とする．以下で，関係 Q は変数 x に依存しないとする．

$$\forall x \in U\ [P(x)] \lor Q \Leftrightarrow \forall x \in U\ [P(x) \lor Q]$$

$$\exists x \in U\ [P(x)] \lor Q \Leftrightarrow \exists x \in U\ [P(x) \lor Q]\ (U \neq \emptyset) \tag{2.6}$$

$$\forall x \in U\ [P(x)] \land Q \Leftrightarrow \forall x \in U\ [P(x) \land Q]\ (U \neq \emptyset)$$

$$\exists x \in U\ [P(x)] \land Q \Leftrightarrow \exists x \in U\ [P(x) \land Q]$$

$$Q \to \forall x \in U\ [P(x)] \Leftrightarrow \forall x \in U\ [Q \to P(x)] \tag{2.7}$$

$$Q \to \exists x \in U\ [P(x)] \Leftrightarrow \exists x \in U\ [Q \to P(x)]\ (U \neq \emptyset) \tag{2.8}$$

$$\forall x \in U\ [P(x)] \to Q \Leftrightarrow \exists x \in U\ [P(x) \to Q]\ (U \neq \emptyset) \tag{2.9}$$

$$\exists x \in U\ [P(x)] \to Q \Leftrightarrow \forall x \in U\ [P(x) \to Q] \tag{2.10}$$

説明

(2.6) を見るには，Q の真偽により場合分けすればよい．つまり Q が正しければ，$\exists x \in U\ [P(x)] \vee Q$ は正しく，また x を空でない変域 U の任意の要素として $P(x) \vee Q$ であるから $\exists x \in U\ [P(x) \vee Q]$ となる．もし Q が正しくなければ，$\exists x \in U\ [P(x)] \vee Q \Leftrightarrow \exists x \in U\ [P(x)] \Leftrightarrow \exists x \in U\ [P(x) \vee Q]$ である．$\forall x \in U\ [P(x)] \vee Q \Leftrightarrow \forall x \in U\ [P(x) \vee Q]$ も同様である．

(2.7) と (2.8) はいま見たことと $[Q \to R] \Leftrightarrow [\neg Q \vee R]$ による．また (2.9) は，de Morgan の法則と (2.6) により

$$\begin{aligned}\forall x \in U\ [P(x)] \to Q &\Leftrightarrow \neg\forall x \in U\ [P(x)] \vee Q \Leftrightarrow \exists x \in U\ [\neg P(x)] \vee Q \\ &\Leftrightarrow \exists x \in U\ [\neg P(x) \vee Q] \Leftrightarrow \exists x \in U\ [P(x) \to Q]\end{aligned}$$

(2.10) も同様である．

演習問題 2.4

ここでは実数を考える．b は実数を表す変数とする．$A \subset \mathbb{R}$ を実数から成る集合とする．

1. 変数 b に関する関係（条件）「b は A の上界である」を全称量化記号を用いて書き表せ．つぎにその否定命題と同値な命題を存在量化記号を用いて表せ．
2. 変数 b に関する関係「b は A の最大数である」を全称量化記号を用いて書き表せ．つぎにその否定命題と同値な命題を存在量化記号を用いて表せ．

§2.5　組と直積・直和

いくつかの要素 $a_1, \ldots, a_n$ を並べて，ひとつの組としたものを順序対あるいは組と呼び $(a_1, \ldots, a_n)$ で表す．順序対では，その成分（あるいは座標）$a_1, \ldots, a_n$ は互いに異なっていなくてよい．また並ぶ順序もこめて考えているので

$$(a_1, \ldots, a_n) = (b_1, \ldots, b_m) :\Leftrightarrow n = m \wedge a_1 = b_1 \wedge \cdots \wedge a_n = b_n \qquad (2.11)$$

と定める．たとえば $(1,2) \neq (2,1) \neq (2,2,1)$ である．

A と B が集合であるとき，A の要素 a と B の要素 b を組にした順序対 (a,b) 全体から成る集合を，A, B の直積（または直積集合）と言って $A \times B$ で表す：

$$(a,b) \in A \times B :\Leftrightarrow a \in A \wedge b \in B.$$

つまり $x \in A \times B$ とは，先ず x が順序対 (a,b) でその成分 a, b は $a \in A$ かつ $b \in B$ ということである．言い換えれば

$$x \in A \times B \Leftrightarrow \exists a \in A\ \exists b \in B\ [x = (a,b)]$$

$$\Leftrightarrow x = (a,b) \text{ となる } a \in A \text{ と } b \in B \text{ が存在する}$$

あるいは

$$A \times B = \{(a,b) | a \in A, b \in B\} = \{x | \exists a \in A\ \exists b \in B\ [x = (a,b)]\}$$

ここでの集合の内包的定義 $\{(a,b) | a \in A, b \in B\}$ において，先ず $|$ の後の $a \in A, b \in B$ におけるコンマ「,」は「かつ」の意味である．つまり「a は A の要素であって，かつ b は B の要素」．このように集合の内包的記法での $|$ の後に書かれる条件においては，コンマは「かつ」を表す．しかし数学でコンマがいつでも「かつ」の意味で使われている訳ではないことに注意しなければならない．たとえば「2 次方程式 $x^2 - 4x + 3 = 0$ の解は $x = 1, 3$ である」での「$x = 1, 3$」はもちろん「$x = 1$ または $x = 3$」つまりここでのコンマは「または」である．

つぎに内包的定義での $|$ の前の部分 (a,b) についてであるが，一般に集合 U を変域とする変数 x を含む式 $f(x)$ が与えられたとき，

$$\{f(x) | x \subset U\}$$

は，$x \in U$ による式 $f(x)$ の値全体から成る集合，つまり x を U の要素として走らせたときに生ずる $f(x)$ をすべて集めた集合である．これは U のある要素 x について $y = f(x)$ となるような要素 y 全部を集めた集合とも言い表せる．よって

$$\{f(x) | x \in U\} = \{y | \exists x \in U\ [y = f(x)]\} \qquad (2.12)$$

変数がいくつもあるときには

$$\begin{aligned}&\{f(x_1,x_2,\ldots,x_n)|x_1\in A_1,x_2\in A_2,\ldots,x_n\in A_n\}\\=&\{y|\exists x_1\in A_1\ \exists x_2\in A_2\ \cdots\exists x_n\in A_n\ [y=f(x_1,x_2,\ldots,x_n)]\}\end{aligned}$$

となる[1)]．この左辺でのコンマはやはり「かつ」を表している．この集合は,「なんらかの $x_1\in A_1$ およびなんらかの $x_2\in A_2$ および $\cdots$ なんらかの $x_n\in A_n$ により $y=f(x_1,x_2,\ldots,x_n)$ のかたちに表せる y 全体から成る集合」あるいは「A_1 から任意に x_1 を取り，A_2 から任意に x_2 を取り，$\ldots$, A_n から任意に x_n を取ったときの式 $f(x_1,x_2,\ldots,x_n)$ の値 y 全体の集合」を表している．

一般には有限個の集合 $A_1,\ldots,A_n$ に対してそれらの直積は，それらからひとつずつ要素 $a_i\in A_i$ を取って組にして

$$(a_1,\ldots,a_n)\in A_1\times\cdots\times A_n :\Leftrightarrow a_1\in A_1\wedge\cdots\wedge a_n\in A_n$$

で定める．

$A_1,\ldots,A_n$ がすべて同じ集合 $A=A_1=\cdots=A_n$ のときには，直積を $A^n:=\underbrace{A\times\cdots\times A}_{n}$ と書く．

また $x_1,\ldots,x_n$ がそれぞれ変域を $A_1,\ldots,A_n$ とする変数であるとして，変数を複数個含む関係 $P(x_1,\ldots,x_n)\,(n\geq 1)$ が定める集合 $\{(x_1,\ldots,x_n)|P(x_1,\ldots,x_n)\}$ は，直積 $A_1\times\cdots\times A_n$ の部分集合 $\{(x_1,\ldots,x_n)\in A_1\times\cdots\times A_n|P(x_1,\ldots,x_n)\}$ となる．ここでは，n 個の変数 $x_1,\ldots,x_n$ に関する関係 $P(x_1,\ldots,x_n)$ を組 $(x_1,\ldots,x_n)$ というひとつのモノに関する関係 $P((x_1,\ldots,x_n))$ とみなしているわけである．

つぎに集合 A_0 と A_1 が互いに素，つまり $A_0\cap A_1=\emptyset$ であるとき，A_0,A_1 の合併 $A_0\cup A_1$ を，A_0,A_1 の<u>直和</u>と呼んで，$A_0\coprod A_1$ で表す．一般に互いに素とは限らない集合 A_0,A_1 （たとえば $A_0=A_1\neq\emptyset$）が与えられたとき，それらの直和 $A_0\coprod A_1$ はつぎのように定義される．先ず A_0,A_1 それぞれのコピー A_0',A_1' を $A_0'\cap A_1'=\emptyset$ となるようにつくり，それからそれらの合併

[1)] 正確には括弧を入れて $\exists x_1{\in}A_1[\exists x_2{\in}A_2\cdots[\exists x_n{\in}A_n[y=f(x_1,x_2,\ldots,x_n)]]\cdots]$ と書くべきだが，次節 2.6 で述べる通りこのようなときには括弧は省略する．

$A_0' \cup A_1'$ により，直和とする．コピーの作り方は適当でよいのだが，考え方を決めるために

$$A_0' := \{0\} \times A_0,\ A_1' := \{1\} \times A_1,\ A_0 \coprod A_1 := A_0' \cup A_1'$$

と定める．ここで $\{0\} \times A_0$ は 0 だけから成る集合 $\{0\}$ と A_0 との直積であるから，その要素は 0 と A_0 の要素 a との順序対 $(0, a)$ である．(2.12) の書き方をすれば $\{0\} \times A_0 = \{(0, a) | a \in A_0\}$ となる．$\{1\} \times A_1$ も同様なので $A_0 \coprod A_1 = (\{0\} \times A_0) \cup (\{1\} \times A_1)$ の要素 x は，ある $a \in A_0$ について $x = (0, a)$ か，またはある $b \in A_1$ について $x = (1, b)$ であることになる．順序対の相等の定義 (2.11) から $(0, a) \neq (1, b)$ なので $(\{0\} \times A_0) \cap (\{1\} \times A_1) = \emptyset$ となっている．ここで明らかに集合 A_0 の要素 a に組 $a' = (0, a) \in \{0\} \times A_0 = A_0'$ を対応させることで，集合 A_0 の要素と集合 A_0' の要素が一対一に対応する（第3章で定義する意味で $A_0 \ni a \mapsto a' \in A_0'$ は全単射）．もちろん集合としては $A_0 \neq A_0'$ であるが，その要素が一対一に対応するふたつの集合は，いつでもその要素を対応する要素で置き換えることができるので，その意味で同一視してもよいのである．

2個以上の集合 $A_1, \ldots, A_n$ の直和も同様に定義される．

$$A_1 \coprod \cdots \coprod A_n := (\{1\} \times A_1) \cup \cdots \cup (\{n\} \times A_n).$$

§2.6　連続する量化記号

変数を複数個含む関係 $P(x_1, \ldots, x_n, y)\,(n \geq 1)$ に量化記号を作用させると，新たな関係 $\forall y \in B[P(x_1, \ldots, x_n, y)]$, $\exists y \in B[P(x_1, \ldots, x_n, y)]$ が得られた．これらはそれぞれ変数 $x_1, \ldots, x_n$ に関する関係になる．

たとえば $n = 1$ である場合，つまり2変数関係 $P(x, y)$ を考える．この関係は変数 x, y の変域がそれぞれ A, B であるとき，$\forall y \in B[P(x, y)]$, $\exists y \in B[P(x, y)]$ はそれぞれ A を変域とする変数 x に関する関係となる．関係 $\exists y \in B[P(x, y)]$ によって定まる A の部分集合 $\{x \in A | \exists y \in B[P(x, y)]\}$ は，$A \times B$ の部分集合 $\{(x, y) \in A \times B | P(x, y)\}$ の (A- 成分への，もしくは A-軸への) 射影と呼ばれる．$a \in \{x \in A | \exists y \in B[P(x, y)]\}$

ということは，$(\{a\}\times B)\cap\{(x,y)\in A\times B|P(x,y)\}\neq\emptyset$ ということである．つまり A-座標が $x=a$ である「直線」$\{a\}\times B$ と $(A\times B)$-平面の「領域」$\{(x,y)\in A\times B|P(x,y)\}$ が交わるような $a\in A$ が射影の要素である．

つぎに量化記号が連続する命題や関係を考えよう．変数 x,y の変域がそれぞれ A,B である 2 変数関係 $P(x,y)$ に対して，$\forall y\in B\ [P(x,y)]$, $\exists y\in B\ [P(x,y)]$ はそれぞれ A を変域とする変数 x に関する関係であった．したがって，これらに量化記号を作用させて新しい命題 $\forall x\in A\ [\forall y\in B\ [P(x,y)]]$, $\exists x\in A\ [\exists y\in B\ [P(x,y)]]$, $\exists x\in A\ [\forall y\in B\ [P(x,y)]]$, $\forall x\in A\ [\exists y\in B\ [P(x,y)]]$ を作り出すことができる．ここで括弧を一組ずつ省略して

$$\forall x\in A\ \forall y\in B\ [P(x,y)] :\Leftrightarrow \forall x\in A\ [\forall y\in B\ [P(x,y)]]$$

$$\exists x\in A\ \exists y\in B\ [P(x,y)] :\Leftrightarrow \exists x\in A\ [\exists y\in B\ [P(x,y)]]$$

$$\exists x\in A\ \forall y\in B\ [P(x,y)] :\Leftrightarrow \exists x\in A\ [\forall y\in B\ [P(x,y)]]$$

$$\forall x\in A\ \exists y\in B\ [P(x,y)] :\Leftrightarrow \forall x\in A\ [\exists y\in B\ [P(x,y)]]$$

と書き表す．それぞれが意味するところを考えよう．基本的には，一番外側の（一番後から作用させた）量化記号をはずして，変数のところにひとつその変数の変域の要素を代入して理解すればよい．

同じ種類の量化記号が続いているはじめのふたつは理解し易い．たとえば $\forall x\in A\ \forall y\in B\ [P(x,y)]$ は「A の要素 x を任意に取ると $\forall y\in B\ [P(x,y)]$（が成り立つ）」であるから「A の要素 x を任意に取ると “B のどの要素 y についても $P(x,y)$”」となる．つまり「A の要素 x と B の要素 y をひとつずつ勝手に（独立に）取る．そのとき $P(x,y)$ となる」ということだから組 (x,y) にして考えて，「A,B からそれぞれ x,y を任意に取り，組 (x,y) をつくると組 (x,y) は $P(x,y)$ を充たす」と言い換えられる．$\exists x\in A\ \exists y\in B\ [P(x,y)]$ の直積による言い換えも同様である．

ここで直積 $A\times B$ の要素はある $x\in A$, $y\in B$ の組 (x,y) と表せたので，「A,B からそれぞれ x,y を任意に取り，組 (x,y) をつくる」ことと「直積 $A\times B$ の要素 z を任意に取る」ことは同じであるから，結局，「直積 $A\times B$ の要素 $z=(x,y)$ を任意に取ると $P(x,y)$ となる」という意味になる．そこで

組 $z=(x,y)$ の集合 A への射影を $x=\mathrm{pr}_A(z)$ と書き，$y=\mathrm{pr}_B(z)$ も同様とすれば

$$\begin{aligned}\forall x\in A\ \forall y\in B\ [P(x,y)] &\Leftrightarrow \forall z\in A\times B\ [P(\mathrm{pr}_A(z),\mathrm{pr}_B(z))]\\ &\Leftrightarrow \forall y\in B\ \forall x\in A\ [P(x,y)]\\ \exists x\in A\ \exists y\in B\ [P(x,y)] &\Leftrightarrow \exists z\in A\times B\ [P(\mathrm{pr}_A(z),\mathrm{pr}_B(z))]\\ &\Leftrightarrow \exists y\in B\ \exists x\in A\ [P(x,y)]\end{aligned}$$

となって同じ種類の量化記号の連なりは直積集合を変域とするひとつの量化記号で書けてしまう．

注意

なお $A=B$ であるときには量化記号を節約して

$$\begin{aligned}&\forall x,y\in A\ [P(x,y)] :\Leftrightarrow \forall x\in A\ \forall y\in A\ [P(x,y)],\\ &\exists x,y\in A\ [P(x,y)] :\Leftrightarrow \exists x\in A\ \exists y\in A\ [P(x,y)]\end{aligned}$$

と書く．変数が三つ以上のときも同様である．

また

$$\begin{aligned}\exists x[P(x)]\vee\exists x[Q(x)] &\Leftrightarrow \exists x[P(x)\vee Q(x)]\\ \exists x[P(x)]\wedge\exists y[Q(y)] &\Leftrightarrow \exists x\exists y[P(x)\wedge Q(y)]\\ \exists x[P(x)]\wedge\exists x[Q(x)] &\Leftarrow \exists x[P(x)\wedge Q(x)]\\ \forall x[P(x)]\wedge\forall x[Q(x)] &\Leftrightarrow \forall x[P(x)\wedge Q(x)]\\ \forall x[P(x)]\vee\forall y[Q(y)] &\Leftrightarrow \forall x\forall y[P(x)\vee Q(y)]\\ \forall x[P(x)]\vee\forall x[Q(x)] &\Rightarrow \forall x[P(x)\vee Q(x)]\end{aligned}$$

である．たとえば $\exists x[P(x)]\vee\exists x[Q(x)] \Leftrightarrow \exists x[P(x)\vee Q(x)]$ を見るには，先ず $\exists x[P(x)]$ であるとして，x を $P(x)$ が成り立つように取る．するとこの x について $P(x)\vee Q(x)$ であるから $\exists x[P(x)\vee Q(x)]$ となる．$\exists x[Q(x)]$ である場合も同様である．逆に $\exists x[P(x)\vee Q(x)]$ であるとして x を $P(x)\vee Q(x)$ であるように取る．いまこの x について $P(x)$ が正しければ $\exists x[P(x)]$ であることが分かる．この x が $Q(x)$ を充たすときも同様である．

しかし

$$\begin{aligned}\exists x[P(x)]\wedge\exists x[Q(x)] &\not\Rightarrow \exists x[P(x)\wedge Q(x)]\\ \forall x[P(x)]\vee\forall x[Q(x)] &\not\Leftarrow \forall x[P(x)\vee Q(x)]\end{aligned}$$

である．たとえば x は集合 $U = \{0, 1\}$ の元を表す変数として，$P(x) \Leftrightarrow (x = 0)$, $Q(x) \Leftrightarrow (x = 1)$ とすればよい．

異なる種類の量化記号が続くあとのふたつ $\exists x \in A\ \forall y \in B\ [P(x, y)]$, $\forall x \in A\ \exists y \in B\ [P(x, y)]$ が難物である．はじめに $\forall x \in A\ \exists y \in B\ [P(x, y)]$ は「A の任意の要素 x について $\exists y \in B\ [P(x, y)]$（が成立）」なのでとりあえずは「$A$ の任意の要素 x についてある B の要素 y が存在して $P(x, y)$」となる．ここで肝心なことは，存在が要求されている $y \in B$ は $x \in A$ に依存してよい（しなくてもよいが）ということである．つまり「A の要素 x をどのように取ってもそれに応じて B の要素 y をうまく取れば $P(x, y)$ となるようにできる」あるいは「勝手に A の要素 x が与えられたとせよ．そのときそのような x ごとに $P(x, y)$ を充たす B の要素 y を見つけることができる」ということである．この y が x に依存するという理由により，この y を y_x と書き表すことがある．簡単に言ってしまえば，相手が出した手 $x \in A$ を見てから自分の手 $y \in B$ を選んでよい状況でのはなしである．

つぎに $\exists x \in A\ \forall y \in B\ [P(x, y)]$ の意味を考えよう．これは「A の要素 x が存在して $\forall y \in B\ [P(x, y)]$ となる」であるから「A の要素 x が存在して，任意の B の要素 y について $P(x, y)$ となる」である．ここでのポイントは $x \in A$ は $y \in B$ とは無関係に，あるいは $y \in B$ が与えられるより先に決めておかないといけないことである．いわば $y \in B$ を見る前からどの $x \in A$ を取るか決心して $y \in B$ がどれであろうとも $P(x, y)$ が成り立っていないといけない．

$\exists x \in A\ \forall y \in B\ [P(x, y)]$ を「B のすべての要素 y に対して $P(x, y)$ が成立するような A の要素 x が存在する」と言い表すのは，括弧を「“B のすべての要素 y に対して $P(x, y)$ となる” ような A の要素 x が存在する」と入れたくなる表現ではあるが間違いではない．しかし「任意の B の要素 y に対して $P(x, y)$ となるような A の要素 x が存在する」と読んでしまうと，読点を入れて「任意の B の要素 y に対して，$P(x, y)$ となるような A の要素 x が存在する」と息継ぎできてしまうが，これは $x \in A$ が $y \in B$ に依存してよいように読めてつまり $\forall y \in B\ \exists x \in A\ [P(x, y)]$ と区別がつかないので，日本語で書くのは要注意である．

連続する量化記号を否定するには de Morgan の法則を一歩一歩適用して，量化記号 $\exists,\forall$ を入れ替えながら否定記号 $\neg$ を中に入れていけばよい．

$$\neg\forall x\in A\ \forall y\in B\ [P(x,y)] \Leftrightarrow \exists x\in A\ \exists y\in B\ [\neg P(x,y)]$$

$$\neg\exists x\in A\ \exists y\in B\ [P(x,y)] \Leftrightarrow \forall x\in A\ \forall y\in B\ [\neg P(x,y)]$$

$$\neg\exists x\in A\ \forall y\in B\ [P(x,y)] \Leftrightarrow \forall x\in A\ \exists y\in B\ [\neg P(x,y)]$$

$$\neg\forall x\in A\ \exists y\in B\ [P(x,y)] \Leftrightarrow \exists x\in A\ \forall y\in B\ [\neg P(x,y)]$$

$\neg\forall x\in A\ \exists y\in B\ [P(x,y)]$ は「$\forall x\in A\ \exists y\in B\ [P(x,y)]$ ではない」ということだから，どれかの $x\in A$ について「うまく $y\in B$ を取れば $P(x,y)$ とでき」なくなる，つまりその $x\in A$ について「どのように $y\in B$ を取っても $\neg P(x,y)$ となる」を意味する．つまり $\exists x\in A\ \forall y\in B\ [\neg P(x,y)]$ である．

また $\neg\exists x\in A\ \forall y\in B\ [P(x,y)]$ は「どう $x\in A$ を取っても $\forall y\in B\ [P(x,y)]$ となるようにうまくいかない」のだから，「勝手に $x\in A$ を取ると $\forall y\in B\ [P(x,y)]$ の反例 $y_x\in B$ が存在する」となるので $\forall x\in A\ \exists y\in B\ [\neg P(x,y)]$ である．以上，最後のふたつの同値性を言葉で説明したが，de Morgan の法則により機械的に書き換えることができるようになることも重要である．このようにできるのは，否定 $\neg$ や量化記号 $\exists,\forall$ を関係・命題を作り出す作用素として捉えたからであった．

たとえば $n\in\mathbb{N}$, $\emptyset\neq X\subset\mathbb{N}$ として

$$\exists m\in X\ [n<m]$$

は「n より大きい要素が X に存在する」という n に関する条件を述べた文で，

$$\exists n\in\mathbb{N}\ \forall m\in X\ [n<m]$$

なら，「X のすべての要素より小さい自然数が存在する」つまり $0<\min X$ 言い換えれば $0\notin X$ という意味だし，

$$\forall n\in\mathbb{N}\ \exists m\in X\ [n<m]$$

は「どんな自然数を取ってもそれより大きい X の要素がある」つまり自然数 n が与えられてからそれより大きい X の要素 m を探せばよい，探すことができるということなので「X に最大数が無い」つまり「X は自然数の無限集合」ということを意味することになる．

他方，自然数の順序（大小関係）$n < m$ は，$n \not< m \Leftrightarrow \neg(n < m) \Leftrightarrow n \geq m$ をみたすから

$$\neg\forall n \in \mathbb{N}\ \exists m \in X\ [n < m] \Leftrightarrow \exists n \in \mathbb{N}\ \forall m \in X\ [n \geq m]$$

は「X のすべての要素以上の自然数が取れる」つまり「X の上界となる自然数が存在する」あるいは同じことだが「X は自然数の有限集合」を意味し，$X \neq \emptyset$ という仮定のもとで「X には最大数が存在する」ということと同値になる．

演習問題 2.6

ここでは実数を考える．b は実数を表す変数とする．$A \subset \mathbb{R}$ を実数から成る集合とする．

1. $\exists b \in \mathbb{R}\ \forall x \in A\ [x \leq b]$ は実数の集合 A に関するどういう事実を述べたものか言葉で説明せよ．

   また $\forall x \in A\ \exists b \in \mathbb{R}\ [x \leq b]$ との違いを確認せよ．

2. $\neg\exists b \in \mathbb{R}\ \forall x \in A\ [x \leq b] \Leftrightarrow \forall b \in \mathbb{R}\ \exists x \in A\ [x \geq b]$ を証明せよ．

3.
$$\forall c < b\ \exists x \in A\ [c < x] \Leftrightarrow \forall n \in \mathbb{Z}^+\ \exists x \in A\ [b - \frac{1}{n} < x]$$

   をアルキメデスの原理

$$\forall a \in \mathbb{R}\ \exists n \in \mathbb{N}\ [a \leq n]$$

   により証明せよ．

4. 変数 b に関する関係（条件）「b は A の上限（最小上界）である」を量化記号を用いて書き表せ．つぎにその否定命題と同値な命題を量化記号を用いて表せ．

第3章　写像と積・商

この章で，関数を一般化した写像，それから集合から集合への写像全体の集合（配置集合），そしてたくさんの集合たちに対する演算として積と商を，集合そしてその背後の論理に基づいて定義する．また積・商の導入と関連して選択公理も導入する．これらは数学がそこで動く舞台を提供するのでたいへん重要であるが，他方で集合を通じてこれらを理解しようとすると，集合を要素とする集合を考えざるを得なくする．そのためやや難しく感じられるかもしれないので，時間をかけて読まれることをお薦めする．

§3.1　写像

A と B を集合とする．A から B への写像 $f: A \to B$ とは，どの $x \in A$ についても $f(x) = y$ となる $y \in B$ がただ一つ存在するような対応のことである．このとき集合 A を写像 f の定義域という．集合 B の呼び方はひとによってまちまちだが，ここでは f の終域と呼ぶことにする．

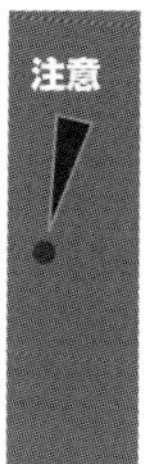

直観的理解では確かにこれでよいのだが，これが写像の正式な「定義」かというとやや疑問である．つまりこれは「写像」という言葉を「(一意) 対応」という言葉で置き換えたにすぎない．かといって「A から B への写像 f とは，任意に与えられた $x \in A$ に対してただ一つの $y = f(x) \in B$ を対応させる“規則”である」と言ってしまうと，今度は「規則」とはなんぞや？ となってしまう．それに，規則 f とは「異なる」規則 g であっても，任意の $x \in A$ に対して $f(x) = g(x)$ となり得る．としたらこのふ

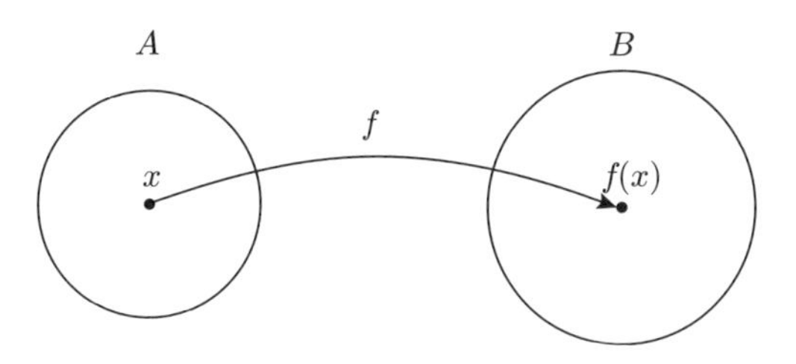

図 3.1　ベン図と矢印を使った写像

たつの「規則」は同じものとみなすべきだろうか？ それとも，いくら値が一致していても規則として異なるのなら「異なる」写像=規則と考えるべきだろうか？ これらの疑問に答えずにここでは，写像を集合の言葉で置き換えたものを正式な定義とする．

集合Aから集合Bへの写像とは，直積集合$A \times B$の部分集合$G \subset A \times B$であって，各$x \in A$に対して$(x, y) \in G$となる$y \in B$がただ一つ存在するようなものである．ここでの条件を記号で書けば，

$$G \subset A \times B \text{ かつ } \forall x \in A \exists! y \in B[(x, y) \in G] \tag{3.1}$$

ここでの$\exists! y$は「(以下の条件を満足する）yがただ一つ存在する」と読み，一般的には

$$\exists! y \in B[P(y)] :\Leftrightarrow \exists y \in B[P(y) \wedge \forall z \in B(P(z) \to y = z)]$$

で定義される．

このとき$x \in A$に対して$(x, y) \in G$となるただ一つの$y \in B$を，$y = f(x)$と書いて対応させれば，この対応fはAからBへの通常の意味での写像となり，この事実を$f : A \to B$と書き表し，fは集合Aから集合Bへの写像であるという．$f(x)$をfによるxの像といい，またfのxにおける値ともいう．あるいはfはxを$f(x)$へ移す（写す）という言い方もする．

逆に$f : A \to B$が集合Aから集合Bへの（通常の一意対応という意味での）写像であるとき，$A \times B$の部分集合（写像fのグラフ）

$$G = \{(x, y) \in A \times B | f(x) = y\}$$

が定まり，このGは(3.1)をみたす．

そしてこのGから，$x \in A$に対して$(x, y) \in G$となるただ一つのyを対応させる対応をつくれば，$y = f(x)$となって元へ戻る．

このようにして(3.1)をみたす集合Gと一意対応としての写像$f : A \to B$は，互いに表裏一体の関係にあるので，写像とはある種の集合であると言ってしまって差し支えない．

より詳しくは，写像は三つ組み(G, A, B)でGが集合A, Bに関して(3.1)をみたすものとすべきであろう．なぜなら組(x, y)から成る集合Gが集合B

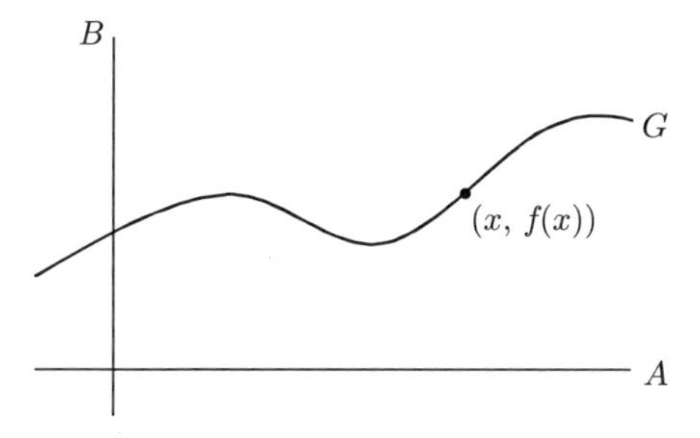

図 3.2　写像 f のグラフ

とそれから B とは異なる集合 B' に関して同時に (3.1) をみたすことはあり得るからである．たとえば (G, A, B) が (3.1) をみたすなら，任意の $B' \supset B$ についても (G, A, B') も (3.1) をみたす．つまり写像のグラフ G からはその終域はひとつには決まらない[1)]．以下では多くの場合，終域を指定した上で写像を考えるので，写像とは，この終域も込めた三つ組みのことと思ってよい．つまり二つの写像 $f : A \to B$ と $g : C \to D$ が等しいのは，$A = C$ かつ $B = D$ かつ $\forall x \in A[f(x) = g(x)]$ の場合とする．このことを $f = g$ と書き表す．

しかし終域を気にせず，写像とはそのグラフ G そのものと考えた方がよいこともある．その場合にはそのように断ることにする．

写像とよく似た意味の言葉に「関数」がある．これらふたつは同義と思ってよいが，ひとによっては，数から成る集合への写像を「関数」と呼び，一般の集合上のものは写像と呼んで区別することがあるようである．

すこし特殊な場合を考えておく．先ず定義域 $A = \emptyset$ である写像 $f : \emptyset \to B$ のグラフ G を考える．いま任意の集合 B に対して

$$\emptyset \times B = B \times \emptyset = \emptyset$$

であるから，$G \subset \emptyset \times B = \emptyset$ であり，このような集合は $G = \emptyset$ しかあり得ない．ところが $G = \emptyset$ は写像 $f : \emptyset \to B$ のグラフとしての資格 (3.1) を持っている．なぜならどんな条件 $P(x)$ についても $\forall x \in \emptyset[P(x)]$ は正しいからである．よって空な写像とそのグラフである空集合を同一視することで，どんな集

[1)] 定義域 $A = \{x | \exists y[(x, y) \in G]\}$ は G から再構成できる．

合 B についても写像 $f:\emptyset\to B$ は空なもの $f=\emptyset$ のみとなる．

つぎに終域が空 $B=\emptyset$ な写像 $f:A\to\emptyset$ を考えてみる．$a\in A$ として値 $f(a)\in\emptyset$ が取れないから，そのような写像 f は $A\neq\emptyset$ なら存在しない．他方 $A=\emptyset$ のときには，いま見た通り空な写像 f のみが $f:\emptyset\to\emptyset$ となる．

さて写像 $f:A\to B$ において，とくに $f(x)$ が x の式で与えられているときには，$f:A\to B$ の代わりに

$$f:A\ni x\mapsto f(x)\in B$$

とも書く．あるいは定義域 A および終域 B が文脈から明らかなときにはそれらを省略して

$$f:x\mapsto f(x)$$

たとえば $f(x)=x^2$ のとき，$f:x\mapsto x^2$.

しばらく f を集合 U から集合 V への写像 $f:U\to V$ としておく．

定義域の部分集合 $A\subset U$ について

$f[A]:=\{f(x)|x\in A\}=\{y\in V|\exists x\in A\ [y=f(x)]\}$ (A の f による(順)像)

とおく，cf. (2.12).

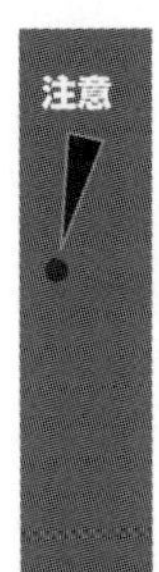

終域の部分集合 $B\subset V$ について

$$\begin{aligned}
f[A]\subset B &\Leftrightarrow \forall y\in V\ [y\in f[A]\to y\in B]\\
&\Leftrightarrow \forall y\in V\ [\exists x\in A(y=f(x))\to y\in B]\\
&\Leftrightarrow \forall y\in V\ \forall x\in A\ [y=f(x)\to y\in B],\ \text{cf.}\,(2.10)\\
&\Leftrightarrow \forall x\in A\ \forall y\in V\ [y=f(x)\to y\in B]\\
&\Leftrightarrow \forall x\in A\ [f(x)\in B]
\end{aligned}$$

ここで $b\in V$ に対して $\forall y\in V\ [y=b\to y\in B]$ と $b\in B$ が同値であることを用いた．

また f の値域は，f の値 $f(x)$ 全体の集合，つまりある $x\in U$ について $y=f(x)$ と書ける $y\in V$ 全体の集合である：

$$f[U] := \{f(x) \in V | x \in U\} = \{y \in V | \exists x \in U(y = f(x))\}$$

$B \subset V$ の f による逆像は，f で移したら B に入る $x \in U$ 全体の集合のことで

$$f^{-1}[B] := \{x \in U | f(x) \in B\}$$

により定める．

ここで $B \subset V$ が一点集合（要素を丁度ひとつ持つ集合）$\{b\}$ であるとき，$\{b\}$ の f による逆像を

$$f^{-1}(b) := f^{-1}[\{b\}] = \{x \in U | f(x) = b\}$$

と書くことにする．この記法は，b 自身が集合であるとき $f^{-1}[b]$ と紛れそうなので注意を要する．

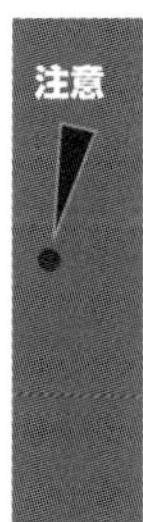

「b は関数 $f : A \to B$ の値域に属す」を「$b \in f(x)$」と書くのは誤り．正しくは「$\exists x \in A\ [b = f(x)] (\Leftrightarrow b \in B \wedge \exists x \in A\ [b = f(x)] \Leftrightarrow b \in \{y \in B | \exists x \in A(y = f(x))\})$」．「$b \in f(x)$」の読みは「$b$ は集合 $f(x)$ に属す」で b と x（あるいはさらに f）との関係．また f の値域（定義域？）を「$\{x | f(x)\}$」と書くのも誤り．$f(x)$ はモノであって条件ではない．さらに「f の値域に属すすべての y について条件 $P(y)$ が成立」を「$\forall f(x)[P(f(x))]$」と書くのも誤り．正しくは「$\forall x \in A\ [P(f(x))]$」．$f(x)$ は（f の値の集合を走る）変数ではないので，$\forall f(x)$ とは書けない．

いくつかよく出会う写像の例を挙げよう．以下で U を集合とする．

各 $x \in U$ を x に対応させる写像 $x \mapsto x$ を，U 上の恒等写像と言って id_U で表す．すなわち $\mathrm{id}_U : U \to U$, $\mathrm{id}_U(x) = x\,(x \in U)$ である．そのグラフ $\Delta_U = \{(x, x) \in U \times U | x \in U\} = \{(x, y) \in U \times U | x = y\}$ は，U 上の対角集合である．$x \in U$ に $(x, x) \in \Delta_U$ を対応させる写像 $\delta_U : U \to U \times U$, $\delta : x \mapsto (x, x)$ を対角写像という．A が U の部分集合であるとき，$x \in A$ を $x \in U$ に移す写像を包含写像といって i もしくは i_A で表す．すなわち $i : A \ni x \mapsto x \in U$.

集合 B の一つの要素 $c \in B$ を取る．U の要素 x をすべてこの c に移す写像を定値写像と呼び，記号を流用して同じ c で表す．すなわち $c : U \to B$, $c(x) = c\,(x \in U)$.

二点集合（要素が丁度ふたつある集合）を一つ固定する．たとえば $\mathbf{2} = \{0,1\}$ を取る．

U の部分集合 A に対して，その特徴関数もしくは特性関数 $\chi_A : U \to \mathbf{2}$ を，$x \in U$ として

$$\chi_A(x) = \begin{cases} 1 & x \in A \text{ のとき} \\ 0 & x \notin A \text{ のとき} \end{cases} \tag{3.2}$$

写像 $f : U \to V$ と部分集合 $A \subset U$ に対して，f の A への制限 $f|_A : A \to V$ を，$f|_A(x) = f(x)\,(x \in A)$ により定める．つまり f の定義域 U をただその部分 A に制限して得られる写像である．$f|_A \neq f$ ではあるが，$f|_A(x)$ を $f(x)$ と書いてしまうことがある．さらに A が文脈から明らかなときには，$f|_A$ そのものも f で書き表すことがある．

逆にこのとき f を $f|_A$ の U への延長という．つまり $f : U \to V$ が $g : A \to B$ の延長であるとは，$A \subset U$ かつ $\forall x \in A[f(x) = g(x)]$（かつ $V = B$）である場合である．終域を気にしないときには，$V = B$ でなくてもよい．

ふたつの集合 A_0, A_1 の直積集合 $A_0 \times A_1$ を定義域とする写像 $f : A_0 \times A_1 \to B$ の値 $f((x_0, x_1))\,(x_0 \in A_0, x_1 \in A_1)$ を書き表すのに，括弧をひとつ省略して $f(x_0, x_1)$ とするのが普通である．変数が増えても同じ $f(x_0, x_1, \ldots, x_n) = f((x_0, x_1, \ldots, x_n))$.

いま $f(x_0, x_1)$ において，x_0 を任意にひとつの $a_0 \in A_0$ に止めて考える[2]と，写像 $F_{a_0} : A_1 \to B$ が $F_{a_0} : x_1 \mapsto f(a_0, x_1)$ で定まる．このとき，f は x_1 の（x_1 だけに依存する）写像になる．これを2変数の写像 f において，ひとつの変数を止めたことで得られる1変数写像という．

集合 A_1 の要素を表している変数 x_1 を止める場合，および変数の個数が多いときでも同じである．

$A_0 \times A_1$ の要素 (x_0, x_1) に $x_0 \in A_0$ を対応させる写像 $\mathrm{pr}_{A_0} : A_0 \times A_1 \to A_0$, $(x_0, x_1) \mapsto x_0$ を，$(A_0 \times A_1$ の$)A_0$ への射影と呼ぶ．添字 A_0 を簡単にして $\mathrm{pr}_0 = \mathrm{pr}_{A_0}$ とも書き表す．A_1 への射影 $\mathrm{pr}_1 = \mathrm{pr}_{A_1} : A_0 \times A_1 \to A_1$, $(x_0, x_1) \mapsto x_1$ も同様である．つまり $\mathrm{pr}_i(x_0, x_1) = x_i\,(i = 0, 1)$.

また二つ以上の集合の直積集合 $A_0 \times A_1 \times \cdots \times A_n$ の $A_i\,(i = 0, 1, \ldots, n)$ への射影 $\mathrm{pr}_i = \mathrm{pr}_{A_i} : (x_0, x_1, \ldots, x_n) \mapsto x_i$ も同様に定義される．

---

[2] 逆に言うと変数 x_0 は集合 A_0 の要素を走っている，その中で動いていると考えている．

ふたつの集合 A_0, A_1 の直和 $A_0 \coprod A_1 = \{(i, x_i) | x_i \in A_i, i = 0, 1\}$ に対して，写像 $i_0 : A_0 \to A_0 \coprod A_1$ を $x_0 \mapsto (0, x_0)$ で定めることができる．集合としては $A_0 \neq \{0\} \times A_0$ であるから $A_0 \subset A_0 \coprod A_1$ ではないのだが，i_0 が自然な一対一対応（後で述べる単射）なので，これも包含写像の一種と見なせる．

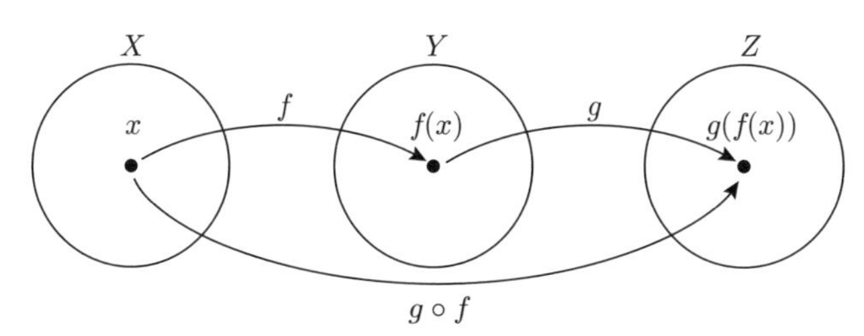

図 3.3　合成写像 $g \circ f : X \to Z$

ふたつの写像 $f : X \to Y$ と $g : Y \to Z$ においては，f の終域（行き先）と g の定義域が同じ集合 Y である．このとき f と g を合成して合成写像 $g \circ f : X \to Z$ が，

$$(g \circ f)(x) = g(f(x))\,(x \in X)$$

により定まる．

合成写像 $g \circ f$ では，与えられた $x \in X$ が先ず f で $y = f(x)$ に移されて，それからこの $y \in Y$ が g によって $z = g(y)$ に移される．言い換えると $x \in X, z \in Z$ について

$$(g \circ f)(x) = z \Leftrightarrow \exists y \in Y[f(x) = y \wedge g(y) = z]$$

よってそのグラフは，f のグラフ $G_0 = \{(x, y) \in X \times Y | f(x) = y\}$ と g のグラフ $G_1 = \{(y, z) \in Y \times Z | g(y) = z\}$ から以下のようにつくられる：

$$G = G_1 \circ G_0 := \{(x, z) \in X \times Z | \exists y \in Y[(x, y) \in G_0 \wedge (y, z) \in G_1]\} \quad (3.3)$$

この写像の合成に関して，結合律

$$h \circ (g \circ f) = (h \circ g) \circ f$$

が成り立つ．ここで $f : X \to Y$, $g : Y \to Z$, $h : Z \to U$ とすると，$g \circ f : X \to Z$, $h \circ g : Y \to U$ なので先ずこれらの合成写像の定義域はいずれ

も集合 X であり，終域は集合 U である．つぎにそれらの値は $x \in X$ について

$$(h \circ (g \circ f))(x) = h((g \circ f)(x)) = h(g(f(x))) = (h \circ g)(f(x)) = ((h \circ g) \circ f)(x)$$

となって等しいので，結合律が成り立つ．

注意

結合律をグラフが等しいことを示して確かめてみよう．写像 f, g, h それぞれのグラフを G_f, G_g, G_h とすれば合成写像 $h \circ (g \circ f)$ のグラフは

$$\begin{aligned}
& G_h \circ (G_g \circ G_f) \\
&= \{(x,u) \in X \times U | \exists z \in Z \ [(x,z) \in G_g \circ G_f \wedge (z,u) \in G_h]\} \\
&= \{(x,u) \in X \times U | \\
&\quad \exists z \in Z \ [\exists y \in Y((x,y) \in G_f \wedge (y,z) \in G_g) \wedge (z,u) \in G_h]\} \\
&= \{(x,u) \in X \times U | \\
&\quad \exists z \in Z \ \exists y \in Y[(x,y) \in G_f \wedge (y,z) \in G_g \wedge (z,u) \in G_h]\} \\
&= \{(x,u) \in X \times U | \\
&\quad \exists y \in Y \ [(x,y) \in G_f \wedge \exists z \in Z((y,z) \in G_g \wedge (z,u) \in G_h)]\} \\
&= \{(x,u) \in X \times U | \exists y \in Y \ [(x,y) \in G_f \wedge (y,u) \in G_h \circ G_g]\} \\
&= (G_h \circ G_g) \circ G_f \qquad (3.4)
\end{aligned}$$

となって，最後の集合は $(h \circ g) \circ f$ のグラフである．

いくつかの点とそれらの間を結ぶ矢印において，各点に集合の名前を書き，矢印に写像の名前を書き加えたラベルつきの有向グラフを考える．そのグラフにおいて，矢印を辿ってある二点間を結ぶ道筋があるとき，その道筋に沿って矢印上の写像を合成すると，道筋の始点から終点への写像が得られる．もしも任意の二点間の写像がその二点を結ぶ道筋によらずに一定であるとき，この有向グラフを可換図式という．またそのとき「(有向グラフで表された) 可換図式が成り立つ」という言い方もする．たとえば

$$\begin{array}{ccc} A & \xrightarrow{f} & B \\ {\scriptstyle h}\downarrow & & \downarrow{\scriptstyle g} \\ C & \xrightarrow[k]{} & D \end{array} \qquad \begin{array}{ccc} A & \xrightarrow{f} & B \\ {\scriptstyle h}\downarrow & & \downarrow{\scriptstyle g} \\ C & \underset{k}{\dashrightarrow} & D \end{array}$$

において，左図は$g \circ f = k \circ h$が成り立つということを示した図であり，右図は与えられた写像$f : A \to B, g : B \to D$および$h : A \to C$に対して図式を可換にする写像$k : C \to D$が存在することを示している．

以下の命題3.1.1, 3.1.2は3.1節の演習問題3.1の8, 9と併せて，集合の直積$A_0 \times A_1$と直和$A_0 \coprod A_1$の写像による特徴付けを与える．

命題 3.1.1

集合A_0, A_1の直積$A_0 \times A_1$および射影$\mathrm{pr}_n : A_0 \times A_1 \to A_n$, $(a_0, a_1) \mapsto a_n$ $(n = 0, 1)$を考える．

任意に集合Xと写像$f_n : X \to A_n$ $(n = 0, 1)$が与えられたら，写像$f : X \to A_0 \times A_1$で$n = 0, 1$に対して

$$f_n = \mathrm{pr}_n \circ f$$

となるものが一意的に存在する．このfを(f_0, f_1)あるいは$f_0 \times f_1$で表すことにする．

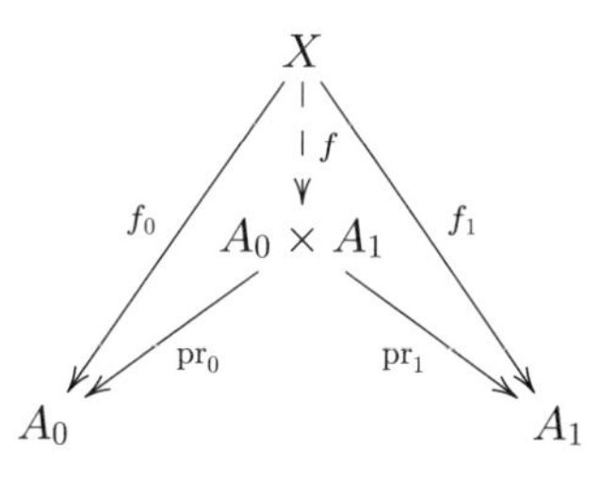

証明　$f : X \to A_0 \times A_1$を$f(x) = (f_0(x), f_1(x))$と定めれば，$n = 0, 1$と$x \in X$について$(\mathrm{pr}_n \circ f)(x) = \mathrm{pr}_n(f(x)) = \mathrm{pr}_n(f_0(x), f_1(x)) = f_n(x)$であるから，$f_n = \mathrm{pr}_n \circ f$が充たされる．

逆に$g : X \to A_0 \times A_1$が$f_n = \mathrm{pr}_n \circ g$ $(n = 0, 1)$をみたすとすれば，$n = 0, 1$, $x \in X$について$f_n(x) = \mathrm{pr}_n(g(x))$となる．したがって，$g(x) = (f_0(x), f_1(x)) = f(x)$となる．よって$g = f$である．■

命題 3.1.2

集合 A_0, A_1 の直和 $A_0 \coprod A_1$ および包含写像 $i_n : A_n \to A_0 \coprod A_1$, $a_n \mapsto (n, a_n)\,(n = 0, 1)$ を考える．

任意に集合 X と写像 $f_i : A_n \to X\,(n = 0, 1)$ が与えられたら，写像 $f : A_0 \coprod A_1 \to X$ で $n = 0, 1$ に対して

$$f_n = f \circ i_n$$

となるものが一意的に存在する．

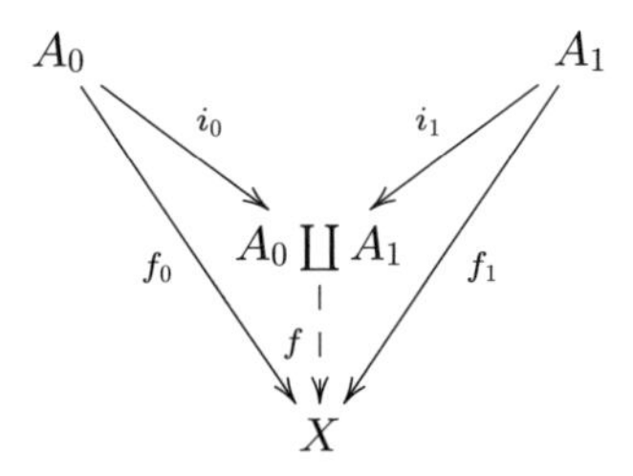

この f を $f_0 \coprod f_1$ で表すことにする．

証明　$b \in A_0 \coprod A_1$ はある $n = 0, 1$ と $a \in A_n$ により $b = (n, a)$ と表されることに注意して，$f : A_0 \coprod A_1 \to X$ を場合分けにより $f(n, a) = f_n(a)\,(n = 0, 1, a \in A_n)$ と定める．このとき $n = 0, 1$ と $a \in A_n$ について $(f \circ i_n)(a) = f(n, a) = f_n(a)$ となり，$f_n = f \circ i_n$ が充たされる．

逆に $g : A_0 \coprod A_1 \to X$ が $f_n = g \circ i_n\,(n = 0, 1)$ を充たしていれば，$(n, a) \in A_0 \coprod A_1\,(a \in A_n)$ について $g(n, a) = (g \circ i_n)(a) = f_n(a) = f(n, a)$ となり，$g = f$ である． ■

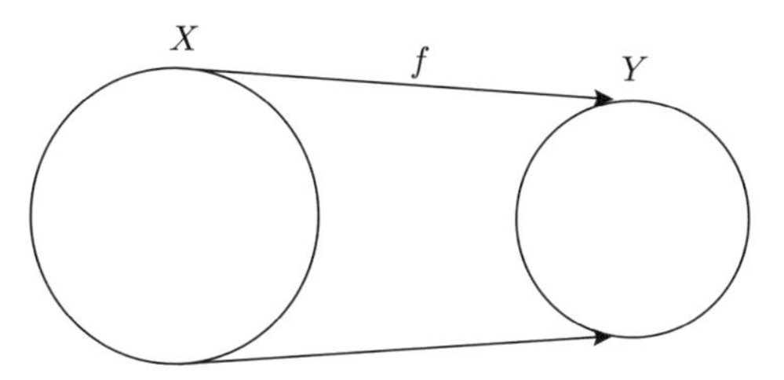

図 3.4　全射である $f : X \to Y$

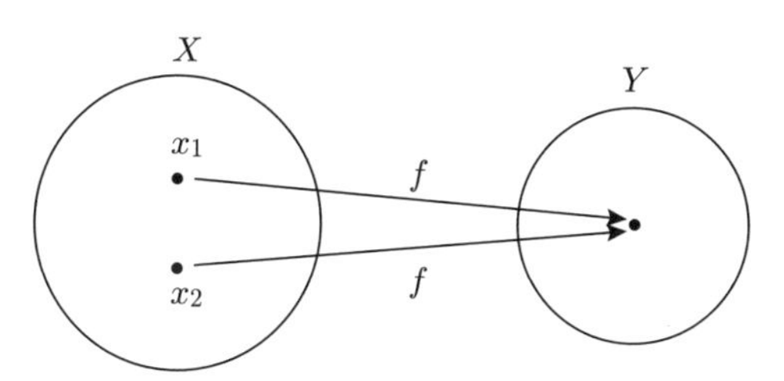

図 3.5　$f : X \to Y$ が単射でない

つぎに写像に関する基本的な性質を導入する．

$f : X \to Y$ が上への写像または全射とは，f の値域が終域 Y 全体になること，つまりどの $y \in Y$ についても適当に $x \in X$ を取れば $f(x) = y$ となることである．$f : X \to Y$ が全射である条件を記号で書けば

$$f[X] = Y \Leftrightarrow \forall y \in Y \ \exists x \in X \ [y = f(x)]$$

となる．したがって，$f : X \to Y$ が全射ではないのは，$f[X] \subsetneq Y$ つまり $\exists y \in Y \ \forall x \in X \ [f(x) \neq y]$ ということになる．

つぎに $f : X \to Y$ が一対一または単射とは，異なる $x \in X$ を異なる $f(x)$ へ移すことである．その条件を記号で同値なかたちでふたつ書くと

$$\forall x_1, x_2 \in X \ [x_1 \neq x_2 \to f(x_1) \neq f(x_2)]$$
$$\Leftrightarrow \forall x_1, x_2 \in X \ [f(x_1) = f(x_2) \to x_1 = x_2]$$

よって $f : X \to Y$ が単射ではないのは $\exists x_1, x_2 \in X [x_1 \neq x_2 \land f(x_1) = f(x_2)]$ ということである．

$f : X \to Y$ が全射かつ単射であるとき，f は全単射または双射と呼ばれる．つまりどの $y \in Y$ についても $f(x) = y$ となる $x \in X$ がただひとつ存在する場合をいう $\forall y \in Y \ \exists! x \in X \ [f(x) = y]$．

このとき逆写像 $f^{-1}: Y \to X$ が

$$f^{-1}(y) = x \Leftrightarrow f(x) = y \, (x \in X, y \in Y)$$

により定まる．

f のグラフ $G = \{(x, y) \in X \times Y | f(x) = y\}$ に対して，f^{-1} のグラフは x, y を入れ替えて $\{(y, x) \in Y \times X | f(x) = y\}$ となる．明らかに f^{-1} も全単射でその逆写像は元へ戻る $(f^{-1})^{-1} = f$.

例

1.
$$f_1 : \mathbb{R} \to \mathbb{R}, f_1(x) = \sin x$$
は単射でも全射でもない．たとえば $f_1(0) = f_1(\pi) = 0$, $f_1[\mathbb{R}] = [-1, 1]$. しかし
$$f_2 : \left[-\frac{\pi}{2}, \frac{\pi}{2}\right] \to \mathbb{R}, f_2(x) = \sin x$$
は単射であるが全射でない．
$$f_3 : \left[-\frac{\pi}{2}, \frac{\pi}{2}\right] \to [-1, 1], f_3(x) = \sin x$$
は全単射になる．

2. 上で述べた写像の例のいくつかについて単射か全射か見ておく．恒等写像 id_U は全単射，対角写像 δ_U は単射で，δ_U が全射なのは集合 U が空 $U = \emptyset$ か一点集合の場合に限る．包含写像 $i_A : A \to U$ は単射だが，$A \neq U$ である限り全射ではない．定値写像 $c : U \to B$ が単射なのは集合 U が空 $U = \emptyset$ か一点集合の場合に限り，全射なのは $B = \{c\}$ かつ $U \neq \emptyset$ な場合である．射影 $\mathrm{pr}_0 : A_0 \times A_1 \to A_0$ は $A_0 = \emptyset$ なら全単射である．以下 $A_0 \neq \emptyset$ である場合を考えると，単射なのは集合 A_1 が空 $A_1 = \emptyset$ か一点集合の場合に限り，全射なのは $A_1 \neq \emptyset$ の場合である．

3. 空でない集合 A_1, A_2, A_3 の直積 $A_1 \times A_2 \times A_3$ は三つ組み (a_1, a_2, a_3) $(a_i \in A_i, i = 1, 2, 3)$ より成る集合であるので，集合としては $A_1 \times A_2 \times A_3 \neq (A_1 \times A_2) \times A_3$ である．後者は組 $((a_1, a_2), a_3)$ から成る集合で組の間の相等関係の定義から $(a_1, a_2, a_3) \neq ((a_1, a_2), a_3)$ であった．しかしこれら

の間には標準的な全単射 $(a_1, a_2, a_3) \mapsto ((a_1, a_2), a_3)$ が存在する．このような自然で明らかな全単射が存在するふたつの集合は，同一視される．しかし集合としては異なることを覚えておかなければならない．よって三種類の積 $A_1 \times A_2 \times A_3$, $(A_1 \times A_2) \times A_3$, $A_1 \times (A_2 \times A_3)$ および組 $(a_1, a_2, a_3), ((a_1, a_2), a_3), (a_1, (a_2, a_3))$ は同一視される．

三つ以上の集合の直積についても同様である．

つぎの命題 3.1.3 は，有限集合 A の要素の個数が有限集合 B の要素の個数以下であるための必要十分条件は，単射 $f : A \to B$ が存在することであると言っている．運動会の玉入れの勝敗判定を思い出せばよい．

命題 3.1.3

（部屋割り論法，鳩の巣論法）　有限集合 A, B はそれぞれ n 個の要素 $A = \{a_1, \ldots, a_n\}$ と m 個の要素 $B = \{b_1, \ldots, b_m\}$ を持つとし，$n > m$ とする．

このとき単射 $f : A \to B$ は存在しないし，全射 $g : B \to A$ も存在しない．

とくに有限集合 A からその真部分集合への単射は存在しない．また有限集合 $A = \{a_1, \ldots, a_n\}$ において $f : A \to A$ が単射であること，全射であること，全単射であることは互いに同値である．

証明　先ず前半を考える．自然数 n に対して集合 $A_n = \{k \in \mathbb{Z}^+ | k \leq n\} = \{1, 2, \ldots, n\}$ とおく．とくに $A_0 = \emptyset$. A_n から A_m への写像全体から成る集合を $\mathrm{Map}(A_n, A_m)$ とおく [3]. つまり $f \in \mathrm{Map}(A_n, A_m)$ iff $f : A_n \to A_m$. このとき命題

$$\forall n \in \mathbb{N}\ \forall m < n\ \forall f \in \mathrm{Map}(A_n, A_m)[f \text{ は単射ではない}] \tag{3.5}$$

を $n \in \mathbb{N}$ に関する数学的帰納法で示す．$n = 0, 1$ の場合は明らかである．$n \geq 2$ の場合を考える．$m < n$, $f : A_n \to A_m$ が単射であると仮定する．このとき $f(n) \in A_m$ であり，全単射 $g : (A_m - \{f(n)\}) \to A_{m-1}$ を

[3] 3.2 節の記法ではこの集合は $A_n^{A_m}$ と書かれる．

$f(n) \neq k \in A_m$ について $g(k) = \begin{cases} k & k < f(n) \text{ のとき} \\ k-1 & k > f(n) \text{ のとき} \end{cases}$ で定める．すると合成写像 $g \circ (f|_{A_{n-1}}) : A_{n-1} \to A_{m-1}$ は単射である，cf. 演習問題 3.1 の 3.(a). これは帰納法の仮定に反する．これで命題 (3.5) が示された．

同じく $n > m$ ならば任意の $g : A_m \to A_n$ が全射にならないことは，つぎのようにして分かる（一般の集合に関しては命題 3.3.2.2 を参照せよ．）．いま $g : A_m \to A_n$ が全射であるとする．このとき $\forall k \in A_n[g^{-1}(k) \neq \emptyset]$ であるから各 $k \in A_n$ に対してひとつずつ $a_k \in g^{-1}(k)$ を $g^{-1}(k)$ の要素の最小に取り，$f : A_n \to A_m$ を $f(k) = a_k$ で定めると，$g(f(k)) = k$ である．よって f は単射である，cf. 3.1 節の演習 4a. このとき上で見た通り $n > m$ はあり得ない．

集合 $A = \{a_1, \ldots, a_n\}$ と A_n の間には全単射があるので，これで前半は分かった．また後半は前半の結果と証明より容易に分かる．　■

他方，無限集合 $\mathbb{N} = \{0, 1, 2, \ldots\}$ ではその真部分集合，たとえば偶数全体の集合 $2\mathbb{N} = \{2n | n \in \mathbb{N}\}$ への全単射 $f : \mathbb{N} \ni n \mapsto 2n \in 2\mathbb{N}$, あるいは全単射 $g : \mathbb{N} \ni n \mapsto n + 1 \in \mathbb{Z}^+$ 等 が存在する．

演習問題 3.1

1. $f : X \to Y$, $A, A_0, A_1 \subset X$, $B, B_0, B_1 \subset Y$ とする．以下を示せ．
   - (a) $A \subset f^{-1}[f[A]]$.
     $A \neq f^{-1}[f[A]]$ となる例を与えよ．
   - (b) $f[f^{-1}[B]] \subset B$.
     $f[f^{-1}[B]] \neq B$ となる例を与えよ．
   - (c) $B \subset f[X]$ ならば，$f[f^{-1}[B]] = B$.
   - (d) $f[A_0] - f[A_1] \subset f[A_0 - A_1]$.
     $f[A_0] - f[A_1] \neq f[A_0 - A_1]$ となる例を与えよ．
   - (e) $f[A_0 \cup A_1] = f[A_0] \cup f[A_1]$.
   - (f) $f[A_0 \cap A_1] \subset f[A_0] \cap f[A_1]$.
     $f[A_0 \cap A_1] \neq f[A_0] \cap f[A_1]$ となる例を与えよ．
   - (g) $f^{-1}[B_0 \cup B_1] = f^{-1}[B_0] \cup f^{-1}[B_1]$.
   - (h) $f^{-1}[B_0 \cap B_1] = f^{-1}[B_0] \cap f^{-1}[B_1]$.
   - (i) $f^{-1}[B_0 - B_1] = f^{-1}[B_0] - f^{-1}[B_1]$. とくに $f^{-1}[B^c] = (f^{-1}[B])^c$.

2. $f: X \to Y$, $g: Y \to Z$ として合成写像 $g \circ f: X \to Z$ と部分集合 $C \subset Z$ に対して，$(g \circ f)^{-1}[C] = f^{-1}[g^{-1}[C]]$ を示せ．

3. $f: X \to Y$, $g: Y \to Z$ として合成写像 $g \circ f: X \to Z$ を考える．
   (a) f, g ともに単射なら $g \circ f$ も単射であることを示せ．
   (b) f, g ともに全射なら $g \circ f$ も全射であることを示せ．
   (c) $g \circ f$ が単射なら f も単射であることを示せ．
   (d) $g \circ f$ が全射なら g も全射であることを示せ．

4. $f: X \to Y$, $g: Y \to X$ とする．
   (a) $g \circ f = \mathrm{id}_X$ ならば，f は単射で g は全射であることを証明せよ．
   (b) $g \circ f = \mathrm{id}_X$ かつ $f \circ g = \mathrm{id}_Y$ ならば，f, g ともに全単射であり，互いに逆

$$g = f^{-1} \wedge f = g^{-1}$$

   であることを証明せよ．
   逆に全単射 $f: X \to Y$ に対してその逆 f^{-1} は，$f^{-1} \circ f = \mathrm{id}_X$, $f \circ f^{-1} = \mathrm{id}_Y$ をみたすことを確かめよ．
   (c) f は全射ではなく，g は単射ではなく，しかも $g \circ f$ が全単射になるような例をつくれ．よって $g \circ f$ が全単射でも f が全射とは限らないし，g が単射とは限らない．

5. $g: Y \to Z$ が単射であるための必要十分条件は，任意の集合 X と任意の写像 $f_i: X \to Y\ (i = 0, 1)$ に対して

$$g \circ f_0 = g \circ f_1 \Rightarrow f_0 = f_1$$

   となることである．これを示せ．

6. 以下を示せ．
   $f: X \to Y$ が単射であるとして，写像 $g: Z \to Y$ が与えられている．このとき，$g = f \circ h$ となる写像 $h: Z \to X$ が存在するための必要十分条件は $g[Z] \subset f[X]$ であることである．
   さらにこのとき上記を満たす写像 $h: Z \to X$ は一意的に決まる．

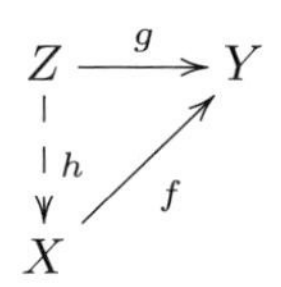

7. $f : X \to Y$ が全射であるための必要十分条件は，任意の集合 Z と任意の写像 $g_i : Y \to Z\,(i = 0, 1)$ に対して

$$g_0 \circ f = g_1 \circ f \Rightarrow g_0 = g_1$$

となることである．これを示せ．

8. 以下を示せ．
集合 A_0, A_1 の直積 $A_0 \times A_1$ および射影 $\mathrm{pr}_n : A_0 \times A_1 \to A_n$, $(a_0, a_1) \mapsto a_n\,(n = 0, 1)$ を考える．
集合 A と写像 $\pi_n : A \to A_n\,(n = 0, 1)$ は以下をみたすとする：任意に集合 X と写像 $g_n : X \to A_n\,(n = 0, 1)$ が与えられたら，写像 $g : X \to A$ で $n = 0, 1$ に対して

$$g_n = \pi_n \circ g$$

となるものが一意的に存在する．

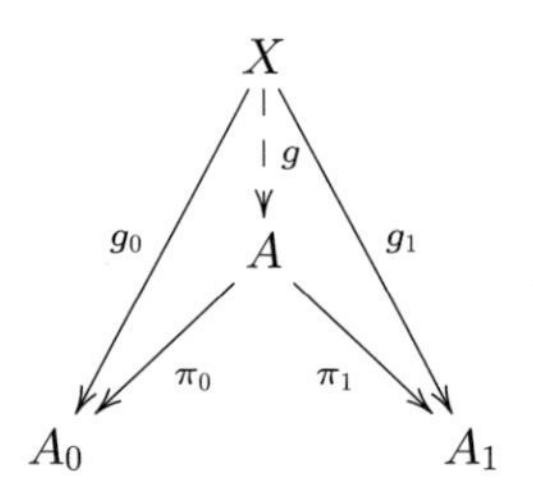

この g も (g_0, g_1) と書くことにする．
このとき写像 $(\pi_0, \pi_1) : A \to A_0 \times A_1$ と $(\mathrm{pr}_0, \mathrm{pr}_1) : A_0 \times A_1 \to A$ は互いに逆であり，したがって，ともに全単射となる．

9. 以下を示せ．
集合 A_0, A_1 の直和 $A_0 \coprod A_1$ および包含写像 $i_n : A_n \to A_0 \coprod A_1$, $a_n \mapsto (n, a_n)\,(n = 0, 1)$ を考える．
集合 A と写像 $\iota_n : A_n \to A\,(n = 0, 1)$ は以下をみたすとする：任意に集合 X と写像 $g_n : A_n \to X\,(n = 0, 1)$ が与えられたら，写像 $g : A \to X$ で $n = 0, 1$ に対して

$$g_n = g \circ \iota_n$$

となるものが一意的に存在する．

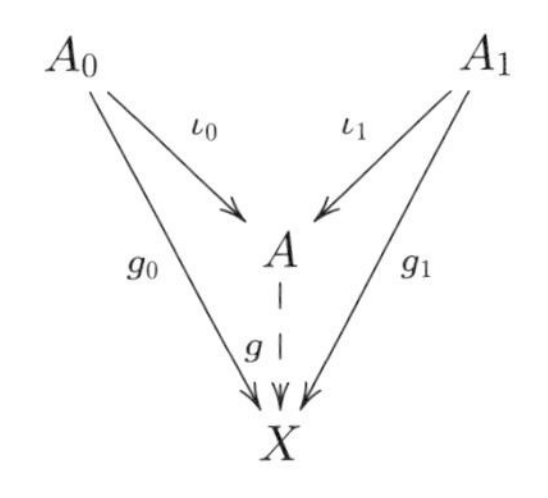

この g も $g_0 \coprod g_1$ と書くことにする．

このとき写像 $\iota_0 \coprod \iota_1 : A_0 \coprod A_1 \to A$ と $i_0 \coprod i_1 : A \to A_0 \coprod A_1$ は互いに逆であり，したがって，ともに全単射となる．

§3.2　ベキ集合と配置集合

集合はそれ自身でモノとみなせるので，集合から成る集合（集合を要素として持つ集合）を考えることができる．たとえば集合 $A = \{1, 2\}$ と集合 $B = \{1, 3\}$ に対して，それらだけを要素として持つ集合 $X = \{A, B\} = \{\{1, 2\}, \{1, 3\}\}$ では，

$$x \in X \Leftrightarrow [x = A \vee x = B]$$

であるので，$A \in X$ だが $A \not\subset X$ である．なぜなら $1 \in A$ だが，$1 \notin X$ だからである．同様に $B \not\subset X$．つまりある集合の要素である（要素として含まれる）こととその集合の部分集合である（部分集合として含まれる）ことは別の事柄である．

他方，集合 $Y = A \cup \{A\}$ については，$A \subset Y$ であってしかも $A \in Y$ でもある．このようにひとつのモノがある集合の要素であり，同時にその集合の部分集合であることはあり得る．

さて集合 A の部分集合となる集合 X をすべて集めてひとつの集合としたものを，A のベキ集合と呼んで，$\mathcal{P}(A)$ で表す：

$$X \in \mathcal{P}(A) :\Leftrightarrow X \subset A$$

部分集合全体から成る集合 $\mathcal{P}(A)$ を考えるのは，それをひとつのまとまりとみなすことを意味する．これにより集合 X に関するある性質 $Q(X)$ を満たすような A の部分集合 X の存在

$$\exists X \in \mathcal{P}(A)\ [Q(X)] \Leftrightarrow \exists X \subset A\ [Q(X)]$$

を問題にしたり，そのような集合全体から成る集まり

$$\{X \in \mathcal{P}(A) | Q(X)\} = \{X \subset A | Q(X)\}$$

を集合として考えることができるようになる.

つぎに集合 A から集合 B への写像 $f : A \to B$ 全体から成る集合を考える．この集合を配置集合と呼んで B^A（あるいは ${}^A B$ もしくは $\mathrm{Map}(A, B)$）と書く：

$$f \in B^A :\Leftrightarrow f : A \to B \Leftrightarrow f \text{ は } A \text{ から } B \text{ への写像}$$

写像をそのグラフと同一視すれば

$$B^A = \{G \in \mathcal{P}(A \times B) | G \text{ は } A, B \text{ に関して (3.1) をみたす}\}$$

配置集合を集合とすることで，それらの間の写像を考えることができる.

たとえば写像の値を表す式 $f(x)$ において，x を止めて f を変数に見立てると，配置集合から集合への写像となる．具体的には集合 A, B について，いま $a_0 \in A$ とする．このとき $f \in B^A$ に対して $f(a_0) \in B$ を対応させることで写像 $\mathrm{app}_{a_0} : B^A \ni f \mapsto f(a_0) \in B$ （評価写像とか適用と呼ばれる）がつくられる．さらに $a_0 \in A$ も動かして写像 $\mathrm{app} : B^A \times A \ni (f, x) \mapsto f(x) \in B$ も得られる.

あるいは写像 $f : A \to B$ と集合 C が与えられたとする．このとき $g : C \to A$ に合成写像 $(f \circ g) : C \to B$ を対応させて写像 $f_* : A^C \ni g \mapsto f \circ g \in B^C$ が得られる．また合成する向きを逆にすれば写像 $f^* : C^B \ni h \mapsto h \circ f \in C^A$ が得られる．さらにこれらを抽象して，写像 ${}_* : B^A \ni f \mapsto f_* \in (B^C)^{A^C}$ と写像 ${}^* : B^A \ni f \mapsto f^* \in (C^A)^{C^B}$ が得られる.

A が有限集合である場合の配置集合を考えてみる．A が n 個の要素から成る集合，たとえば $A = \{1, \ldots, n\}\,(n \geq 0)$ として，A から B への写像 $f : A \to B$ は，B の要素を n 個，重複を許して並べることであるから，$f(i) = b_i \in B\,(i = 1, \ldots, n)$ として，f は組 $(b_1, \ldots, b_n)$ と同一視できる．つまり写像 $f : A \to B$ が与えられたらこのような組 $(b_1, \ldots, b_n)$ が丁度ひとつ決まるし，逆に組 $(b_1, \ldots, b_n)$ から写像 $f : A \to B$ が $f(i) = b_i$ により決め

られる．つまり $B^{\{1,\ldots,n\}}$ と直積 $\underbrace{B\times B\times\cdots\times B}_{n}$ との間に標準的な全単射がある．

すると B が m 個の要素から成る集合であるとき，組 $(b_1,\ldots,b_n)$ 全体の個数は m^n となる．この事実からの類推で，集合 A から集合 B への写像 $f:A\to B$ 全体から成る集合を B^A と書くのである．たとえば $A=\mathbb{N}, B=\mathbb{R}$ であるときの $\mathbb{R}^{\mathbb{N}}$ は実数列全体の集合を表す．

注意

ここで実数列を写像とみなす考え方を紹介する．現在の立場では（実）数列 $\{a_n\}_{n\in\mathbb{N}}$ とは，関数 $f:\mathbb{N}\ni n\mapsto a_n\in\mathbb{R}$ にほかならない．つまり自然数 n をひとつ任意に決めるごとに実数 $a_n=f(n)$（数列の第 n 項）が決まっているのが数列であるから，これは $\mathbb{N}$ から $\mathbb{R}$ への写像を与えていると考えられる．

ここでひとつ問題なのは，表記 $\{a_n\}_{n\in\mathbb{N}}$ が集合 $\{a_n|n\in\mathbb{N}\}$ を表しているとみなす（ことも確かにあるのだが）と数列 $\{a_n\}_{n\in\mathbb{N}}=f[\mathbb{N}]$ となってしまう．集合としての $f[\mathbb{N}]$ からは，元の数列の第 n 項を一意的には読み取れない．たとえば $a_n=(-1)^n$ つまり数列 $-1,1,-1,1,\ldots$ を集合とみなすと二点集合 $\{-1,1\}$ であり，この集合を値域にもつ関数，つまり項が -1 と 1 から成る数列はこの a_n 以外にいくらでもある．そこで，数列を表すのに集合 $\{a_n|n\in\mathbb{N}\}$ と紛らわしい $\{a_n\}_{n\in\mathbb{N}}$ と書くのは本書ではやめて，$(a_n)_{n\in\mathbb{N}}$ あるいは $(a_n;n\in\mathbb{N})$ で関数 $f:\mathbb{N}\ni n\mapsto a_n\in\mathbb{R}$ を書き表すことにする．したがって，実数列全体の集合は $\mathbb{R}^{\mathbb{N}}=\{(a_n)_{n\in\mathbb{N}}|a_n\in\mathbb{R}\}$ と書き表される．

さて集合 U の部分集合 A が与えられたら，その特徴関数 $\chi_A:U\to\mathbf{2}$ が (3.2) で決まる．ここで $\mathbf{2}=\{0,1\}$ であった．逆に関数 $f:U\to\mathbf{2}$ が与えられたらそれから U の部分集合 A_f が

$$A_f=\{x\in U|f(x)=1\}=f^{-1}(1)=f^{-1}[\{1\}]$$

により決まる．しかもこのとき $\mathcal{P}(U)\ni A\mapsto\chi_A\in\mathbf{2}^U$ と $\mathbf{2}^U\ni f\mapsto A_f\in\mathcal{P}(U)$ は互いに逆である：$A\in\mathcal{P}(U)$ と $f\in\mathbf{2}^U$ について

$$A_{\chi_A}=A\wedge\chi_{A_f}=f$$

よってベキ集合 $\mathcal{P}(U)$ と配置集合 $\mathbf{2}^U$ は一対一に対応する．この理由からベキ集合 $\mathcal{P}(U)$ を 2^U と書くことがある．

すこし特殊な場合を考えておく．先ず上で見た通り要素をちょうどn個持つ集合$\boldsymbol{n} = \{0, \ldots, n-1\}$に対して，$A^{\boldsymbol{n}}$は$A$の$n$個の直積$\underbrace{A \times \cdots \times A}_{n}$と同一視できる．なおここで$n = 0$つまり$\boldsymbol{0} = \emptyset$のときには$A^{\emptyset} = \{\emptyset\}$であったので，$A$の0個の直積は$\{\emptyset\}$とおくのが自然だろう．

よってどんな集合Aについても$A^{\boldsymbol{0}} = A^{\emptyset} = \underbrace{A \times \cdots \times A}_{0} = 2^{\emptyset} = \mathcal{P}(\emptyset) = \{\emptyset\}$となる．これは$n^0 = 1$とおくのと符合している．また$0^n = 0\,(n \neq 0)$, $0^0 = 1$とするのに対応して，空でない集合Aについては$\emptyset^A = \emptyset$である．他方$\emptyset^{\emptyset} = \{\emptyset\}$であった．

さて「指数法則」が出てきたので，一般の指数法則を考えよう．A_0, A_1, Bを集合とする．先ず指数法則$b^{a_0+a_1} = b^{a_0}b^{a_1}$からの類推として，配置集合$B^{A_0 \amalg A_1}$と配置集合の直積$B^{A_0} \times B^{A_1}$の間の標準的な全単射をつくる．$f_0 \in B^{A_0}, f_1 \in B^{A_1}$に対して命題3.1.2で構成した$f_0 \coprod f_1 : A_0 \coprod A_1 \to B$を対応させれば，これが全単射$\coprod : B^{A_0} \times B^{A_1} \ni (f_0, f_1) \mapsto f_0 \coprod f_1 \in B^{A_0 \amalg A_1}$を与える．その逆は$h \in B^{A_0 \amalg A_1}$に制限の組$(h_0, h_1) \in B^{A_0} \times B^{A_1}$,$h_n(a_n) = h(n, a_n)\,(n = 0, 1)$を対応させる．なお，$B^{A_0 \amalg A_1}$と$B^{A_0} \times B^{A_1}$の間に標準的な全単射が存在するという事実は，論理における法則(2.1)「命題$(P_0 \vee P_1) \to Q$と命題$(P_0 \to Q) \wedge (P_1 \to Q)$は同値」に対応したものである．

つぎに指数法則$b^{a_0a_1} = (b^{a_1})^{a_0}$に対応して，配置集合$B^{A_0 \times A_1}$と配置集合$(B^{A_1})^{A_0}$の間の標準的な全単射をつくる．$f \in B^{A_0 \times A_1}$に対して$F \in (B^{A_1})^{A_0}$を以下のようにつくる．$F : A_0 \to B^{A_1}$だから与えられた$x_0 \in A_0$に対して$F(x_0) \in B^{A_1}$を決めればよい．それを，$x_1 \in A_1$として$(F(x_0))(x_1) = f(x_0, x_1) \in B$で定める．これで写像$B^{A_0 \times A_1} \ni f \mapsto F \in (B^{A_1})^{A_0}$がつくれたが，これは全単射であり，その逆は，$F \in (B^{A_1})^{A_0}$に$f(x_0, x_1) = (F(x_0))(x_1)$による$f \in B^{A_0 \times A_1}$を対応させる．なお，$B^{A_0 \times A_1}$と$(B^{A_1})^{A_0}$の間に標準的な全単射が存在するという事実は，論理における法則(2.2)「命題$(P_0 \wedge P_1) \to Q$と命題$P_0 \to (P_1 \to Q)$は同値」に対応したものである．

演習問題3.2

1. $f : X \to Y$とし，$F_* : \mathcal{P}(X) \to \mathcal{P}(Y)$を$F_*(A) = f[A]\,(A \subset X)$とし，$F^* : \mathcal{P}(Y) \to \mathcal{P}(X)$を$F^*(B) = f^{-1}[B]\,(B \subset Y)$とする．以下を示せ．
   (a)　fが単射 iff F_*が単射 iff F^*が全射．

(b) f が全射 iff F_* が全射 iff F^* が単射.

2. 指数法則 $(a_0a_1)^b = a_0^b a_1^b$ もしくは論理の法則「命題 $Q \to (P_0 \wedge P_1)$ と命題 $(Q \to P_0) \wedge (Q \to P_1)$ は同値」に対応して，配置集合 $(A_0 \times A_1)^B$ と配置集合 $A_0^B \times A_1^B$ の間の標準的な全単射をつくれ.

§3.3 集合族の演算と選択公理

ここでは無限個の集合に関する演算を導入する.

一般に写像 $f : \mathbb{N} \to A$ は，自然数 n をひとつ任意に決めるごとに A の要素 $a_n = f(n)$ を決めているので，A の要素を並べた列もしくは点列$(a_n)_{n \in \mathbb{N}}$ を表している．そこで逆に A の要素から成る列とは，写像 $f : \mathbb{N} \to A$ のことであると考える.

つぎに，定義域の自然数全体の集合 $\mathbb{N}$ を一般の集合にした「列」を考える．集合 I から集合 A への写像 $a : I \to A$ が与えられているとする．これは $i \in I$ を決めるごとに A の要素 $a_i = a(i)$ が決まっているということなので，I を添字集合とする A の要素の族を与えていることになる．このように写像 a を見たとき，写像 a を $(a_i)_{i \in I}$ もしくは $(a_i; i \in I)$ で表す．族は集合の要素を集めたものだが，集合 $\{a_i | i \in I\}$ とは違う．添字 i の要素 a_i が何であるかを問題にしたいときに使われる概念である.

添字集合としてよく用いられる文字は I, J あるいはギリシャ文字 Λ である．後者のとき族は $(a_\lambda)_{\lambda \in \Lambda}$ と書かれる.

族 $(a_i)_{i \in I}$ の a_i がすべて集合である場合には，これを集合族という．またどの a_i も集合 A_0 の部分集合であるときには，この集合族を集合 A_0 の部分集合族という.

I によって添字付けられた集合族 $(X_i)_{i \in I}$ つまり I を添字集合とする集合族が与えられたとする．少なくともひとつの X_i に属す要素全体の集合を，集合族 $(X_i)_{i \in I}$ の合併もしくは和集合といって

$$\bigcup_{i \in I} X_i := \bigcup \{X_i | i \in I\} := \{x | \exists i \in I\ [x \in X_i]\}$$

と表す．特に$I=\emptyset$のときは$\bigcup_{i\in\emptyset}X_i=\emptyset$となる．

その要素がすべて集合であるような集合Yに対して

$$\bigcup Y := \{x | \exists X \in Y\ [x \in X]\}$$

これは添字集合をY自身として恒等写像$\mathrm{id}_Y : Y \ni X \mapsto X$による集合族$(X)_{X\in Y}$に対する合併である．この意味で，要素がすべて集合であるような集合Yも集合族と呼ぶことにする．あるいは逆に集合族$(X_i)_{i\in I}$の合併$\bigcup_{i\in I} X_i$は，集合のみから成る集合$Y=\{X_i|i\in I\}$の合併$\bigcup Y$とも見ることができる．

$X \subset \bigcup_{i\in I} X_i$であるとき，集合族$(X_i)_{i\in I}$は$X$の<u>被覆</u>と言われる．$X=\bigcup_{i\in I} X_i$で$X_i$たちが互いに素$\forall i,j \in I[i \neq j \to X_i \cap X_j = \emptyset]$ならば$X$は$(X_i)_{i\in I}$の<u>直和</u>であるといい，$X_i$がすべて空でない$\forall i,j \in I[i \neq j \leftrightarrow X_i \cap X_j = \emptyset]$ならば$(X_i)_{i\in I}$は$X$の<u>分割</u>であると言う．

いま$(X_i)_{i\in I}$は集合Xの部分集合族であるとする．つまり$\forall i \in I[X_i \subset X]$であるとする．このとき，すべての$X_i$に属す$X$の要素全体の集合を，部分集合族$(X_i)_{i\in I}$の<u>共通部分</u>もしくは<u>交わり</u>といって

$$\bigcap_{i\in I} X_i := \bigcap\{X_i | i \in I\} := \{x \in X | \forall i \in I[x \in X_i]\}$$

と表す．特に$I=\emptyset$のときは$\bigcap_{i\in\emptyset} X_i = X$となる．

この定義は$I \neq \emptyset$であるときには，X_iがどの集合の部分集合であるかに依存しない．しかし空な集合族，つまり$I=\emptyset$に対しては，集合族$(X_i)_{i\in\emptyset}$は任意の集合Xの部分集合族であり，共通部分$\bigcap_{i\in\emptyset} X_i$は$(X_i)_{i\in\emptyset}$を$X$の部分集合族と見たときに$X$となる．

またその要素がすべて集合Xの部分集合であるような空でない集合Y $(\emptyset \neq Y \subset \mathcal{P}(X))$に対して

$$\bigcap Y := \{x \in X | \forall X \in Y[x \in X]\}$$

これは集合 X の部分集合族 $(X)_{X\in Y}$ に対する共通部分である．あるいは逆に集合 X の部分集合族 $(X_i)_{i\in I}$ の共通部分 $\bigcap_{i\in I} X_i$ は，X の部分集合のみから成る集合 $Y=\{X_i|i\in I\}$ の共通部分 $\bigcap Y$ とも見ることができる．

$I=\mathbb{N}$ のときにはこれらはそれぞれ

$$\bigcup_{n=0}^{\infty} X_n=\bigcup_{n\in\mathbb{N}} X_n,\ \bigcap_{n=0}^{\infty} X_n=\bigcap_{n\in\mathbb{N}} X_n$$

と表す．

また I が有限集合 $\{1,\ldots,m\}$ のときには

$$\bigcup_{n=1}^{m} X_n=X_1\cup\cdots\cup X_m,\ \bigcap_{n=1}^{m} X_n=X_1\cap\cdots\cap X_m$$

である．

（量化記号 $\exists,\forall$ の）de Morgan の法則 (2.5) により，ある集合の部分集合族 $(X_i)_{i\in I}$ に対する de Morgan の法則を得る．

（集合族の）de Morgan の法則　(3.6)

$$(\bigcup_{i\in I} X_i)^c=\bigcap_{i\in I} X_i^c,\ (\bigcap_{i\in I} X_i)^c=\bigcup_{i\in I} X_i^c$$

また (1.5),(2.4); (1.6), (2.10); (1.2),(2.3); (1.3), (2.7) にそれぞれ対応して以下が分かる．任意の集合 Y について

$$\forall i\in I\ [X_i\subset\bigcup_{i\in I} X_i]\ ;\ \bigcup_{i\in I} X_i\subset Y\Leftrightarrow\forall i\in I\ [X_i\subset Y]$$

$$\forall i\in I\ [\bigcap_{i\in I} X_i\subset X_i]\ ;\ Y\subset\bigcap_{i\in I} X_i\Leftrightarrow\forall i\in I\ [Y\subset X_i]$$

$\bigcup_{i\in I} X_i\subset Y\Leftrightarrow\forall i\in I[X_i\subset Y]$ だけ確認してみよう．$(X_i)_{i\in I}$ は集合 X の部分集合族であるとして，(2.10) により $[\exists i\in I(x\in X_i)\to x\in Y]\Leftrightarrow\forall i\in I\ (x\in X_i\to x\in Y)$ であるから

$$\bigcup_{i\in I} X_i\subset Y\ \Leftrightarrow\ \forall x\in X\ [x\in\bigcup_{i\in I} X_i\to x\in Y]$$
$$\Leftrightarrow\ \forall x\in X\ [\exists i\in I(x\in X_i)\to x\in Y]$$

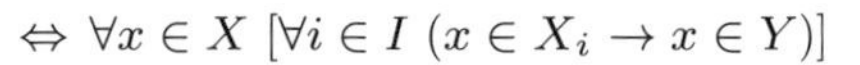

$$\Leftrightarrow \forall x \in X\ [\forall i \in I\ (x \in X_i \to x \in Y)]$$
$$\Leftrightarrow \forall i \in I\ [\forall x \in X\ (x \in X_i \to Y)]$$
$$\Leftrightarrow \forall i \in I\ [X_i \subset Y]$$

3.3.1　帰納的定義

集合族の応用として帰納的定義を考える．一般に帰納的定義の多くは以下のようなかたちをしている．集合 A 上のいくつかの演算が与えられているとする．このとき部分集合 $X_0 \subset A$ とこれらの演算によって生成される集合は，$X_0 \subset B$ かつ与えられた演算について閉じている最小の A の部分集合 B のことである．ここでいう最小性の意味は，$X_0 \subset C \subset A$ かつ演算について閉じている任意の集合 C に B が含まれる，$B \subset C$ ということである．このとき集合 B は，X_0 と演算によって帰納的に生成されたという．

ふたつの例を見よう．先ず A を集合とし，ベキ集合 $\mathcal{P}(A)$ の部分集合 $\mathcal{B}$ を考える．つまり A の部分集合から成る集合である．つぎに $\mathcal{P}(A)$ 上の三種類の演算を考える．ひとつは0変数演算[4] として集合 A, ふたつは A 上での補集合を取る演算 $X \mapsto X^c (= A - X)$, 最後にふたつの集合の合併をつくる演算 $(X, Y) \mapsto X \cup Y$. このとき $\mathcal{B}_0 \subset \mathcal{P}(A)$ とこれらの演算によって帰納的に生成される集合族 $\mathcal{B}$ を，$\mathcal{B}_0$ によって生成される有限加法族あるいは集合代数という．集合 $\mathcal{B}$ を帰納的定義のかたちで書くと以下のようになるだろう．

1. 各 $X \in \mathcal{B}_0$ は $X \in \mathcal{B}$.
2. $A \in \mathcal{B}$. $X, Y \in \mathcal{B}$ ならば $X^c, X \cup Y \in \mathcal{B}$.
3. 以上によって，$X \in \mathcal{B}$ と分かる集合 $X \subset A$ のみが $\mathcal{B}$ の要素である．

これを言い換える．$\mathcal{P}(A)$ の部分集合族 $(\mathcal{B}_n)_{n \subset \mathbb{N}}$ を以下のように帰納的に定義する．

1. $\mathcal{B}_0$ は与えられた集合．
2. $\mathcal{B}_n$ が既につくられたとして，
   $\mathcal{B}_{n+1} = \{A\} \cup \{X^c | X \in \mathcal{B}_n\} \cup \{X \cup Y | X, Y \in \mathcal{B}_n\} \cup \mathcal{B}_n$.
3. $\mathcal{B} = \bigcup_{n \in \mathbb{N}} \mathcal{B}_n$.

---

[4] $\mathcal{P}(A)^0 = \mathcal{P}(A)^{\emptyset} = \{\emptyset\} \ni \emptyset \mapsto A \in \mathcal{P}(A)$ のこと．

この $\mathcal{B}$ が，$\mathcal{B}_0$ と演算 $A, X^c, X \cup Y$ で帰納的に生成される集合族であることは容易に分かる．

つぎに合併演算を（可算）無限個の合併 $(X_n)_{n\in\mathbb{N}} \mapsto \bigcup_{n\in\mathbb{N}} X_n$ に変更する．このとき $\mathcal{B}_0 \subset \mathcal{P}(A)$ とこれらの演算 A, X^c, $\bigcup_{n\in\mathbb{N}} X_n$ によって帰納的に生成される集合族 $\mathcal{B}$ を，$\mathcal{B}_0$ によって生成される完全加法族とか可算加法族あるいはσ-集合代数という．このσ-集合代数は，集合代数とは違って帰納的につくられていく（可算）無限列 $(\mathcal{B}_n)_{n\in\mathbb{N}}$ の和というかたちでは表せない．無限的な演算 $\bigcup_{n\in\mathbb{N}} X_n$ について閉じていないといけないからである．

帰納的に生成される集合の存在を示すために一般論に移行する．先ず A を集合とし，ベキ集合上の写像 $\Gamma : \mathcal{P}(A) \to \mathcal{P}(A)$ を考える．

帰納的定義に擦り合せて言えば，$X \subset A$ が既に帰納的に得られた要素の集合であるとき，$\Gamma(X)$ は X の要素たちに演算を一回，施して得られる要素たちである．たとえば集合代数の帰納的定義においては $\Gamma(\mathcal{C}) = \{A\} \cup \{X^c | X \in \mathcal{C}\} \cup \{X \cup Y | X, Y \in \mathcal{C}\} \cup \mathcal{C}$．ここで Γ は $\mathcal{P}(\mathcal{P}(A))$ 上の以下で述べる意味で単調な写像である．

このとき Γ が単調（増加）であるとは，任意の $X, Y \subset A$ について

$$X \subset Y \Rightarrow \Gamma(X) \subset \Gamma(Y)$$

が成立することである．

$X \subset A$ が $\Gamma(X) = X$ となっているとき，X は Γ の不動点であると言われる．Γ の最小不動点は，Γ の不動点 X_0 であって，任意の不動点 X に含まれるもの，つまり

$$\Gamma(X_0) = X_0 \wedge \forall X \subset A[\Gamma(X) = X \to X_0 \subset X]$$

定理 3.3.1

単調な $\Gamma : \mathcal{P}(A) \to \mathcal{P}(A)$ の最小不動点 P_Γ が存在する．

証明　$\mathcal{P}(A)$ 上の写像 Γ は単調であるとする．

$$P_\Gamma = \bigcap\{X \subset A | \Gamma(X) \subset X\}$$

とおく．$\Gamma(A) \subset A$ であるから右辺は空でない集合族の共通部分である．

はじめに $\Gamma(P_\Gamma) \subset P_\Gamma$ を示す．それには P_Γ の定義より，$\Gamma(X) \subset X$ である任意の $X \subset A$ について $\Gamma(P_\Gamma) \subset X$ を示せばよい．$\Gamma(X) \subset X$ であるから P_Γ の定義より $P_\Gamma \subset X$．Γ の単調性と $\Gamma(X) \subset X$ により $\Gamma(P_\Gamma) \subset \Gamma(X) \subset X$ を得る．

いま示したことと Γ の単調性より $\Gamma(\Gamma(P_\Gamma)) \subset \Gamma(P_\Gamma)$ を得るが，これは集合 $\Gamma(P_\Gamma)$ が P_Γ の右辺の集合族に属すことを意味している．P_Γ はそのような集合全部の共通部分なので $P_\Gamma \subset \Gamma(P_\Gamma)$ となる．したがって，$\Gamma(P_\Gamma) = P_\Gamma$ つまり P_Γ は Γ の不動点である．

つぎに X が Γ の不動点であれば $\Gamma(X) \subset X$ である．つまり $\{X \subset A | \Gamma(X) = X\} \subset \{X \subset A | \Gamma(X) \subset X\}$．よって $P_\Gamma = \bigcap\{X \subset A | \Gamma(X) \subset X\} \subset \bigcap\{X \subset A | \Gamma(X) = X\}$．これは P_Γ が Γ の最小不動点であることを示している．■

3.3.2　直積と選択公理

X_i が互いに素，つまり $\forall i, j \in I[i \neq j \to X_i \cap X_j = \emptyset]$ であるときの直和 $\bigcup_{i \in I} X_i$ を $\coprod_{i \in I} X_i$（あるいは $\sum_{i \in I} X_i$）で表す．一般の場合には，ふたつの集合の直和の際と同様に X_i のコピー $X'_i = \{i\} \times X_i$ を交わらないようにつくってから，$\coprod_{i \in I} X_i = \bigcup_{i \in I} X'_i = \bigcup_{i \in I}(\{i\} \times X_i) = \{(i, x) | i \in I, x \in X_i\}$ とする．各 $k \in I$ に対して包含写像 $i_k : X_k \to \coprod_{i \in I} X_i$ が $x \mapsto (k, x)\,(x \in X_k)$ で定められる．

集合族 $(X_i)_{i \in I}$ の直積 $\prod_{i \in I} X_i$ は，I 上の写像 $(a_i)_{i \in I}$, $I \ni i \mapsto a_i$ であって，いずれの $i \in I$ についても $a_i \in X_i$ となっているもの全体と定義される．関数 $(a_i)_{i \in I}$ を $f : I \to \bigcup_{i \in I} X_i$, $f(i) = a_i$ と書けば，これは

$$\prod_{i \in I} X_i := \{f \in (\bigcup_{i \in I} X_i)^I | \forall i \in I[f(i) \in X_i]\}$$

ということである．

集合族 $(X_i)_{i\in I}$ の直積 $\prod_{i\in I} X_i$ と $j \in I$ に対して，射影 $\mathrm{pr}_{X_j} = \mathrm{pr}_j : \prod_{i\in I} X_i \to X_j$ を $\mathrm{pr}_j((a_i)_{i\in I}) = a_j$ で定める．つまり j-成分を取り出す写像である．

I が有限集合，たとえば $\mathbf{2} = \{0,1\}$ のときには直積集合 $\prod_{i\in\mathbf{2}} X_i$ の要素は関数 $f : \mathbf{2} \to (X_0 \cup X_1)$ で $f(i) \in X_i\ (i \in \mathbf{2})$ ということだから，そのグラフは $\{(0,f(0)),(1,f(1))\}$ となる．これと組 $(f(0), f(1))$ を対応させることで，$\prod_{i\in\mathbf{2}} X_i$ と $X_0 \times X_1$ が一対一に対応することになる．また X_i がすべて同一の集合 X であるときには $\prod_{i\in I} X = X^I$ であることに注意する．

添字集合 I が空でない場合の直積集合 $\prod_{i\in I} X_i$ の要素の存在を考える．

いずれかひとつの X_i が空である場合には $\prod_{i\in I} X_i = \emptyset$ となるのは明らかである．この逆を主張するのが選択公理(Axiom of Choice, **AC** と略記) である：任意の集合族 $(X_i)_{i\in I}$ について

$$\textbf{選択公理 AC}\qquad I \neq \emptyset \wedge \forall i \in I\ [X_i \neq \emptyset] \to \prod_{i\in I} X_i \neq \emptyset.$$

この公理が主張していることは，空でない X_i からひとつずつ要素 $a_i \in X_i$ を取り出すことをすべての $i \in I$ について一挙に行って，写像 $(a_i)_{i\in I} \in \prod_{i\in I} X_i$ をつくることができるということである．

これは I が有限集合の場合には問題ない．たとえば $I = \{0\}$ で $X_0 \neq \emptyset$ なら，空でない集合 X_0 からひとつ要素 $x_0 \in X_0$ を選ぶと，$\{(0,x_0)\} \in \prod_{i\in\{0\}} X_i$ となるので，集合 $\prod_{i\in\{0\}} X_i$ は空でないことが分かる．同様にして X が空でなければ X^I も空でないことは選択公理なしで言える．

いま「空でない集合 X_0 からひとつ要素 $x_0 \in X_0$ を“選ぶ”」と書いたが，これは選択公理が問題にしている「選択」ではない．仮定 $\exists x[x \in X_0]$ により「x_0 を $x_0 \in X_0$ となる任意のモノとせよ」としているに過ぎない．つまり $X_0 \neq \emptyset (\leftrightarrow \exists x[x \in X_0]) \to \prod_{i\in\{0\}} X_i \neq \emptyset$.

さてすぐに同値であることが分かるいくつかのかたちに選択公理を言い換えておく.

選択公理と次は同値である：

AC$_{ver.1}$ 任意の集合 A, B と任意の $P \subset A \times B$ について

$$\forall a \in A \ \exists b \in B \ [(a,b) \in P] \to \exists f \in B^A \ \forall a \in A \ [(a, f(a)) \in P]$$

なぜなら先ず**AC**$_{ver.1}$ を仮定し，空でない I に対し $\forall i \in I[X_i \neq \emptyset]$ であるとする．このとき合併 $X = \bigcup_{i \in I} X_i$ に対して $\forall i \in I \ \exists x \in X \ [x \in X_i]$ となる．いま $P = \{(i,x) \in I \times X | x \in X_i\}$ とおけば，これは $\forall i \in I \ \exists x \in X \ [(i,x) \in P]$ を意味する．仮定より写像 $f: I \to X$ を $\forall i \in I \ [(i, f(i)) \in P]$ つまり $\forall i \in I \ [f(i) \in X_i]$ となるように取れる．この f は直積 $\prod_{i \in I} X_i$ の要素である．

逆を考える．もし $A = \emptyset$ なら**AC**$_{ver.1}$ の前提 $\forall a \in \emptyset \ \exists b \in B \ [(a,b) \in P]$ も結論 $\exists f \in B^{\emptyset} \ \forall a \in \emptyset \ [(a, f(a)) \in P]$ も正しい ($f \in B^{\emptyset}$ として $f = \emptyset$ とする) のでそれでよい.

以下で $A \neq \emptyset$ として選択公理を仮定する．$a \in A$ に対し B の部分集合 B_a を $B_a = \{b \in B | (a,b) \in P\}$ と定めて集合族 $(B_a)_{a \in A}$ を考える．写像のグラフとしてはこの集合族は $\{(a, C) \in A \times \mathcal{P}(B) | C = \{b \in B | (a,b) \in P\}\}$ である．いま $\forall a \in A \ \exists b \in B \ [(a,b) \in P]$ であるとすれば，これは $\forall a \in A \ [B_a \neq \emptyset]$ ということだから選択公理により写像 $f: A \to \bigcup_{a \in A} B_a$ が直積の要素として取れる，$f \in \prod_{a \in A} B_a$. このとき $\forall a \in A \ [f(a) \in B_a]$ であるがこれは B_a の定義により $\forall a \in A \ [(a, f(a)) \in P]$. よって**AC**$_{ver.1}$ が言えた.

注意

さて**AC**$_{ver.1}$ を見ると，選択公理は自明であると考えるかもしれない．それは**AC**$_{ver.1}$ の仮定の部分 $\forall a \in A \ \exists b \in B \ [(a,b) \in P]$ を言葉にして「任意に与えられた $a \in A$ に対して，適当に $b \in B$ を取れば，$(a,b) \subset P$ とできる」あるいはときどき見かける言い方で，この b が a に依存することを強調して「任意に与えられた $a \in A$ に対して，適当に $b_a \in B$ を取れば，$(a, b_a) \in P$ とできる」と言ってみると，**AC**$_{ver.1}$ の結論で要求されている $f \in B^A$ として「$a \in A$ に $b_a \in B$ を対応させる規則」とでも言いたくなる．自明と思われる理由はこんなところだろうか．しかしわれわれの論理においては，「存在する」を意味する量化記号はなんら具体的な証拠なしでも主張できるものであった．つまり $\exists b \in B \ [(a,b) \in P]$ を仮

定しているからといって，$(a, b) \in P$ となる $b \in B$ を表す「式」$b(a)$（変数 a 含む）があるかどうか関知していないのである．とすれば選択公理はもっともらしいとしても自明ではなく，公理として仮定しなければならないと考えられるだろう．

他方，後に見るように選択公理は様々な対象の存在を保証するひとつの原理である．この理由からも，現在の数学では選択公理は公理として認めている．したがって，選択公理 **AC** の使用をいちいち断る必要はないのだが，この章とつぎの第 4 章では選択公理がどのような一般的原理を導くかを見たいので，その証明に **AC** が用いられている定理・命題ではそのことを指摘していく．第 II 部位相では **AC** を使う証明でのみそれを断ることにする．

もう少し，選択公理の容易な言い換えをしておく．集合だけから成る集合も集合族 $\mathcal{A}$ と呼んだことを思い出そう．集合族の要素がすべて空でない集合であるとき，その集合族を「空でない集合から成る集合族」と呼ぶ．集合族 $\mathcal{A}$ に対して，写像 $F : \mathcal{A} \to \bigcup \mathcal{A}$ が選択写像であるとは，$F \in \prod_{X \in \mathcal{A}} X$ である場合を言う．つまり写像 F は各集合 $X \in \mathcal{A}$ から要素をひとつずつ $F(X) \in X$ 取ってくる．

空でない集合から成る集合族の要素である集合たちが互いに素である（交わらない）とき，その集合族を「互いに素な空でない集合から成る集合族」と呼ぼう．そのような集合族 $\mathcal{A}$ に対して，集合 C が選択集合であるとは，任意の $X \in \mathcal{A}$ について $X \cap C$ が一点集合である場合である．つまり集合 $\bigcup \mathcal{A}$ の分割 $\mathcal{A}$ に対して，各 $X \in \mathcal{A}$ からひとつずつ要素を取り出して集めた集合が C である．

$\mathbf{AC}_{ver.2}$ 空でない集合から成る空でない集合族は選択写像を持つ

$\mathbf{AC}_{ver.3}$ 互いに素な空でない集合から成る集合族は選択集合を持つ

AC と $\mathbf{AC}_{ver.2}$ が同値なのは明らかである．なぜなら $\mathbf{AC}_{ver.2}$ は **AC** の特別な場合であり，逆に集合族 $(X_i)_{i \in I}$ は $I \neq \emptyset$ かつ $\forall i \in I[X_i \neq \emptyset]$ であるとして，空でない集合から成る空でない集合族 $\mathcal{A} = \{X_i | i \in I\}$ の選択写像を F とする．写像 $f : I \to \bigcup \mathcal{A}$ を $i \in I$ に対して $f(i) = F(X_i) \in X_i$ とすれば $f \in \prod_{i \in I} X_i$ となる．

$\mathbf{AC}_{ver.2}$ を仮定して $\mathbf{AC}_{ver.3}$ を見るには，互いに素な空でない集合から成る空でない集合族 $\mathcal{A}$ の選択写像を取ると，その値域が選択集合となる．また空な集合族の選択集合は空集合でよい．逆に $\mathbf{AC}_{ver.3}$ を仮定する．いま空でない集合から成る空でない集合族 $\mathcal{A}$ が与えられたら，その直和 $\coprod_{X\in\mathcal{A}} X$ をつくる要領で互いに素な空でない集合から成る集合族 $\{\{X\}\times X | X\in\mathcal{A}\}$ をつくり，$\mathbf{AC}_{ver.3}$ によりその選択集合 C を取る．すると各 $X\in\mathcal{A}$ について，$(\{X\}\times X)\cap C$ は一点集合である．これは集合 C が集合族 $\mathcal{A}$ の選択写像（のグラフ）であることを意味する．よって $\mathbf{AC}_{ver.2}$ を得る．

以下では「選択公理 **AC**」として，元々の **AC** だけでなくそれと同値であることが容易に分かった $\mathbf{AC}_{ver.1}, \mathbf{AC}_{ver.2}, \mathbf{AC}_{ver.3}$ のいずれかを指すことにする．

命題 3.3.2

写像 $f: X\to Y$ を考える．

1. $X\neq\emptyset$ で f が単射なら，$g\circ f=\mathrm{id}_X$ となる $g: Y\to X$ が存在する．このような g は3.1節の演習問題3.1の4.(a)により全射である．
2. （**AC**）f が全射なら $f\circ g=\mathrm{id}_Y$ となる $g: Y\to X$ が存在する．このような g は3.1節の演習4aにより単射である．
3. $X\neq\emptyset$ であるとき
$$f\text{ が単射 }\Leftrightarrow g\circ f=\mathrm{id}_X\text{ となる（全射）}g: Y\to X\text{ が存在}$$
4. （**AC**）$g: Y\to X$ について
$$g\text{ が全射 }\Leftrightarrow g\circ f=\mathrm{id}_X\text{ となる（単射）}f: Y\to X\text{ が存在}$$
5. （**AC**）集合 $\emptyset\neq X, Y$ について
$$\exists f\in Y^X[f\text{ は単射}]\Leftrightarrow\exists g\in X^Y[g\text{ は全射}].$$

証明　命題3.3.2.1, 3.3.2.2のみ示せばよい．

3.3.2.1. $f: X\to Y$ が単射であるとする．このとき全射 $g: Y\to X$ を，$x_0\in X$ を任意にひとつ取って

$$g(y) := \begin{cases} x & f(x) = y \in f[X] \text{ のとき} \\ x_0 & y \notin f[X] \text{ のとき} \end{cases}$$

とすればよい．

3.3.2.2. もし $Y = \emptyset$ なら写像 $f : X \to Y$ の存在のためには $X = \emptyset$ でなければならない．このときは $g = \emptyset$ とすればよい．以下，$Y \neq \emptyset$ とする．全射 $f : X \to Y$ に対して，空でない集合族 $(f^{-1}(y))_{y \in Y}$ に対する選択写像 $g \in \prod_{y \in Y} f^{-1}(y)$ を選択公理 $\mathbf{AC}_{ver.2}$ により取る．このとき $g : Y \to \bigcup_{y \in Y} f^{-1}(y) = X$ であり，$\forall y \in Y[g(y) \in f^{-1}(y)]$ は $\forall y \in Y[f(g(y)) = y]$ を意味する．■

A を集合とする．A が有限であるとは，ある自然数 n について全単射 $f : A \to \{1, \ldots, n\}$ が存在することを言う．ここで $n = 0$ のときは $\{1, \ldots, n\} = \{x \in \mathbb{Z}^+ | 1 \leq x \leq n\} = \emptyset$ であるから，空集合 $\emptyset$ は空な全単射 $\emptyset : \emptyset \to \emptyset$ により有限集合である．有限でない集合を無限集合と呼ぶ．また，A から A の真部分集合への全単射が存在するとき，A はデデキント無限という．そうでないときに A はデデキント有限であると言われる．

命題 3.3.3

1. 有限集合はデデキント有限である．よってデデキント無限集合は無限集合である．
2. 集合 A がデデキント無限であるための必要十分条件は，単射 $f : \mathbb{N} \to A$ が存在することである．
3. （**AC**）無限集合はデデキント無限である．

証明　3.3.3.1. 命題 3.1.3（部屋割り論法）による．

3.3.3.2. はじめに単射 $f : \mathbb{N} \to A$ が存在するとする．このとき $a_n = f(n)$ と書いて，全単射 $g : A \to (A - \{a_0\})$ を $g(a_n) = a_{n+1}$，また $b \notin f[\mathbb{N}]$ なら $g(b) = b$ とする．逆に A がデデキント無限であるとして，$A_0 = A$ とおき，全単射 $g : A_0 \to A_1$, $A_1 \subsetneq A_0$ を取る．また $a_0 \in A_0 - A_1$ と取る．$a_n \in A_0$ を帰納的に $a_{n+1} = g(a_n)$ $(n = 0, 1, 2, \ldots)$ で定める．つまり写像 g の n 回繰り返しを

$g^{(n)}$ と書くことにすれば ($g^{(0)}(a)=a$, $g^{(n+1)}(a)=g(g^{(n)}(a))$) $a_n=g^{(n)}(a_0)$. いまある n,k について $a_{n+k}=a_n$ であるとして，g は単射だから $a_k=a_0$. ここで $k>0$ なら $a_k\not\in A_0$ で $a_0\in A_0$ に反する．よって $k=0$ つまり a_n は互いに異なる．単射 $f:\mathbb{N}\to A$ を $f(n)=a_n$ で定めればよい．

3.3.3.3. 無限集合 A において，点列 $(a_n)_{n\in\mathbb{N}}$ を $\forall n,m\in\mathbb{N}[n\neq m\to a_n\neq a_m]$ となるように取れれば，命題3.3.3.2により A はデデキント無限である．この点列の存在には選択公理 **AC** が必要である．具体的にはつぎのようにする．**AC** により $C\in\prod_{X\in\mathcal{P}(A)-\{\emptyset\}}X$ を取る．つまり空でない部分集合 $X\subset A$ について $C(X)\in X$. そして自然数 n に関して帰納的に $a_n\in A$ を $a_n=C(A-\{a_i|i<n\})$ で定める．A は無限集合なので任意の自然数 n について $A-\{a_i|i<n\}$ は空ではない．この点列 $(a_n)_{n\in\mathbb{N}}$ が求めるものである． ■

命題3.3.3.3の証明で見た通り，点列 $(a_n)_{n\in\mathbb{N}}$ を帰納的に定める場合でも，a_n（あるいは一般には $(a_i)_{i\leq n}$）から次の点 a_{n+1} の指定の仕方が与えられていなければ，一般には選択公理に訴えるしかないのである．

演習問題 3.3

1. de Morganの法則と (2.6) によって次を示せ．

$$(\bigcap_{i\in I}X_i)\cup Y=\bigcap_{i\in I}(X_i\cup Y),\ (\bigcup_{i\in I}X_i)\cap Y=\bigcup_{i\in I}(X_i\cap Y),$$
$$Y-(\bigcap_{i\in I}X_i)=\bigcup_{i\in I}(Y-X_i),\ Y-(\bigcup_{i\in I}X_i)=\bigcap_{i\in I}(Y-X_i),$$
$$(\bigcap_{i\in I}X_i)\cup(\bigcap_{j\in J}Y_j)=\bigcap_{(i,j)\in I\times J}(X_i\cup Y_j),$$
$$(\bigcup_{i\in I}X_i)\cap(\bigcup_{j\in J}Y_j)=\bigcup_{(i,j)\in I\times J}(X_i\cap Y_j)$$

2. $f:A\to B$, $\forall i\in I[X_i\subset A]$, $\forall j\in J[Y_j\subset B]$ として集合族 $(X_i)_{i\in I}$, $(Y_j)_{j\in J}$ に関して以下を示せ．
   (a) $f[\bigcup_{i\in I}X_i]=\bigcup_{i\in I}f[X_i]$.
   (b) $f[\bigcap_{i\in I}X_i]\subset\bigcap_{i\in I}f[X_i]$.
   (c) $f^{-1}[\bigcup_{j\in J}Y_j]=\bigcup_{j\in J}f^{-1}[Y_j]$.

(d)　$f^{-1}[\bigcap_{j\in J} Y_j] = \bigcap_{j\in J} f^{-1}[Y_j]$.

3. つぎの実数の集合 A_n について $\bigcup_{n\in\mathbb{Z}^+} A_n$ と $\bigcap_{n\in\mathbb{Z}^+} A_n$ を求めよ．

(a)　$A_n = \left(\dfrac{1}{n}, 2-\dfrac{1}{n}\right) = \left\{x \in \mathbb{R} \middle| \dfrac{1}{n} < x < 2-\dfrac{1}{n}\right\}$.

(b)　$A_n = \left[1, 1+\dfrac{1}{n}\right) = \left\{x \in \mathbb{R} \middle| 1 \leq x < 1+\dfrac{1}{n}\right\}$.

4. 空でない集合族 $\mathcal{F} \subset \mathcal{P}(A)$ は，対称差について閉じているとする $\forall X, Y \in \mathcal{F}\ [X \triangle Y \in \mathcal{F}]$. たとえば A の有限部分集合全体から成る集合 $\mathcal{P}_{fin}(A)$ はこの条件を満たす．このときこの対称差 $X \triangle Y$ によって $\mathcal{F}$ は可換群（アーベル群）となることを確かめよ．すなわち $\mathcal{F}$ 上の演算 $X \triangle Y$ は結合律，交換律を満たし，単位元 $e \in \mathcal{F}(\forall X \in \mathcal{F}[X \triangle e = X])$ と逆元 $X^{-1}(X \in \mathcal{F}$ に対し $X \triangle Y = e$ となる $Y \in \mathcal{F}$ のこと) が存在することを示せ．

5. (cf. 命題 3.1.1 と 3.1 節の演習問題 3.1 の 8.) 集合族 $(X_\lambda)_{\lambda\in\Lambda}$ の直積 $\prod_{\lambda\in\Lambda} X_\lambda$ および射影 $\mathrm{pr}_\lambda : \prod_{\mu\in\Lambda} X_\mu \to X_\lambda\ (\lambda \in \Lambda)$ を考える．

(a)　任意に集合 A と写像の族 $f_\lambda : A \to X_\lambda\ (\lambda \in \Lambda)$ が与えられたら，写像 $f : A \to \prod_{\lambda\in\Lambda} X_\lambda$ で任意の $\lambda \in \Lambda$ に対して

$$f_\lambda = \mathrm{pr}_\lambda \circ f$$

となるものが一意的に存在する．この f を $(f_\lambda)_{\lambda\in\Lambda}$ で表すことにする．

(b)　集合 X と写像の族 $\pi_\lambda : X \to X_\lambda\ (\lambda \in \Lambda)$ は以下をみたすとする：任意に集合 A と写像の族 $g_\lambda : A \to X_\lambda\ (\lambda \in \Lambda)$ が与えられたら，写像 $g : A \to X$ で任意の $\lambda \in \Lambda$ に対して

$$g_\lambda = \pi_\lambda \circ g$$

となるものが一意的に存在する．

この g も $(g_\lambda)_{\lambda\in\Lambda}$ と書くことにする．

このとき写像 $(\pi_\lambda)_{\lambda\in\Lambda} : X \to \prod_{\lambda\in\Lambda} X_\lambda$ と $(\mathrm{pr}_\lambda)_{\lambda\in\Lambda} : \prod_{\lambda\in\Lambda} X_\lambda \to X$ は互いに逆であり，したがって，ともに全単射となる．

6. (cf. 命題 3.1.2 と 3.1 節の演習問題3.1 の 9.) 集合族 $(X_\lambda)_{\lambda\in\Lambda}$ の直和 $\coprod_{\lambda\in\Lambda} X_\lambda$ および包含写像 $i_\mu : X_\mu \to \coprod_{\lambda\in\Lambda} X_\lambda\,(\mu\in\Lambda)$ を考える．

   (a) 任意に集合 B と写像の族 $f_\lambda : X_\lambda \to B\,(\lambda\in\Lambda)$ が与えられたら，写像 $f : \coprod_{\lambda\in\Lambda} X_\lambda \to B$ で任意の $\lambda\in\Lambda$ に対して

$$f_\lambda = f \circ i_\lambda$$

   となるものが一意的に存在する．この f を $\coprod_{\lambda\in\Lambda} f_\lambda$ で表すことにする．

   (b) 　集合 X と写像の族 $\iota_\lambda : X_\lambda \to X\,(\lambda\in\Lambda)$ は以下をみたすとする：任意に集合 B と写像の族 $g_\lambda : X_\lambda \to B\,(\lambda\in\Lambda)$ が与えられたら，写像 $g : X \to B$ で任意の $\lambda\in\Lambda$ に対して

$$g_\lambda = g \circ \iota_\lambda$$

   となるものが一意的に存在する．
   この g も $\coprod_{\lambda\in\Lambda} g_\lambda$ と書くことにする．
   このとき写像 $\coprod_{\lambda\in\Lambda} \iota_\lambda : \coprod_{\lambda\in\Lambda} X_\lambda \to X$ と $\coprod_{\lambda\in\Lambda} i_\lambda : X \to \coprod_{\lambda\in\Lambda} X_\lambda$ は互いに逆であり，したがって，ともに全単射となる．

7. 集合 A のベキ集合 $\mathcal{P}(A)$ の部分集合族 $(\mathcal{B}_n)_{n\in\mathbb{N}}$ を，与えられた $\mathcal{B}_0 \subset \mathcal{P}(A)$ から，$\mathcal{B}_{n+1} = \{A\} \cup \{X^c | X \in \mathcal{B}_n\} \cup \{X\cup Y | X, Y \in \mathcal{B}_n\} \cup \mathcal{B}_n$ によって帰納的に定義する．このとき合併 $\mathcal{B} = \bigcup_{n\in\mathbb{N}} \mathcal{B}_n$ は $\mathcal{B}_0$ と演算 $A, X^c, X\cup Y$ で帰納的に生成される集合族と一致することを確かめよ．

8. 選択公理 **AC** を用いて，$\forall i \in I\ [X_i \neq \emptyset]$ ならば射影 $\mathrm{pr}_j : \prod_{i\in I} X_i \to X_j\,(j\in I)$ は全射となることを示せ．

§3.4　同値関係と商集合

一般に直積集合 $A\times A$ の部分集合 R を集合 A 上の（2変数もしくは2項）関係と呼ぶ．つまり A のふたつの要素 $a, b \in A$ が与えられたら $(a, b) \in R$ が成り立つかどうか決まっているということである．関係 R に対して $(a, b) \in R$

は，$R(a,b)$ や aRb とも書かれる．

写像 $f:A\to B$ によって決まる集合 A 上の関係 $a\equiv b$ を

$$a\equiv b :\Leftrightarrow f(a)=f(b)$$

で定める．するとこの関係は以下の三条件をみたす：

1. （反射律）[4] $a\equiv a$.
2. （対称律）$a\equiv b\to b\equiv a$.
3. （推移律）$a\equiv b\wedge b\equiv c\to a\equiv c$.

一般に集合 A 上の関係 $\equiv$ が上の三条件を充たすとき，$\equiv$ を（A 上の）同値関係という．また上の同値関係 $a\equiv b\Leftrightarrow f(a)=f(b)$ を写像 f による同値関係と呼ぶ．

以下，$\equiv$ を A 上の同値関係とする．

$a\equiv b$ のとき a と b は（同値関係 $\equiv$ に関して，または同値関係のもとで）同値であるという．

a と同値な要素全体の集合を

$$[a]:=\{x\in A|x\equiv a\}$$

と書いて，a の（$\equiv$ による）同値類という．

ここで（反射律）より $a\in[a]$ であるから $[a]\neq\emptyset$ であり，A の要素 a は同値類 $[a]$ に属す．

命題 3.4.1

$$[a]=[b]\Leftrightarrow[a]\cap[b]\neq\emptyset\Leftrightarrow a\equiv b.$$

証明　$[a]=[b]$ とすると $a\in[a]=[a]\cap[b]$ より $[a]\cap[b]\neq\emptyset$ となる．つぎに $c\in[a]\cap[b]$ なら $c\equiv a$ かつ $c\equiv b$ で，先ず（対称律）より $a\equiv c$ となり，（推移律）より $a\equiv b$ となる．最後に $a\equiv b$ とする．（対称律）と（推移律）

[4] 正確には $\forall a\in A[a\equiv a]$ と書くべきところ．

より $a \equiv b$ のもとで任意の $x \in A$ について $x \equiv a \Leftrightarrow x \equiv b$ となる．よって $x \in [a] \Leftrightarrow x \in [b]$ で $[a] = [b]$ となる． ■

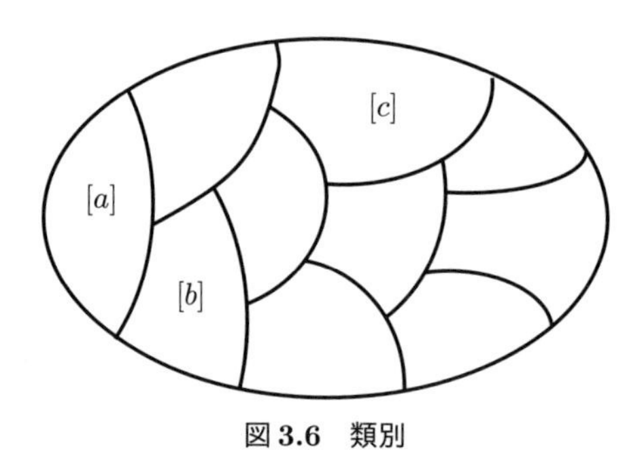

図 3.6　類別

命題 3.4.1 により，A 上の同値関係 $\equiv$ は集合 A の分割 $([a])_{a \in A}$ を与えることが分かる．この分割を同値関係 $\equiv$ による集合 A の類別という．

また同値類全体の集合

$$(A/\equiv) := \{[a] | a \in A\} \subset \mathcal{P}(A)$$

を A の $\equiv$ による商集合と呼ぶ．

逆に集合 A の分割を与える A の部分集合族 $(X_i)_{i \in I}$ が与えられたら，そこから同値関係 $\equiv$ を

$$a \equiv b \Leftrightarrow \exists i \in I[\{a, b\} \subset X_i]$$

で決めれば，この同値関係による同値類は $X_i \, (i \in I)$ となる．

さらに同値関係 $\equiv$ による集合 A の商集合 $A/\equiv$ について，写像 $[\cdot] : A \ni a \mapsto [a] \in (A/\equiv)$ を標準的全射という．この写像による集合 A 上の同値関係は，与えられた同値関係 $\equiv$ そのものである．

以上をまとめると，集合 A 上の同値関係を与えることと，A の分割を与えること，および A を定義域とするある集合への全射を与えることは等価である．

例

1.　先ず ふたつ自明な例を与える．

集合 A 上の相当関係 $\Delta_A = \{(a, a) | a \in A\}$（対角集合）は A 上の同値関係

である．この同値関係による同値類は一点集合 $\{a\}$ で，またこの同値関係は恒等写像 id_A による同値関係である．

つぎに $A \times A$ も A 上の同値関係である．この同値関係による同値類は A のみで，またこの同値関係は定値写像 $c : A \ni a \mapsto 0$ による同値関係である．

2. $n \geq 1$ を正整数とする．$rem_n(m)$ で整数 m を n で割った余りを表す：

$$r = rem_n(m) \Leftrightarrow \exists q[m = qn + r \land 0 \leq r < n].$$

整数全体 $\mathbb{Z}$ を考えて，全射 $f_n : \mathbb{Z} \to \{0, \ldots, n-1\}$ を $f_n : m \mapsto rem_n(m)$ で定める．この f_n による同値関係は

$$m \equiv k \pmod n :\Leftrightarrow rem_n(m) = f_n(m) = f_n(k) = rem_n(k) \Leftrightarrow n|(m-k)$$

と書かれる．

3. 実数 $\mathbb{R}$ 上において，関係 $\alpha \equiv \beta \, (\alpha, \beta \in \mathbb{R})$ を $\alpha \equiv \beta :\Leftrightarrow \alpha - \beta \in \mathbb{Q}$ で定めると，これは $\mathbb{R}$ 上の同値関係となる．
4. 命題 3.3.2.2 の証明における，全射 $f : X \to Y$ に対する $f \circ g = \mathrm{id}_Y$ となる（単射）$g : Y \to X$ は，f による集合 X 上の同値関係に関する代表系（はすぐ下で定義する）$\{g(y)|y \in Y\}$ をつくるものである．

さて同値関係に関する定義を続ける．同値類 $X \in (A/\equiv)$ について $a \in X$ であるとき，a は X の代表元という．

各同値類からひとつずつ代表元を選んでつくった集合 X を代表系という．選択公理 $\mathbf{AC}_{ver.3}$ より代表系の存在が分かる．代表系 X は，$\forall x, y \in X \, [x \neq y \to x \not\equiv y]$ かつ $\forall a \in A \, \exists x \in X \, [a \equiv x]$ を充たす．

たとえば上の例 3 での実数 $\mathbb{R}$ 上の同値関係 $\alpha \equiv \beta$ による代表系 $V \subset \mathbb{R}$ は，次の性質を持っている集合である．有理数 $r \in \mathbb{Q}$ について集合 $r + V := \{r + x \in \mathbb{R} | x \in V\}$ とすれば，これも $\equiv$ に関する代表系となる．よって異なる有理数 r, s について $r + V$ と $s + V$ は互いに素である．つまり $\mathbb{R}$ はこれらの直和 $\mathbb{R} = \coprod_{r \in \mathbb{Q}} (r + V)$ と表せる．

つぎの命題3.4.2は数学において頻繁に用いられる．

命題 3.4.2

写像 $f: A \to B$ から出発して f による同値関係 $\equiv$ を考えて，それによる標準的全射 $[\cdot]: A \to (A/\equiv)$ をつくる．また $i: f[A] \to B$ を包含写像とする．このとき商集合 $(A/\equiv)$ から $f[A]$ への写像 $\overline{f}: (A/\equiv) \to f[A]$ で $i \circ \overline{f} \circ [\cdot] = f$ となるものがただひとつつくれる．さらにこの $\overline{f}$ は全単射である．

$$\begin{array}{ccc} A & \xrightarrow{f} & B \\ {\scriptstyle [\cdot]}\downarrow & & \uparrow{\scriptstyle i} \\ A/\equiv & \underset{\overline{f}}{\dashrightarrow} & f[A] \end{array}$$

証明　同値関係 $\equiv$ による同値類を $[a]$ で表す．

写像 $\overline{f}: (A/\equiv) \to f[A]$ を

$$\overline{f}([a]) := f(a)\,(a \in A)$$

で定めたい．そのためには，右辺 $f(a)$ が同値類 $[a]$ の代表元 a の取り方によらずに定まる（この事実を「この定義は well defined である」という）ことを確かめなければならない．それは $b, c \in [a]$ として $b \equiv c$ つまり $f(b) = f(c)$ であるからである．すると $a \in A$ について $(i \circ \overline{f} \circ [\cdot])(a) = \overline{f}([a]) = f(a)$ であるから，$i \circ \overline{f} \circ [\cdot] = f$ である．また逆に写像 $g: (A/\equiv) \to f[A]$ が，任意の $a \in A$ に対して $(i \circ g \circ [\cdot])(a) = f(a)$ となっていたら，これは $g([a]) = f(a) = \overline{f}([a])$ を意味するので $g = \overline{f}$ である．

最後に $\overline{f}$ が全単射であることを見る．$b \in f[A]$ に対して $f(a) = b$ となる $a \in A$ を取る．すると $\overline{f}([a]) = f(a) = b$ であるから，$\overline{f}$ は全射である．つぎに $\overline{f}([a]) = \overline{f}([b])$ とする．これは $f(a) = f(b)$ を意味するから，$a \equiv b$ つまり $[a] = [b]$ となり，$\overline{f}$ は単射である．■

ひとつの集合上には，一般にいくつもの同値関係があり得るのでそれらの大小を比較する．いま $R_0, R_1 \subset A \times A$ をともに集合 A 上の同値関係とする．

$R_0 \subset R_1$ となっているとき，同値関係 R_0 は同値関係 R_1 より細かいあるいは小さいといい，R_1 は R_0 より粗いとか大きいという．同値類に移ってこの関係を言い表せば，R_i による同値類 $[a]_i\,(i=0,1)$ について $[a]_0 \subset [a]_1$ ということである．つまり $([b]_0)_{b\in[a]_1}$ が $[a]_1$ の分割を与えていることになる．R_0, R_1 がともに写像によって決まる同値関係であるときに，この大小関係を写像から言い表したのがつぎの命題3.4.3である．

命題 3.4.3

$f: A \to B$ を全射，$g: A \to C$ を写像とする．このとき，$h \circ f = g$ となる写像 $h: B \to C$ が存在するための必要十分条件は，写像 f による A 上の同値関係 $\equiv_f$ が写像 g による同値関係 $\equiv_g$ より細かいことである．

さらにこのとき，上記を満たす写像 $h: B \to C$ は一意的に決まる．

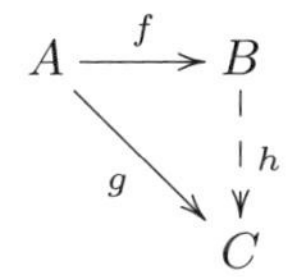

証明　はじめに写像 $h: B \to C$ は $h \circ f = g$ となっているとする．$a, b \in A$ について，$a \equiv_f b$ すなわち $f(a) = f(b)$ であるとすれば，$g(a) = h(f(a)) = h(f(b)) = g(b)$ となり $a \equiv_g b$ である．よって $\equiv_f$ は $\equiv_g$ より細かい．

逆に $\equiv_f$ が $\equiv_g$ より細かいとする．$h: B \to C$ を定めるため，$b \in B$ とする．$f: A \to B$ は全射であるから，$f(a) = b$ となる $a \in A$ が存在する．そこで $h(b) = g(a) \in C$ と定めたい．右辺が $f(a) = b$ となる $a \in A$ に依存しないことを確かめる．いま $a, a' \in A$ が $f(a) = f(a')$ となっているとして，これは $a \equiv_f a'$ を意味するから，仮定により $a \equiv_g a'$ つまり $g(a) = g(a')$ である．よって $h(b)$ の定義の右辺は $f(a) = b$ となる $a \in A$ に依存しない．

この $h: B \to C$ が $h \circ f = g$ を満たすことは明らかである．

最後に $\equiv_f$ が $\equiv_g$ より細かいとして，$h \circ f = g$ となる $h: B \to C$ の一意性を見る．$\equiv_f$ が $\equiv_g$ より細かいということは，どの $b \in B$ についても $f^{-1}(b)$ 上

での g の値が定値ということだから，このような h は上記のように定める以外にない． ■

命題 3.4.3 の仮定が満たされているとき，$h(b) = f(a)$ は $a \in A$ の取り方によらない．この事実を，$h : B \to C$ は well defined であるという．また $h : B \to C$ は $f : A \to B$ によって誘導されたあるいは引き起こされた写像という．

例　正整数 n による整数 $\mathbb{Z}$ 上の同値関係 $m \equiv k \pmod{n}$ を考える．その同値類を $\overline{m}$ で表し，商集合を $\mathbb{Z}/n\mathbb{Z}$ または $\mathbb{Z}_n$ で表そう．代表系の例は $\boldsymbol{n} = \{0, 1, \ldots, n-1\}$ である．いま $m \equiv m' \pmod{n}$ かつ $k \equiv k' \pmod{n}$ ならば $(m + k) \equiv (m' + k') \pmod{n}$ である．全射 $f : \mathbb{Z} \times \mathbb{Z} \ni (m, k) \mapsto (\overline{m}, \overline{k}) \in (\mathbb{Z}/n\mathbb{Z}) \times (\mathbb{Z}/n\mathbb{Z})$ と写像 $g : \mathbb{Z} \times \mathbb{Z} \ni (m, k) \mapsto \overline{m + k} \in \mathbb{Z}/n\mathbb{Z}$ を考えると，f による $\mathbb{Z} \times \mathbb{Z}$ 上の同値関係 $\equiv_f ((m, k) \equiv_f (m', k') \Leftrightarrow [m \equiv m' \pmod{n} \wedge k \equiv k' \pmod{n}])$ は g による同値関係 $\equiv_g$ より細かいことが分かる．よって命題 3.4.3 により，$h \circ f = g$ となる写像 $h : (\mathbb{Z}/n\mathbb{Z}) \times (\mathbb{Z}/n\mathbb{Z}) \to \mathbb{Z}/n\mathbb{Z}$ が一意に存在する．$h(\overline{m}, \overline{k})$ を $\overline{m} + \overline{k}$ と書けば，$\overline{m} + \overline{k} = \overline{m + k}$ である．

演習問題 3.4

A を集合とする．部分集合 $X_0 \subset A \times A$ により生成される同値関係とは，X_0 を含む最小の同値関係 R のことである．R は A 上の同値関係で $X_0 \subset R$ かつ，A 上の任意の同値関係 S で $X_0 \subset S$ なるものより細かい $R \subset S$ となるものである．X_0 を含む最小の同値関係を R として以下を示せ．

1. R は X_0 を含む A 上の同値関係全体の共通部分である：$R = \bigcap\{S \subset A \times A | X_0 \subset S$ は A 上の同値関係$\}$.
   これを見るには以下を示せばよい．
   (a) $A \times A$ は X_0 を含む A 上の同値関係である．
   (b) ひとつの集合上の同値関係たち（空でない任意個数）の共通部分はまたその集合上の同値関係である．
2. $a, b \in A$ について，$(a, b) \in R$ であるための必要十分条件は，ある自然数 n と A の要素の列 $(a_0, a_1, \ldots, a_n)$ で $a = a_0$, $b = a_n$ かつ $\forall i < n[(a_i, a_{i+1}) \in X_0 \vee (a_{i+1}, a_i) \in X_0]$ となるものが存在することである．

3. Rは, $\mathcal{P}(A\times A)$上の単調写像$\Gamma(S) = X_0 \cup \Delta_A \cup \{(b,a) \in A\times A | (a,b) \in S\} \cup \{(a,c) \in A \times A | \exists b \in A[\{(a,b),(b,c)\} \subset S]\}$によって帰納的に生成される.

第4章　ツォルンの補題と濃度

ここでは選択公理 **AC** と同値であるツォルンの補題とその変種をいくつか導入して，それらがすべて **AC** と同値であることを示す．これらのツォルンの補題とその変種はすべて一種の極大原理であり，ある状況のもとで極大な対象の存在を保証する．さらに無限集合の大きさ（濃度）を定義して，それらが比較できることを見る．

§4.1　ツォルンの補題

先ず順序とそれに関する定義から始める．A を集合とする．A 上の関係 $\leq$ が以下の三条件を満たすとする．

1. $\forall a \in A[a \leq a]$.（反射律）
2. $\forall a, b \in A[a \leq b \wedge b \leq a \to a = b]$.（反対称律）
3. $\forall a, b, c \in A[a \leq b \wedge b \leq c \to a \leq c]$.（推移律）

このとき関係 $\leq$ は集合 A 上の 順序 もしくは 半順序 という．組 $(A, \leq)$ を 順序集合 とか 半順序集合 という．文脈からどの順序を意図しているか明らかなときには単に A を順序集合と呼ぶ．$a \leq b$ は $b \geq a$ とも書く．また $a < b :\Leftrightarrow (a \leq b \wedge a \neq b)$ とおく．

半順序集合 $(A, \leq)$ の部分集合 $X \subset A$ には，とくに断らない限り半順序 $a \leq_X b :\Leftrightarrow a \leq b \wedge \{a, b\} \subset X$ を入れて半順序集合とみなす．通常，$\leq_X$ での添字 X は省略して単に $\leq$ と書く．

以下しばらく $\leq$ を集合 A 上の半順序とし，$a \in A$, $X \subset A$ とする．

a が X の（半順序 $\leq$ に関する)最大元であるとは，$a \in X$ であって，かつ $\forall x \in X[x \leq a]$ であることである．このとき $a = \max X$ あるいは半順序 $\leq$ に関する最大元であることを強調したければ $a = \max_{\leq} X$ と書き表す．a が A の 最小元 であるのは，上記の定義で不等号 $\leq$ の向きを逆にした事実が成り立つときで $a = \min X$ と書き表す．

つぎに a が A の 極大元 であるとは，$\neg\exists x \in A[a < x]$ つまり $\forall x \in A[a \leq x \to a = x]$ となっていることである．極小元 の定義も同様である．

半順序集合に最大元が存在すれば，それは極大元であるが，逆は成り立たない．また極大元が存在するとも限らない．

例　$\mathcal{F}$ を，集合 A のベキ集合 $\mathcal{P}(A)$ の部分集合 $\mathcal{F} \subset \mathcal{P}(A)$ とする．つまり A の部分集合から成る集合である．このような集合族 $\mathcal{F}$ には，以下，断らない限り半順序として包含関係 $X \subset Y$ を入れて考えることにする．

1. $\mathcal{F}_0 \subset \mathcal{P}(\mathbb{N})$ を，自然数全体の集合 $\mathbb{N}$ の真部分集合全体 $\mathcal{F}_0 = \{X \subset \mathbb{N} | X \neq \mathbb{N}\}$ とすれば，半順序集合 $\mathcal{F}_0$ には最大元は存在しないが，どの自然数 $k \in \mathbb{N}$ についても $\mathbb{N} - \{k\}$ は $\mathcal{F}_0$ において極大である．
2. $\mathcal{F}_1 \subset \mathcal{P}(\mathbb{N})$ を，自然数から成る有限集合全体とすれば，半順序集合 $\mathcal{F}_1$ には極大元は存在しない．

再び $\leq$ を集合 A 上の半順序とし，$a \in A$, $X \subset A$ とする．このとき a が X の（$\leq$ に関する）上界 であるとは，$\forall x \in X[x \leq a]$ が成り立つことである．ここで $a \in X$ である必要はない．部分集合 $X \subset A$ の上界が存在するとき，X は（A において $\leq$ に関して）上に有界 であると言われる．

つぎに a が X の最小上界であるとき，a を X の 上限 と言って，$a = \sup X$ で表す．つまり $a = \sup X$ とは，半順序集合 $\{b \in A | b$ は X の上界$\}$ の最小元であること，すなわち a が X の上界であって，しかも X の任意の上界 b に対して $a \leq b$ となっているということである．

下界（かかい），下に有界 と 下限 $\inf X$ も不等号の向きを逆にするだけで同様に定義される．

A 上の半順序 $\leq$ が

$$\forall a, b \in A[a \leq b \vee b \leq a] \quad \text{（比較可能性）}$$

を満たすとき，$\leq$ は A 上の 全順序 とか 線型順序 と呼ばれる．

$X \subset A$ が（A の，$\leq$ に関する）全順序部分集合 もしくは 鎖 であるとは，半順序 $\leq$ が X 上では全順序であること，つまり X の任意のふたつの要素が $\leq$ に関して比較可能$\forall x, y \in X[x \leq y \vee y \leq x]$であることである．

最後に順序集合$(A, \leq)$が<u>帰納的順序集合</u>であるのは，Aの空でない任意の全順序部分集合$X \neq \emptyset$が$(A, \leq)$において上限$\sup X \in A$を持つ場合を言う．

さてこれでツォルンの補題(Zorn's lemma)を述べる準備が整った．

ツォルンの補題 任意の空でない帰納的順序集合には極大元が存在する

はじめにツォルンの補題と同値であることがすぐに分かるいくつかの命題を述べて，それらの同値性を示そう．

集合族$\mathcal{F} \subset \mathcal{P}(A)$が<u>有限的な性質</u>を持つとは，任意の$X \subset A$に対して，$X \in \mathcal{F}$であるための必要十分条件が，$X$の任意の有限部分集合が$\mathcal{F}$に属すことである．

例　ある係数体上のベクトル空間Vを考える．線型独立なベクトルから成る集合全体$\mathcal{F} \subset \mathcal{P}(V)$はこの意味で有限的性質を持つ．それは$X \subset V$について，$X$が線型独立である$(X \in \mathcal{F})$のは，$X$の任意の有限部分集合が線型独立である場合だからである．

以下がツォルンの補題と同値な命題である．

(い)　半順序集合$(A, \leq)$における空でない任意の全順序部分集合$X \neq \emptyset$が$(A, \leq)$において上界を持つとする．このとき任意に与えられた$a \in A$に対して，$a \leq b$となる極大元$b \in A$が存在する．

(ろ)　以下において，集合族$\mathcal{F} \subset \mathcal{P}(A)$を半順序$\subset$によって半順序集合とみなす．$\mathcal{F}$の任意の全順序部分集合$\mathcal{X} \subset \mathcal{F}$に対して$\bigcup \mathcal{X} \in \mathcal{F}$であるとする．このとき$\mathcal{F}$には極大元が存在する．

(は)　（テューキー(Tukey)の補題）
有限的な性質を持つ集合族$\emptyset \neq \mathcal{F} \subset \mathcal{P}(A)$には極大元が存在する．

命題 4.1.1

ツォルンの補題と上記の命題(い),(ろ),(は)はそれぞれ互いに同値である．

証明　ここではツォルンの補題を **ZL** と略記する．

[(い) $\Rightarrow$ **ZL**]．命題 (い) を仮定して，$(A, \leq)$ を空でない帰納的順序集合とする．極大元の存在を示したい．このとき，空でない任意の全順序部分集合 X は $(A, \leq)$ において上限を持つので，それは X の上界である．いま A は空でないので $a \in A$ とする．(い) により $a \leq b \in A$ なる極大元 b が存在する．

[**ZL** $\Rightarrow$ (ろ)]．**ZL** を仮定して，$\mathcal{F}$ の任意の全順序部分集合 $\mathcal{X} \subset \mathcal{F}$ に対して $\bigcup \mathcal{X} \in \mathcal{F}$ であるとする．明らかに $\bigcup \mathcal{X}$ は全順序部分集合 $\mathcal{X}$ の上限である．特に空な全順序部分集合 $\emptyset$ について，$\emptyset = \bigcup \emptyset \in \mathcal{F}$ である．**ZL** により空でない帰納的順序集合 $\mathcal{F}$ は極大元を持つ．

[(ろ) $\Rightarrow$ (は)]．(ろ) を仮定して (は) を示すため，有限的な性質を持つ空でない集合族 $\mathcal{F} \subset \mathcal{P}(A)$ を考える．このとき

$$\mathcal{F}\text{の任意の全順序部分集合}\,\mathcal{X} \subset \mathcal{F}\text{に対して}\bigcup \mathcal{X} \in \mathcal{F} \tag{4.1}$$

となることを示す．すると (ろ) により $\mathcal{F}$ が極大元を持つことが分かる．

$\mathcal{F}$ が有限的な性質を持つので，$\bigcup \mathcal{X} \in \mathcal{F}$ を示すにはその任意の有限部分集合 $\{a_1, \ldots, a_n\} \subset \bigcup \mathcal{X}$ が $\mathcal{F}$ に属すことを見ればよい．さて各 i について $a_i \in X_i$ となる $X_i \in \mathcal{X}$ を取る．$\mathcal{X}$ が全順序部分集合なので $\{X_1, \ldots, X_n\}$ も全順序部分集合，つまり $\subset$ によって全順序づけられているから，いずれかの X_{i_0} がこの中で最大であるはずである[1)]．$\forall i \in \{1, \ldots, n\}[X_i \subset X_{i_0}]$ となっている．すると $\{a_1, \ldots, a_n\} \subset X_{i_0}$ である．ここで $X_{i_0} \in \mathcal{F}$ であるから，$\mathcal{F}$ の有限的性質により，X_{i_0} の有限部分集合 $\{a_1, \ldots, a_n\}$ は $\mathcal{F}$ に属すことになる．

[(は) $\Rightarrow$ (い)]．最後に (は) を仮定して (い) を示すため，半順序集合 $(A, \leq)$ における空でない任意の全順序部分集合 $X \neq \emptyset$ が $(A, \leq)$ において上界を持つとする．また $a \in A$ として $A_a = \{c \in A | a \leq c\}$ とおく．このとき，$a \leq b$ となる極大元 $b \in A$ の存在を示す．集合族 $\mathcal{F} = \{X \subset A_a | X\text{ は }A\text{ の全順序部分集合}\}$ は空でなく ($\emptyset \in \mathcal{F}$)，有限的な性質を持っている．なぜならそれは $X \subset A_a$ として，X が A の全順序部分集合であるための必要十分条件が，X の任意の有限部分集合が A の全順序部分集合であることだからである．よって (は) により $\mathcal{F}$ での極大元 X を取る．つまり X は A_a での極大な全順序部分集合という

---

1) このようなとき「一般性を失うことなく $i_0 = 1$ としてよい（つまり X_1 が最大)」という言い方をする．添字 i_0 がどれであっても以下の議論は同じなので簡単のためということである．

ことである．一点集合 $\{a\}$ は A_a の全順序部分集合であるから $X \neq \emptyset$. 仮定により X の A での上界 b を取る．先ず $\emptyset \neq X \subset A_a$ より $a \leq b$. よって X の上界 b について $X \cup \{b\}$ は A_a での全順序部分集合となり，X の極大性より $X = X \cup \{b\}$ つまり $b \in X$ 言い換えると b は X の最大元である．あとはこの b が A で極大であることを示せばよい．$c \in A$ が $b \leq c$ であるとする．このとき $a \leq c$ で，上と同様の議論で $c \in X$ が分かり，$b = c$ となる． ■

つぎに選択公理 **AC** と命題 (い),(ろ),(は) との同値性を示そう．

命題 4.1.2

テューキーの補題 (は) より選択公理 $\mathbf{AC}_{ver.3}$ が従う．

証明　テューキーの補題 (は) を仮定して選択公理 $\mathbf{AC}_{ver.3}$ を示すため，$\mathcal{A}$ を互いに素な空でない集合から成る集合族とする．つまり $\emptyset \notin \mathcal{A}$ かつ $\forall X, Y \in \mathcal{A}[X \neq Y \to X \cap Y = \emptyset]$ とする．任意の $X \in \mathcal{A}$ について $X \cap C$ が一点集合であるような集合 C（選択集合）の存在を示したい．$B = \bigcup \mathcal{A}$ とおく．

集合族 $\mathcal{F} = \{D \subset B | \forall X \in \mathcal{A} \exists x \in B[X \cap D \subset \{x\}]\}$ を考える．つまり $D \subset B$ について $D \in \mathcal{F}$ iff 任意の $X \in \mathcal{A}$ と D との交わりはたかだかひとつしか要素を持たない（空か一点集合）．$\emptyset \in \mathcal{F}$ より $\mathcal{F}$ は空ではない．この $\mathcal{F}$ は有限的性質を持っている．なぜなら先ず $E \subset D \in \mathcal{F}$ ならば $E \in \mathcal{F}$ である．もし $D \subset B$ が $D \notin \mathcal{F}$ であるとして，$X \in \mathcal{A}$ を $X \cap D$ がふたつ以上の要素 a, b を持つように取る．すると D の有限部分集合 $\{a, b\} \subset X \cap D\,(a \neq b)$ は $\mathcal{F}$ に属さないことになる．

そこで (は) により $\mathcal{F}$ の極大元 C を取る．$\forall X \in \mathcal{A}[X \cap C \neq \emptyset]$ であることが分かれば，C は $\mathcal{A}$ に対する選択集合であることになる．$X \in \mathcal{A}$ として $X \cap C = \emptyset$ であると仮定してみる．$X \neq \emptyset$ より $x \in X$ を取り，集合 $C \cup \{x\}$ を考えると，$C \cup \{x\} \in \mathcal{F}$ が以下のようにして分かり，C の極大性に反することになる．

$x \notin C$ なので $C \subsetneq C \cup \{x\}$ であり，$X \cap (C \cup \{x\}) = \{x\}$ である．また $Y \neq X$ である $Y \in \mathcal{A}$ について $Y \cap X = \emptyset$ だから，$x \notin Y$. よって $Y \cap (C \cup \{x\}) = Y \cap C$. したがって，$C \cup \{x\} \in \mathcal{F}$. ■

定理 4.1.3

選択公理 **AC** よりテューキーの補題(は)が従う.

テューキーの補題(は)を示すため，空でない集合族 $\mathcal{F} \subset \mathcal{P}(A)$ は有限的性質を持つとする．このとき命題4.1.1の証明の[(ろ) $\Rightarrow$ (は)]で見たように

$$\mathcal{F}\text{の任意の全順序部分集合}\mathcal{X} \subset \mathcal{F}\text{に対して} \bigcup \mathcal{X} \in \mathcal{F} \tag{4.1}$$

となっている．つまり命題(ろ)の仮定も満たされている．また $Y \subset X \in \mathcal{F}$ ならば $Y \in \mathcal{F}$ であることも $\mathcal{F}$ の有限的性質より分かる．したがって，

$$Y \in \mathcal{F}\text{が極大でなければ} \ \exists x[Y \subsetneq Y \cup \{x\} \in \mathcal{F}] \tag{4.2}$$

である．さて $\mathcal{F}$ の極大元の存在を示したい.

説明

極大元はつぎのようにすればいつかは得られるだろうと素朴には考えられる．先ず $X_0 = \emptyset \in \mathcal{F}$ から出発する．もしこれが極大元ならそれでよいので，そうでないとして $X_0 \subsetneq X_1 = X_0 \cup \{a_0\} \in \mathcal{F}$ を取る，cf. (4.2). X_1 も極大元でないとして $X_1 \subsetneq X_2 = X_1 \cup \{a_1\} \in \mathcal{F}$ を取る．以下，同様にして点列 $(a_n)_{n\in\mathbb{N}}$ と $\mathcal{F}$ の元である集合 X_n の列 $(X_n)_{n\in\mathbb{N}}$ が真の増大列 $\forall n \in \mathbb{N}[X_n \subsetneq X_{n+1} = X_n \cup \{a_n\}]$ となるようにつくられる．そこで(4.1)より $Y_0 = \bigcup_{n\in\mathbb{N}} X_n \in \mathcal{F}$ となる．この Y_0 が極大ならそれでよいが，そうでないとしたら，上と同様にして Y_0 から始めて $\mathcal{F}$ の元である集合の真の増大列 $(Y_n)_{n\in\mathbb{N}}$ が得られる．$Z_0 = \bigcup_{n\in\mathbb{N}} Y_n \in \mathcal{F}$ が極大ならよくて，そうでないとして $\cdots$（以下，同様の議論が続く）．いつかは集合 A（もしくは集合 $\mathcal{F}$）の要素が取尽されるであろうから，そのときにはこの議論が終結して極大元が得られるであろう.

ともあれ，上で粗描しているのは $\mathcal{F}$ の部分集合となる集合族 $\mathcal{G}$ の帰納的生成である．作り方から $\mathcal{G}$ が全順序部分集合になることが予想され，そうであれば $\bigcup \mathcal{G}$ が求める極大元になる.

先ず簡単な事実の確認から始める．ふたつの集合 $X, Y \subset A$ について，$X \subset Y$ か $Y \subset X$ のどちらかは成立しているとき，組 (X, Y) は（順序 $\subset$ に関して）比較可能と呼ぶことにする．またこのとき，X と Y は比較可能ともいう.

補題 4.1

$B \subset A$ について，集合族 $\mathcal{X} \subset \mathcal{P}(A)$ のどの要素も B と比較可能ならば，$Y = \bigcup \mathcal{X}$ も B と比較可能である．

証明　仮定は $\forall X \in \mathcal{X}[X \subset B \vee B \subset X]$ ということである．もしある $X \in \mathcal{X}$ が $B \subset X$ となっていたら $B \subset Y$ である．そこで $\forall X \in \mathcal{X}[X \subset B]$ とすると $Y \subset B$ である．■

定理 4.1.3 の**証明**. 空でない集合族 $\mathcal{F} \subset \mathcal{P}(A)$ は有限的性質を持つとする．初めに集合 $\mathcal{N} = \{X \in \mathcal{F} | X$ は極大でない $\}$ を定義域とする写像 $f : \mathcal{N} \to A$ を，任意の $X \in \mathcal{N}$ について $X \subsetneq X \cup \{f(X)\} \in \mathcal{F}$ となるように取っておく．X が極大でなければ (4.2) より $Y_X = \{a \in A - X | X \cup \{a\} \in \mathcal{F}\} \neq \emptyset$ なので，集合族 $\{Y_X | X \in \mathcal{N}\}$ の選択写像が f である．選択写像 f の存在を言うところで選択公理 $\mathbf{AC}_{ver.2}$ が必要である．

この f を用いて $\mathcal{F}$ 上の写像 G を $X \in \mathcal{F}$ について

$$G(X) = \begin{cases} X \cup \{f(X)\} & X \in \mathcal{N} \text{ のとき} \\ X & X \notin \mathcal{N} \text{ のとき} \end{cases}$$

で定めておく．この写像 G に関してつぎが成り立つ．

補題 4.2

集合 $X, Y \in \mathcal{F}$ について，組 $(X, Y), (X, G(Y)), (G(X), Y)$ のいずれも比較可能であるとする．このとき $G(X)$ と $G(Y)$ も比較可能である．

証明　もし $G(X) \subset Y$ なら $Y \subset G(Y)$ より $G(X) \subset G(Y)$ である．$G(Y) \subset X$ でも同様である．よって以下で $Y \subset G(X)$ かつ $X \subset G(Y)$ であるとする．X と Y が比較可能なので，対称性により $X \subset Y$ としてよい．すると $X \subset Y \subset G(X)$ であり，また G の定義より $\exists a \in A[G(X) \in \{X, X \cup \{a\}\}]$ である．よって $X = Y \vee Y = G(X)$ である．$X = Y$ なら $G(X) = G(Y)$．$Y = G(X)$ なら $G(X) = Y \subset G(Y)$ となる．■

つぎに$\mathcal{P}(\mathcal{F})$上の写像Γを$\mathcal{G} \subset \mathcal{F}$について

$$\Gamma(\mathcal{G}) = \{G(X) | X \in \mathcal{G}\} \cup \{\bigcup \mathcal{X} | \mathcal{X} \subset \mathcal{G} \text{ は全順序部分集合}\}$$

で定める．定義よりΓは単調であり，(4.1)から$\Gamma(\mathcal{G}) \subset \mathcal{F}$である．そこで定理3.3.1により$\Gamma$の最小不動点を$\mathcal{G}_0$とおく．このとき

$$\mathcal{G}_0 \text{ は全順序部分集合} \tag{4.3}$$

であることを示す．もしそうなら(4.1)から$X_0 = \bigcup \mathcal{G}_0 \in \mathcal{F}$となり，しかも$X_0$は$\mathcal{F}$で極大である．なぜなら$\mathcal{G}_0$は$\Gamma$の不動点なので$\Gamma(\mathcal{G}_0) \subset \mathcal{G}_0$であるから，全順序部分集合$\mathcal{G}_0 \subset \mathcal{G}_0$に対して$X_0 \in \mathcal{G}_0$（つまり$X_0$は$\mathcal{G}_0$の最大元）であり，これより$G(X_0) \in \mathcal{G}_0$となる．$X_0$は最大元なので$G(X_0) = X_0$つまり$X_0 \not\in \mathcal{N}$. これは$X_0$が$\mathcal{F}$で極大ということであった．

よってあとは(4.3)を示すだけである．そのために$\mathcal{G}_0$の最小性を用いる．それは任意の$\mathcal{G} \subset \mathcal{F}$について，もし$\Gamma(\mathcal{G}) \subset \mathcal{G}$ならば$\mathcal{G}_0 \subset \mathcal{G}$ということであった．

先ず$\mathcal{G}_1 = \{X \in \mathcal{G}_0 | \forall Y \in \mathcal{G}_0[X \subset Y \vee Y \subset X]\}$とおく．$\mathcal{G}_1$は$\mathcal{G}_0$の任意の要素と比較可能な$\mathcal{G}_0$の要素全体から成る集合である．つぎに$X \in \mathcal{G}_1$に対して$G(X) \in \mathcal{G}_0$と比較可能な$\mathcal{G}_0$の要素全体から成る集合を$\mathcal{G}_X \subset \mathcal{G}_0$とおく．このとき

$$X \in \mathcal{G}_1 \to \Gamma(\mathcal{G}_X) \subset \mathcal{G}_X \tag{4.4}$$

となる．なぜなら先ず全順序部分集合$\mathcal{X} \subset \mathcal{G}_X$について$Y = \bigcup \mathcal{X} \in \mathcal{G}_0$であり，$\mathcal{X}$のどの要素も$G(X)$と比較可能だから補題4.1より$Y$も$G(X)$と比較可能，つまり$Y \in \mathcal{G}_X$. つぎに$Y \in \mathcal{G}_X$について$G(Y) \in \mathcal{G}_X$であることが補題4.2より分かる．なぜなら$X \in \mathcal{G}_1$, $\{Y, G(Y)\} \subset \mathcal{G}_0$と$Y \in \mathcal{G}_X$より組$(X, Y), (X, G(Y)), (G(X), Y)$はどれも比較可能なので，$G(X)$と$G(Y)$も比較可能だからである．こうして(4.4)が結論された．

よって$\mathcal{G}_0$の最小性により$\forall X \in \mathcal{G}_1[\mathcal{G}_0 \subset \mathcal{G}_X]$. すなわち$\forall X \in \mathcal{G}_1[G(X) \in \mathcal{G}_1]$. 他方，全順序部分集合$\mathcal{X} \subset \mathcal{G}_1$に対して$\bigcup \mathcal{X} \in \mathcal{G}_1$が補題4.1より分かる．したがって，$\Gamma(\mathcal{G}_1) \subset \mathcal{G}_1$. 再び$\mathcal{G}_0$の最小性より$\mathcal{G}_0 \subset \mathcal{G}_1$, 言い換えれば$\mathcal{G}_0$は全順序部分集合である．これで(4.3)の，したがって，定理4.1.3の証明が終わる．■

以上をまとめておく．

定理 4.1.4

以下の命題はそれぞれ互いに同値である．

1. （**選択公理 AC**） 任意の集合 I と集合族 $(X_i)_{i\in I}$ について $I \neq \emptyset \wedge \forall i \in I[X_i \neq \emptyset] \to \prod_{i\in I} X_i \neq \emptyset$.
2. （$\mathbf{AC}_{ver.1}$）任意の集合 A, B と任意の $P \subset A \times B$ について $\forall a \in A \exists b \in B[(a,b) \in P] \to \exists f \in B^A \forall a \in A[(a, f(a)) \in P]$.
3. （$\mathbf{AC}_{ver.2}$）空でない集合から成る空でない集合族は選択写像を持つ．
4. （$\mathbf{AC}_{ver.3}$）互いに素な空でない集合から成る集合族は選択集合を持つ．
5. （ツォルン (Zorn) の補題）任意の空でない帰納的順序集合には極大元が存在する．

(い) 空でない任意の全順序部分集合 X が上界を持つような半順序集合 $(A, \leq)$ と $a \in A$ に対して，$a \leq b$ となる極大元 $b \in A$ が存在する．

(ろ) 任意の全順序部分集合 $\mathcal{X} \subset \mathcal{F}$ に対して $\bigcup \mathcal{X} \in \mathcal{F}$ であるような集合族 $\mathcal{F} \subset \mathcal{P}(A)$ には極大元が存在する．

(は) （テューキー (Tukey) の補題）有限的な性質を持つ空でない集合族には極大元が存在する．

さて数学においては，後で見るように選択公理をそのまま使うこともあるが，むしろツォルンの補題やテューキーの補題のかたちのほうが使いやすいことが多い．ひとつ使用例を見ておく．

上で述べたように，ベクトル空間 V における線型独立なベクトルから成る集合全体 $\mathcal{F} \subset \mathcal{P}(V)$ は有限的性質を持つ．したがって，テューキーの補題より極大な線型独立であるベクトルの集合 $B \subset V$ が存在する．極大性により V の要素である任意のベクトルは B の要素の線型結合で表せるから，B はベクトル空間 V の基底である．つまり任意のベクトル空間での基底の存在が示せた．

演習問題 4.1

1. 実数全体の集合 $\mathbb{R}$ を $\mathbb{R}$ を係数体とする (1 次元) ベクトル空間とみなす．ベクトルは実数であり，ベクトルの和は実数の和 $\alpha + \beta$ である．スカ

ラー倍は実数 $\alpha, \beta \in \mathbb{R}$ の積 $\alpha\beta$ である．このとき $\mathbb{R}$ 上の関数 $f : \mathbb{R} \to \mathbb{R}$ で，$\forall \alpha, \beta \in \mathbb{R}[f(\alpha + \beta) = f(\alpha) + f(\beta)]$ であるにも関わらず線型写像ではないものの存在を示せ．

（ヒント）$\mathbb{R}$ を有理数 $\mathbb{Q}$ を係数体とするベクトル空間とみなして，その基底を取る．

2. 選択公理と以下の命題はそれぞれ同値であることを示せ．
   (a) 集合族 $\mathcal{F} \subset \mathcal{P}(A)$ において，任意の全順序部分集合 $\mathcal{X} \subset \mathcal{F}$ に対して $\bigcup \mathcal{X} \in \mathcal{F}$ であり，さらに $\forall X \in \mathcal{F} \forall Y \subset X[Y \in \mathcal{F}]$ であるとする．このとき $\mathcal{F}$ には極大元が存在する．
   (b) (Hausdorff maximal principle)
   任意の半順序 $(A, \leq)$ は極大な全順序部分集合を含む．（極大な全順序部分集合は，それを真に含む全順序部分集合が存在しないような全順序部分集合のこと）

§4.2　濃度

ここでは集合，とくに無限集合の大きさを考える．初めに有限集合 $A = \{a_1, \ldots, a_n\}$ の要素の個数を数えるとき，われわれは A の要素をひとつずつ数え上げていく．ひとつ $(a_1 \in A)$, ふたつ $(a_1 \neq a_2 \in A)$, もしくは同じ要素を二度以上数えることがないように $a_2 \in (A - \{a_1\})$ といった具合に．そして A の要素が尽きたときに n まで数えていたなら，A の要素の個数は n としている．

同じことを無限集合，たとえば自然数全体の集合 $\mathbb{N} = \{0, 1, 2, \ldots\}$ についてしようとしても要素の数え上げに尽きることがない．では，どんな無限集合も「要素の個数は無限大 (無限個)」として区別のしようがないのだろうか？　後で見るようにそうではない．

有限集合 $A = \{a_1, \ldots, a_n\}$ の要素の個数を数えることを反省してみると，A と要素の個数が n である数の集合 $\{1, \ldots, n\}$ との間の全単射 $f : A \ni a_i \mapsto i$ をつくっていることが分かる．これにより集合 A と集合 $\{1, \ldots, n\}$ の「要素の個数が等しい」あるいはそれらふたつの集合が「同じ大きさを持った集合」であることを判断している．そこで一般に，ふたつの（有限であれ無限であれ）集合 A, B について，

A, B が「同じ大きさを持つ集合」であるとは，全単射 $f : A \to B$ が存在すること

により定義しよう．このとき A と B は<u>等しい濃度</u>を持つと言って，$|A| = |B|$ と書く：

$$|A| = |B| \,(A \text{ と } B \text{ は等しい濃度を持つ}) :\Leftrightarrow \exists f \in B^A [f \text{ は全単射}]$$

たとえば自然数全体の集合 $\mathbb{N}$ と偶数全体の集合 $2\mathbb{N} = \{2n | n \in \mathbb{N}\}$ は等しい濃度を持つのであった，$n \mapsto 2n$, $|\mathbb{N}| = |2\mathbb{N}|$.

この集合のあいだの関係 $|A| = |B|$ は明らかに同値関係[2]である．

つぎに集合の大きさの等しさではなく，その大小を考える．n 個の要素を持つ有限集合 A と m 個の要素を持つ集合 B の大きさの大小は，$n < m$ のときに A のほうが B より小さい，B のほうが A より大きい，とするのはいいだろう．あるいは $n \leq m$ のときに B の大きさは A のそれ以上とするのもよい．さてこの比較を上記の数え上げに照らしてみる．するとこれは，運動会の玉入れの勝敗判定と同じことをしていることが分かる．つまり，ひとつ $(a_1, A, b_1 \in B)$, ふたつ $(a_2 \in (A - \{a_1\}), b_2 \in (B - \{b_1\}))$, というように同時に数えていって，先に要素が尽きたほうが「小さい」．このことを数 $1, 2, \ldots$ との対応 $a_i, b_i \mapsto i$ を媒介しないで考えれば，結局，A と B の間で単射 $a_i \leftrightarrow b_i$ をつくっていることが分かる．A の要素が先に尽きるか同時のときが $f : A \to B$ で B の要素が先に尽きるか同時のときが $g : B \to A$ という単射ができあがる．

さてそれならば A, B が有限集合の場合にそうであるように，一般にもし A から B の真部分集合への（つまり全射ではない）単射 $f : A \to B$, $f[A] \subsetneq B$ が存在するときに，A の大きさのほうが B のそれよりも（真に）小さい（これを $|A| < |B|$ と書き表す）としてよいだろうか？　そうではあるまい．なぜなら包含写像 $2n \mapsto 2n$ はそのような単射 $f : 2\mathbb{N} \to \mathbb{N}$ だし，$n \mapsto 2n + 2$ も同じく全射でない単射 $g : \mathbb{N} \to 2\mathbb{N}$ であるが，$|2\mathbb{N}| = |\mathbb{N}|$ だったのだから，$|2\mathbb{N}| < |\mathbb{N}|$ とも $|\mathbb{N}| < |2\mathbb{N}|$ ともするわけにはいかない．

---

[2] 正確には「集合全体から成る集合」は存在しないので，前に定義した意味での（ある集合上の）同値関係ではない．(反射律), (対称律), (推移律) を充たしているという意味である．

そもそも集合 A の部分集合 A_0 について，明らかに A の大きさは A_0 のそれ以上である．そして単射 $f : A \to B$ から全単射 $f' : A \to f[A]$ が得られ，$f[A] \subset B$ だから，$|A| = |f[A]| \leq |B|$ となる．こうして次のように定めることにする：

$$
\begin{aligned}
|A| \leq |B| &:\Leftrightarrow \exists f \in B^A [f \text{ は単射}] \\
|A| < |B| &:\Leftrightarrow |A| \leq |B| \wedge |A| \neq |B| \\
&:\Leftrightarrow \exists f \in B^A [f \text{ は単射}] \wedge \neg \exists g \in B^A [g \text{ は全単射}]
\end{aligned}
$$

$|A| \leq |B|$ であるとき <u>A の濃度は B の濃度以下</u> と呼ぶことにし，$|A| < |B|$ であるとき <u>A の濃度は B の濃度未満</u>(真に小さい) と呼ぶ.

命題 3.3.2 により空でない集合 A, B については，

$$
|A| \leq |B| \Leftrightarrow \exists f \in B^A [f \text{ は単射}] \Leftrightarrow \exists g \in A^B [g \text{ は全射}]
$$

である．

命題 3.1.3（部屋割り論法）により，上の定義による $|A| = |B|$, $|A| \leq |B|$, $|A| < |B|$ はすべて A, B がともに有限集合のときには通常の個数の大小比較と同値である．さらに空集合 $\emptyset$ については，$A^{\emptyset} = \{\emptyset\}$ で $\emptyset$ は空な写像（のグラフ）であるから任意の集合 A について $|\emptyset| \leq |A|$ となり，$A \neq \emptyset$ なら $\emptyset^A = \emptyset$ より $|\emptyset| < |A|$ となっている．

つぎの定理 4.2.1 は有限集合の場合にはすべて明らかである．

定理 4.2.1

集合 A, B, C について

1. $|A| = |B| \Rightarrow [(|A| \leq |C| \Leftrightarrow |B| \leq |C|) \wedge (|C| \leq |A| \Leftrightarrow |C| \leq |B|)]$. $|A| < |C|$ についても同様.
2. (Cantor-Bernstein)

$$
|A| \leq |B| \leq |A| \Rightarrow |A| = |B|.
$$

つまり単射 $f : A \to B$, $g : B \to A$ が存在すれば，全単射 $h : A \to B$ が存在する.

3. (Cantor's trichotomy) (**AC**)
$|A| < |B|$, $|A| = |B|$, $|B| < |A|$ のうち丁度ひとつが成立する.

証明 4.2.1.1. $|A| = |B|$ として，全単射 $f : A \to B$ を取る．いま更に $|A| \leq |C|$ であるとして単射 $g : A \to C$ を取る．このとき合成写像 $g \circ f^{-1} : B \to C$ が単射となるので $|B| \leq |C|$ となる．ほかも同様.

4.2.1.2. $f : A \to B$, $g : B \to A$ をそれぞれ単射として，全単射 $h : A \to B$ をつくりたい.

A, B をそれぞれ互いに交わらない部分集合族 $\{A_n\}_{n\geq 0} \cup \{A_\infty\}$ と $\{B_n\}_{n\geq 0} \cup \{B_\infty\}$ の直和として表す.

$$\begin{aligned} A_0 &= A - g[B] & B_0 &= B - f[A] \\ A_{n+1} &= g[B_n] & B_{n+1} &= f[A_n] \\ A_\infty &= A - \bigcup_{n\geq 0} A_n & B_\infty &= B - \bigcup_{n\geq 0} B_n \end{aligned}$$

$\forall n, m \in \mathbb{N}\ [(n \neq m \to A_n \cap A_m = \emptyset) \wedge (n \neq m \to B_n \cap B_m = \emptyset)]$ を $\min\{n, m\}$ に関する数学的帰納法で確かめる．先ず $A_0 \cap A_{n+1} = \emptyset$ は $A_{n+1} \subset g[B]$ による．$B_0 \cap B_{n+1} = \emptyset$ も同様である．つぎに g が単射だから $A_{n+1} \cap A_{m+1} = g[B_n] \cap g[B_m] = g[B_n \cap B_m]$ となり，帰納法の仮定より $B_n \cap B_m = \emptyset$ であるから $A_{n+1} \cap A_{m+1} = \emptyset$ である．$B_{n+1} \cap B_{m+1} = \emptyset$ も f が単射であることから分かる.

また $f[A_\infty] = B_\infty$ かつ $g[B_\infty] = A_\infty$ である．そこで

$$h(x) = \begin{cases} f(x) & x \in A_\infty \cup \bigcup_{n\geq 0} A_{2n} \text{ のとき} \\ g^{-1}(x) & \text{上記以外} \end{cases}$$

とすれば，この $h : A \to B$ が求める全単射である．なぜなら $h[A_\infty \cup \bigcup_{n\geq 0} A_{2n}] = B_\infty \cup \bigcup_{n\geq 0} B_{2n+1}$ かつ $h[\bigcup_{n\geq 0} A_{2n+1}] = \bigcup_{n\geq 0} B_{2n}$ であるからである.

4.2.1.3. $|A| < |B|$, $|A| = |B|$, $|B| < |A|$ のうちふたつ以上成立しないのは，$|A| \not< |A|$ と定理 4.2.1.2 による．残りを示すには $|A| \leq |B|$ か $|B| \leq |A|$ の少なくとも一方が成立することを言えばよい．そこで A のある部分集合から B のある部分集合への全単射全体から成る集合族 $\mathcal{F} \subset \mathcal{P}(A \times B)$ を考える．$F \subset A \times B$ に対して

$$F \in \mathcal{F} \Leftrightarrow \forall x, x' \in A\ \forall y, y' \in B\ [(x, y) \in F \to$$
$$\{((x, y') \in F \to y = y') \wedge ((x', y) \in F \to x = x')\}]$$

$\emptyset \in \mathcal{F}$でこの集合族$\mathcal{F}$は明らかに有限的な性質を持っている．よって選択公理と同値であるテューキーの補題により極大元F_0を持つ．このF_0をグラフに持つ全単射f_0の定義域を$A_0 \subset A$として値域を$B_0 \subset B$とする$f_0 : A_0 \to B_0$. このとき$A_0 = A$または$B_0 = B$であることを言えばよい．そこで$A_0 \subsetneq A$かつ$B_0 \subsetneq B$であるとしてみる．$a \in A - A_0, b \in B - B_0$を取って，$F_0 \cup \{(a, b)\}$を考えれば，これは$F_0$より真に大きく，$f_0$の真の拡張$f : A_0 \cup \{a\} \to B_0 \cup \{b\}$のグラフになっている．明らかに$f$は全単射だから，これは$F_0$の極大性に反する．よって$A_0 = A$または$B_0 = B$でなければならない． ■

系 4.1
(**AC**) $|A| < |B| \Leftrightarrow \exists f \in B^A[f$ は単射$] \wedge \neg\exists g \in B^A[g$ は全射$]$.

証明　命題 3.3.2 と定理 4.2.1.2 による．選択公理 **AC** は [$\Rightarrow$] でのみ使った． ■

無限集合の大きさが一種類ではないことを見よう．自然数全体の集合$\mathbb{N}$との間に全単射が存在するような集合Xつまり$|X| = |\mathbb{N}|$であるとき，集合Xを可算無限集合と呼ぶ．可算無限集合は明らかに最も小さい無限集合である．つまりXが無限集合ならば，Xから順に相異なる要素を$x_0, x_1, x_2, \ldots$と取って行っても有限のところで尽きることは無い．こうして単射$f : \mathbb{N} \ni n \mapsto x_n \in X$が**AC**によって作ることができるので，$|\mathbb{N}| \leq |X|$である，cf. 命題 3.3.3.3.

可算無限集合の直和や直積はやはり可算無限である．

命題 4.2.2
$|\mathbb{N} \coprod \mathbb{N}| = |\mathbb{N} \times \mathbb{N}| = |\mathbb{N}|$.

証明　$\mathbb{N} \coprod \mathbb{N} = \{0, 1\} \times \mathbb{N} \subset \mathbb{N} \times \mathbb{N}$であり，単射$\mathbb{N} \ni n \mapsto (0, n) \in \mathbb{N} \coprod \mathbb{N}$を考えることにより$|\mathbb{N}| \leq |\mathbb{N} \coprod \mathbb{N}| \leq |\mathbb{N} \times \mathbb{N}|$である．よって定理 4.2.1.2 に

より $|\mathbb{N}\times\mathbb{N}|\leq|\mathbb{N}|$ つまり直積 $\mathbb{N}\times\mathbb{N}$ から $\mathbb{N}$ への単射がつくれればよい．実際には直積 $\mathbb{N}\times\mathbb{N}$ から $\mathbb{N}$ への全単射 $J:\mathbb{N}\times\mathbb{N}\to\mathbb{N}$ をつくる．

$$J(n,m)=\frac{(n+m)(n+m+1)}{2}+m=\left(\sum_{i\leq n+m}i\right)+m$$

で定める．すると $t(n)=\max\{t\leq n:n\geq\sum_{i\leq t}i\}$, $J_1(n)=n-\sum_{i\leq t(n)}i$, $J_0(n)=t(n)-J_1(n)$ とおけば $J_i(J(n_0,n_1))=n_i\,(i=0,1)$ かつ $n=J(J_0(n),J_1(n))$ となるので，J は全単射である． ■

系 4.2

（**AC**）可算無限集合 A と無限集合 B の直和 $A\coprod B$ は B と同じ大きさを持つ $|A\coprod B|=|B|$.

証明　$|\mathbb{N}|\leq|B|$ であるから B の可算無限部分集合 C を取って $B=C\coprod D$ と表せば，命題 4.2.2 より $|C|=|A\coprod C|$ であるから，$|B|=|C\coprod D|=|A\coprod C\coprod D|$ である． ■

系 4.3

整数全体の集合 $\mathbb{Z}$ および有理数全体の集合 $\mathbb{Q}$ は可算無限集合である：

$$|\mathbb{Z}|=|\mathbb{Q}|=|\mathbb{N}|.$$

証明　命題 4.2.2 と定理 4.2.1.2 をたびたび使う．

はじめに $\mathbb{N}\subset\mathbb{Z}$ であり，逆に符号を考えて $|\mathbb{Z}|\leq|\mathbb{N}\coprod\mathbb{Z}^+|=|\mathbb{N}|$.

つぎに $|\mathbb{Q}|\geq|\mathbb{N}|$ は明らかなので逆を考える．

$\mathbb{Q}=\{0\}\cup\{\pm\frac{n}{m}:n,m\in\mathbb{Z}^+, n$ と m は互いに素$\}$ である．互いに素である正整数 n,m に対して

$$\frac{n}{m}\mapsto(n,m)\in\mathbb{N}\times\mathbb{N}$$

は単射になる．よって有理数の正負を考えて

$$|\mathbb{Q}| \leq |\{0\} \coprod (\mathbb{N} \times \mathbb{N}) \coprod (\mathbb{N} \times \mathbb{N})| = |\mathbb{N}|. \qquad \blacksquare$$

可算無限か有限である集合を可算[3]であるといい，可算でない集合を非可算もしくは不可算という．集合 A が可算とは $|A| \leq |\mathbb{N}|$ ということで，そうでないとき，つまり $|\mathbb{N}| < |A|$ のときが可算でない場合である．

定理 4.2.3（AC）
可算集合の可算和はやはり可算である．

証明　定理の意味は，すべて可算集合から成る可算個の集合 X_n の合併は可算ということである．命題 4.2.2 より可算集合の有限個の合併が可算であることはよい．そこで可算集合 X_n が可算無限個ある集合族 $(X_n)_{n\in\mathbb{N}}$ を考えて，合併 $\bigcup_{n\in\mathbb{N}} X_n$ から $\mathbb{N}\times\mathbb{N}$ への単射の存在を言えばよい．$\mathcal{F}_n = \{f \in \mathbb{N}^{X_n} | f$ は単射$\}$ として，仮定から $\forall n \in \mathbb{N}[\mathcal{F}_n \neq \emptyset]$ である．そこで **AC** により写像 $F \in \prod_{n\in\mathbb{N}} \mathcal{F}_n$ を取る．自然数 n について $F(n)$ は X_n から $\mathbb{N}$ への単射である．そこで $f : \coprod_{n\in\mathbb{N}} X_n \to \mathbb{N}\times\mathbb{N}$ を $f(n,x) = (n, (F(n))(x))$ で定めるとこの f は単射になる．包含写像 $i : \bigcup_{n\in\mathbb{N}} X_n \to \coprod_{n\in\mathbb{N}} X_n$ を $i(x) = (n,x)\,(n = \min\{n\in\mathbb{N}|x\in X_n\})$ として，$f\circ i : \bigcup_{n\in\mathbb{N}} X_n \to \mathbb{N}\times\mathbb{N}$ は単射である．■

つぎの定理 4.2.4 により，集合 A のベキ集合 $\mathcal{P}(A)$ は A より必ず大きくなることが分かり，可算無限集合よりも大きい集合が存在することになる．

定理 4.2.4（Cantor）
任意の集合 A について

$$|A| < |\mathcal{P}(A)|.$$

[3] ここでの可算を「高々可算」といい，可算無限を「可算」と呼ぶ流儀もある．

証明　単射 $A \ni a \mapsto \{a\} \in \mathcal{P}(A)$ により $|A| \leq |\mathcal{P}(A)|$ である．

系 4.1 より，$g : A \to \mathcal{P}(A)$ が全射になり得ないことを示せばよい．

$D \subset A$ を

$$x \in D \Leftrightarrow x \notin g(x)$$

とすれば $D \notin g[A]$ となる．なぜならもし $D = g(x_0)\,(x_0 \in A)$ とすると，D の定義により任意の $x \in A$ について

$$x \in D = g(x_0) \Leftrightarrow x \notin g(x)$$

である．ここで $x = x_0$ と取ると

$$x_0 \in D = g(x_0) \Leftrightarrow x_0 \notin g(x_0)$$

となって矛盾する．■

ベキ集合 $\mathcal{P}(A)$ と配置集合 $\mathbf{2}^A$ は一対一に対応するので定理 4.2.4 を証明するには，A から $\mathbf{2}^A$ への全射が存在しないことを示せばよい．配置集合 $(\mathbf{2}^A)^A$ と $\mathbf{2}^{A \times A}$ を同一視して，写像 $G : A \times A \to \mathbf{2}$ を考える．このとき上の証明での集合 $D \subset A$ に対応するのは，対角集合 Δ_A 上での G の値を変更して得られる写像 $f : A \ni x \mapsto 1 - G(x, x) \in \mathbf{2}$ である．定義より f は 2 変数写像 G の変数をひとつ止めて得られる写像 $G_{x_0} : A \ni x \mapsto G(x_0, x)$ のいずれにも一致しない．よって $g : A \ni x_0 \mapsto G_{x_0} \in \mathbf{2}^A$ は全射ではない．

この証明法は対角集合に注目したものなので対角線論法と呼ばれている．

系 4.4

自然数列全体の集合 $\mathbb{N}^{\mathbb{N}}$ はベキ集合 $\mathcal{P}(\mathbb{N})$ と同じ大きさを持つ：

$$|\mathbb{N}^{\mathbb{N}}| = |\mathcal{P}(\mathbb{N})|.$$

証明　先ず $|\mathcal{P}(\mathbb{N})| = |\mathbf{2}^{\mathbb{N}}| \leq |\mathbb{N}^{\mathbb{N}}|$．逆に単射 $\mathbb{N} \ni n \mapsto \{n\} \in \mathcal{P}(\mathbb{N})$ により $|\mathbb{N}^{\mathbb{N}}| \leq |\mathcal{P}(\mathbb{N})^{\mathbb{N}}| = |(\mathbf{2}^{\mathbb{N}})^{\mathbb{N}}| = |\mathbf{2}^{\mathbb{N} \times \mathbb{N}}| = |\mathbf{2}^{\mathbb{N}}| = |\mathcal{P}(\mathbb{N})|$．■

さらにベキ集合 $\mathcal{P}(\mathbb{N})$ は実数全体の集合 $\mathbb{R}$ と同じ大きさを持つことが分かる．

定理 4.2.5

$|\mathbb{R}| = |\mathcal{P}(\mathbb{N})| > |\mathbb{N}|.$

証明　実数 a を十進表記で考える．$a = \pm a_0 \cdots a_n.a_{n+1} \cdots$ $(a_i \in \{0, 1, \ldots, 9\})$．但し十進表記を一意的にして，実数を 13 個の文字 $\Sigma = \{+, -\} \cup \{0, 1, \ldots, 9\} \cup \{.\}$（ここで．は小数点）の無限列とみなすために以下の約束をする．

1. 有限小数は循環小数で表す．
   たとえば $a_m \in \{1, \ldots, 9\}$ について $\pm a_0 \cdots a_n.a_{n+1} \cdots a_m$ $(n \leq m)$ は $\pm a_0 \cdots a_n.a_{n+1} \cdots (a_m - 1)\dot{9} = \pm a_0 \cdots a_n.a_{n+1} \cdots (a_m - 1)99 \cdots$ と表す．
2. ゼロ 0 は 0 の無限列 $+0.\dot{0} = +0.00 \cdots$ で表す．
3. 無限列 $\pm a_0 \cdots a_n.a_{n+1} \cdots$ において，$a_0 = 0$ なら $n = 0$．

こうして実数全体の集合 $\mathbb{R}$ から $\Sigma^{\mathbb{N}}$ への単射が得られた．系 4.4 より

$$|\mathbb{R}| \leq |\Sigma^{\mathbb{N}}| \leq |\mathbb{N}^{\mathbb{N}}| = |\mathcal{P}(\mathbb{N})|.$$

逆に $X \subset \mathbb{N}$ に対して，実数 $a_X = +0.a_0 a_1 a_2 \cdots$ を

$$a_i = \begin{cases} 1 & i \in X \text{ のとき} \\ 0 & i \notin X \text{ のとき} \end{cases}$$

で定めれば，単射 $\mathcal{P}(\mathbb{N}) \ni X \mapsto a_X \in \mathbb{R}$ が得られ，$|\mathcal{P}(\mathbb{N})| \leq |\mathbb{R}|$ である．

よって $|\mathbb{R}| = |\mathcal{P}(\mathbb{N})|$．■

系 4.5

無理数全体の集合 $\mathbb{R} - \mathbb{Q}$ は実数全体の集合 $\mathbb{R}$ と同じ大きさを持つ：$|\mathbb{R} - \mathbb{Q}| = |\mathbb{R}| > |\mathbb{Q}|$．さらに任意の有理数 r と正の数 $\varepsilon > 0$ について開区間 $(r - \varepsilon, r + \varepsilon)$ と無理数の共通部分も実数全体の集合 $\mathbb{R}$ と同じ大きさを持つ：$|(r - \varepsilon, r + \varepsilon) \cap (\mathbb{R} - \mathbb{Q})| = |\mathbb{R}| > |\mathbb{Q}|$．

証明　前半は，系 4.2 による．後半は，開区間 $(r - \varepsilon, r + \varepsilon)$ と実数 $\mathbb{R}$ との全単射の存在から分かる．■

演習問題 4.2

1. 可算無限集合 X を有限個に分割 $X = \coprod_{i=1}^{n} X_i$ したとき，少なくともひとつの X_i は可算無限であることを示せ．この事実も部屋割り論法と呼ぶことがある．
2. なんらかの代数方程式 $\sum_{i<n} a_i x^i = 0\,(n \geq 2, a_i \in \mathbb{Z}, a_{n-1} \neq 0)$ の解になる複素数を代数的数という．代数的数全体の集合は可算無限であることを，ひとつひとつの代数方程式の解は有限個であるという事実を用いて示せ．

第5章　実数

位相について考え始める前にその元となっている実数の位相的性質（極限や連続性）についてまとめておく．ここで扱う題材は微分積分学の基本的事項である．詳しくはたとえば [4] を参照されたい．

先ず定義として確認すると

> 実数 $\mathbb{R}$ とは「完備順序体」である．

この言葉の意味は，先ず $(\mathbb{R}, 0, 1, +, \cdot)$ は体である，つまり通常の四則演算がその上でできる．つぎに $\mathbb{R}$ の上の順序 $x \leq y$ は全順序であって，和積 $+, \cdot$ とつぎの意味で両立する：$\forall x, y, z \in \mathbb{R}[x < y \to x + z < y + z]$ かつ $\forall x, y, z \in \mathbb{R}[x < y \land z > 0 \to xz < yz]$．ここまでが順序体の定義である．「完備」という修飾語は「順序」に係っていて，全順序 $(\mathbb{R}, \leq)$ が<u>完備順序</u>であるとは，$\mathbb{R}$ 上の順序 $\leq$ が<u>（順序）完備</u>つまり

上に有界な空でない実数の集合 $X \subset \mathbb{R}$ は上限 $\sup X \in \mathbb{R}$ をもつ

となっていることである．これを<u>実数の連続性</u>ともいう．これらすべてを実数 $\mathbb{R}$（とその上の和，積，順序の組）が満たすので，「$\mathbb{R}$ は完備順序体」と言われる．

最後に完備順序体はひとつ（それが $\mathbb{R}$）しかない．つまりふたつの完備順序体は互いに順序体として同型になることが分かる．ここで順序体が同型とは，それらの間の全単射で和，積，順序を保つような写像（同型写像）が存在することである．

上記の事実は本書では証明しない．詳しくはたとえば [3] を見られたい．

§5.1　実数の連続性

さて実数の連続性から従ういくつかの重要な事実をまとめておこう．

命題 5.1.1
実数ではアルキメデスの原理 $\forall a \in \mathbb{R}\ \exists n \in \mathbb{N}\ [a \leq n]$ が成り立つ．

証明　そうでないとすると，$\neg\forall a \in \mathbb{R}\ \exists n \in \mathbb{N}\ [a \leq n] \Leftrightarrow \exists a \in \mathbb{R}\ \forall n \in \mathbb{N}\ [a > n]$ なのでこれは自然数全体の集合 $\mathbb{N}$ が $\mathbb{R}$ で上に有界であることを意味する．実数の連続性より実数 $a = \sup \mathbb{N}$（$\mathbb{N}$ の最小上界）が存在することになる．$a - 1 < a$ より $a - 1$ は $\mathbb{N}$ の上界ではないので自然数 $n \in \mathbb{N}$ が $a - 1 < n$ となるように取れる．しかしこのとき $a < n + 1 \in \mathbb{N}$ であり a が $\mathbb{N}$ の上界であることに反する．■

アルキメデスの原理が言っていることは実数 $\mathbb{R}$ の中には無限小（あるいは無限大）が存在しないということである．ここで s が（正の）無限小であるとは，$\forall n \in \mathbb{Z}^+[0 < s < \frac{1}{n}]$ ということ．

系 5.1　（有理数 $\mathbb{Q}$ の実数 $\mathbb{R}$ での稠密性）
実数のどんなに近くにも有理数が存在する．
正確には，任意の実数 a と正の数 $\varepsilon > 0$ に対し $(a - \varepsilon, a + \varepsilon) \cap \mathbb{Q} \neq \emptyset$．
つまり $\forall a \in \mathbb{R}\ \forall \varepsilon > 0\ \exists r \in \mathbb{Q}\ [|a - r| < \varepsilon]$．

証明　与えられた $\varepsilon > 0$ に対しアルキメデスの原理より $\frac{1}{\varepsilon} < n$ となる正整数 n を取る．つまり $\frac{1}{n} < \varepsilon$．つぎにこの n と与えられた a に対して再びアルキメデスの原理より $na < k$ となる整数 k が存在するので，そのような $k \in \mathbb{Z}$ のうちで最小なものを m とする．$m - 1 \leq na < m$ より $\frac{m}{n} - \frac{1}{n} \leq a < \frac{m}{n}$．つまり $\frac{m}{n} - a \leq \frac{1}{n}$．すると $a - \varepsilon < \frac{m}{n} < a + \varepsilon$．■

系 5.1 が述べている事実を「$\mathbb{Q}$ は $\mathbb{R}$ で稠密である」と言い表す．稠密という言葉の意味は後で定義する．

（実）数列 $(a_n)_{n\in\mathbb{N}}$ が α に収束する，あるいは α は $(a_n)_{n\in\mathbb{N}}$ の極限であるのは

$$\forall\varepsilon > 0\ \exists N \in \mathbb{N}\ \forall n \geq N\ [|a_n - \alpha| < \varepsilon]$$

ということであった．これを口に出して言うと「任意に与えられた正の数 ε に対して十分に大きい番号（自然数のこと）N を取ると，任意の $n \geq N$ について $|a_n - \alpha| < \varepsilon$ となる．」この事実を

$$\alpha = \lim_{n\to\infty} a_n \quad \text{あるいは} \quad a_n \to \alpha\,(n \to \infty)$$

と書き表す．これはアルキメデスの原理により，cf. §2.6 の演習 3

$$\forall m \in \mathbb{Z}^+ \exists N \in \mathbb{N}\ \forall n \geq N \left[|a_n - \alpha| < \frac{1}{m}\right]$$

と同値である．

極限をもつ数列は収束すると言われる．収束しない数列は発散すると言われる．収束する数列 $(a_n)_{n\in\mathbb{N}}$ の極限は一意に決まり，またその任意の部分列 $(a_{k_n})_{n\in\mathbb{N}}$ も同じ極限に収束する．ここで $\forall n \in \mathbb{N}[k_n < k_{n+1}]$.

自然数 n に関する条件 $P(n)$ について「有限個の n を除いて $P(n)$ が成り立つ $\exists N \forall n \geq N[P(n)]$」ということを「ほとんどすべての n で $P(n)$ が成り立つ」という言い方をすると便利である．たとえば，ほとんどすべての n で一致するふたつの数列 $(a_n)_n, (b_n)_n$ は，一方がある極限に収束すれば他方もその極限に収束する．

数列 $(a_n)_{n\in\mathbb{N}}$ が上に有界であるとは，集合 $\{a_n | n \in \mathbb{N}\}$ が上に有界であること．数列の上界，上限，下に有界，下界，下限も同様に定義される．

数列 $(a_n)_n$ が $\forall n \in \mathbb{N}[a_n \leq a_{n+1}]$ となっているとき増加数列と呼ばれる．減少数列は不等号の向きを逆にして定義される．これらは略して増加列，減少列とも呼ぶ．

命題 5.1.2

上に有界な増加数列 $(a_n)_{n\in\mathbb{N}}$ はその上限 $\alpha = \sup_n a_n$ に収束する．また下に有界な減少数列 $(a_n)_{n\in\mathbb{N}}$ はその下限 $\alpha = \inf_n a_n$ に収束する．

証明　上に有界な増加数列 $(a_n)_{n\in\mathbb{N}}$ について集合 $\{a_n|n \in \mathbb{N}\}$ が上に有界であるから実数の連続性よりその上限を $\alpha = \sup_n a_n$ とする．このとき $\alpha = \lim_{n\to\infty} a_n$ であるのは，与えられた $\varepsilon > 0$ に対して上限の定義より自然数 N を $\alpha-\varepsilon < a_N \leq \alpha$ となるように取れば，増加列であることより $\forall n \geq N[\alpha-\varepsilon < a_n \leq \alpha]$ となる．

下に有界な減少数列 $(a_n)_n$ の収束性については，上に有界な増加数列 $(-a_n)_n$ を考えればよい，cf. 演習問題5.1の1. ■

命題 5.1.3　（区間縮小法）

空でない有界閉区間の減少列の共通部分は空でない．

すなわち増加列 $(a_n)_n$ と減少列 $(b_n)_n$ で $\forall n \in \mathbb{N}[a_n \leq b_n]$ となっているものについて，$\exists\alpha \in \mathbb{R}\forall n \in \mathbb{N}[a_n \leq \alpha \leq b_n]$，つまり $I_n = [a_n, b_n]$ について $\bigcap_{n\in\mathbb{N}} I_n \neq \emptyset$.

証明　増加列 $(a_n)_n$ と減少列 $(b_n)_n$ はそれぞれ上に有界，下に有界であるから，命題5.1.2により $\alpha = \sup_n a_n = \lim_{n\to\infty} a_n$, $\beta = \inf_n b_n = \lim_{n\to\infty} b_n$ とする．このとき $\alpha \leq \beta$ を示せばよい．先ず b_n は $(a_n)_n$ の上界であるから $\alpha \leq b_n$．これが任意の n について成り立つので $\alpha \leq \inf_n b_n = \beta$. ■

命題 5.1.4　（Bolzano-Weierstrass）

有界実数列は収束する部分列を含む．

証明　$(a_n)_{n\in\mathbb{N}}$ を有界な数列とし，b, c を $\{a_n|n \in \mathbb{N}\} \subset [b, c]$ となるように取る．減少する閉区間列 $(I_k)_k$ を，どの $I_k = [b_k, c_k]$ も無限に多くの a_n を含む（$|\{n \in \mathbb{N}|a_n \in I_k\}|$ が可算無限ということ）ように帰納的に定義する．先ず $I_0 = [b_0, c_0] = [b, c]$.$I_k = [b_k, c_k]$ に無限に多くの a_n が含まれるように定義されたとする．このとき I_k を二つの閉区間 $[b_k, e], [e, c_k]$ $(e = \dfrac{b_k + c_k}{2})$ に二等分するといずれかはやはり無限に多くの a_n を含む，cf. 4.2節の演習1の部屋割り論法．もし前者 $[b_k, e]$ がそうなら $I_{k+1} = [b_{k+1}, c_{k+1}]$ を前者に，そうでなければ後者 $[e, c_k]$ を I_{k+1} にする．

このときアルキメデスの原理より $c_k - b_k = \dfrac{c-b}{2^k} \to 0\,(k \to \infty)$．他方，区

間縮小法 5.1.3 により $\bigcap_k I_k \neq \emptyset$. 明らかに $\alpha \in \bigcap_k I_k$ は $\alpha = \sup_k b_k = \inf_k c_k$ である．

さてこの α に収束する部分列 $(a_{n_k})_k$ を，$\forall k \in \mathbb{N}[a_{n_k} \in I_k \wedge n_k < n_{k+1}]$ となるように選ぶ．これはどの I_k も無限に多くの a_n を含むので可能[1] である．$\alpha = \lim_{k\to\infty} a_{n_k}$ であることは容易に分かる．■

命題 5.1.4 が述べている事実は，後で「実数における有界閉集合は点列コンパクトである」と言い換えられる．

数列 $(a_n)_n$ が<u>コーシー列</u>であるのは

$$\forall\varepsilon > 0\ \exists N\ \forall n, m \geq N[|a_n - a_m| < \varepsilon]$$

ということであった．収束列 $(a_n)_n$ はコーシー列である．なぜならその極限を α として，与えられた $\varepsilon > 0$ に対し番号 N を $\forall n \geq N[|a_n - \alpha| < \frac{\varepsilon}{2}]$ となるようにとれば，$\forall n, m \geq N[|a_n - a_m| \leq |a_n - \alpha| + |\alpha - a_m| < \varepsilon]$.

命題 5.1.5

数列 $(a_n)_n$ はコーシー列であるとする．

1. $(a_n)_n$ は有界である．
2. ある部分列 $(a_{n_k})_k$ が収束すれば，$(a_n)_n$ も同じ極限に収束する．

証明　数列 $(a_n)_n$ をコーシー列とする．

5.1.5.1. 番号 N を $\forall n \geq N[|a_n - a_N| < 1]$ となるように取る．すると $\forall n \geq N[a_N - 1 < a_n < a_N + 1]$ であるから，$M = \max(\{|a_i| : i < N\} \cup \{|a_N - 1|, |a_N + 1|\})$ とおけば $\forall n \in \mathbb{N}[|a_n| \leq M]$.

5.1.5.2. $\varepsilon > 0$ を与えられた正の数とする．番号 N_0 を $\forall n, m \geq N_0[|a_n - a_m| < \frac{\varepsilon}{2}]$ となるように取る．つぎに $\lim_{k\to\infty} a_{n_k} = \alpha$ であるとして，番号 N_1 を $\forall k \geq N_1[|a_{n_k} - \alpha| < \frac{\varepsilon}{2}]$ となるように取る．そこで $N = \max\{N_0, N_1\}$

[1] ここで選択公理は必要ない．それは $n_{k+1} = \min\{n > n_k | a_n \in I_k\}$ と決めればよいからである．

とおけば，任意の $k \geq N$ について，$n_k \geq k \geq N_0$ に注意して $|a_k - \alpha| \leq |a_k - a_{n_k}| + |a_{n_k} - \alpha| < \dfrac{\varepsilon}{2} + \dfrac{\varepsilon}{2} = \varepsilon$ となる．よって $\alpha = \lim_{n\to\infty} a_n$. ■

命題 5.1.6　（コーシー完備性）

実数において任意のコーシー列は収束する．

証明　数列 $(a_n)_n$ をコーシー列とする．命題5.1.5.1により $(a_n)_n$ は有界なので，命題5.1.4により収束する部分列を含むが，命題5.1.5.2によりその極限は元の数列 $(a_n)_n$ の極限でもある． ■

命題 5.1.7　（Heine-Borelの被覆定理）

$(U_i)_{i\in I}$ は開区間から成る族で有界閉区間 $[a,b]$ の被覆であるとする．このときある有限部分集合 $J \subset I$ で $(U_i)_{i\in J}$ が既に $[a,b]$ を覆うものが存在する．

証明　証明は命題5.1.4のと同様に区間を次々に二分割していくことでなされる．

$a \leq b$ とする．$(U_i)_{i\in I}$ が $[a,b]$ の被覆だから $[a,b] \subset \bigcup_{i\in I} U_i$. 有限部分集合 $J \subset I$ で $(U_i)_{i\in J}$ が既に $[a,b]$ を覆うとき，$(U_i)_{i\in J}$ は $[a,b]$ の有限被覆と呼ぶ．背理法による．$[a,b]$ を覆う $(U_i)_{i\in I}$ の有限被覆は存在しないと仮定する．有界閉区間の列 $(I_n)_n$ を，その共通部分は一点集合で，どの $I_n = [a_n, b_n]$ も $(U_i)_{i\in I}$ の有限被覆では覆われないようにつくっていく．

はじめに $I_0 = [a_0, b_0] = [a,b]$ とする．有界閉区間 $I_n = [a_n, b_n]$ が，$(U_i)_{i\in I}$ の有限被覆では覆えないようにつくられたとする．このとき I_n の端点 a_n, b_n の中点 $c_n = \dfrac{a_n + b_n}{2}$ で I_n を二等分して有界閉区間 I_n をふたつの小閉区間 $[a_n, c_n], [c_n, b_n]$ に分割する．これらの小閉区間のいずれかは $(U_i)_{i\in I}$ の有限被覆では覆えないはずなのでそのような小閉区間をひとつ，たとえば左の小閉区間 $[a_n, c_n]$ が有限被覆では覆えないなら左を，そうでなければ右 $[c_n, b_n]$ を取ってそれを I_{n+1} とおく．

すると任意の自然数 n について，$I_n \supset I_{n+1}$ でしかも閉区間 I_n の長さ $b_n - a_n = \dfrac{b-a}{2^n}$ である．よって I_n たちの共通部分 $\bigcap_{n\in\mathbb{N}} [a_n, b_n]$ は区間縮

小法 5.1.3 により空でなく，丁度，一点である．その点を c とおく $\{c\} = \bigcap_{n\in\mathbb{N}} I_n$．この c に対して $i \in I$ を $c \in U_i$ と取る．U_i は開区間だから正の数 ε を $(c-\varepsilon, c+\varepsilon) \subset U_i$ となるように取る．ここで $c \in I_n$ であるから，n を十分大きく取り，$I_n \subset (c-\varepsilon, c+\varepsilon)$ とする．つまり $b_n - a_n = \dfrac{b-a}{2^n} < \varepsilon$ となるような n を取る．すると $I_n \subset (c-\varepsilon, c+\varepsilon) \subset U_i$ となり，これは I_n が $(U_i)_{i\in I}$ の有限被覆では覆えないことに反してしまう．■

Heine-Borel の被覆定理 5.1.7 は後で導入する用語を用いて「有界閉区間 $[a,b]$ はコンパクトである」と言い換えられる．

演習問題 5.1

1. $(L, \leq)$ を完備順序とする．このとき下に有界な空でない部分集合 $X \subset L$ は下限 $\inf X \in L$ をもつことを示せ．
   （ヒント）X の下界全体の集合を考えよ．
2. アルキメデスの原理により実数 $\mathbb{R}$ には無限小が存在しないことを示せ．
3. 系 5.1（$\mathbb{Q}$ の $\mathbb{R}$ での稠密性）からアルキメデスの原理を導け．
4. Heine-Borel の被覆定理（命題 5.1.7）の別証明を次のように行え．
   $X = \{x \in [a,b] | [a,x]$ は有限被覆をもつ $\}$ とおいて $c = \sup X$ を考えて，$c = b$ を示す．

§5.2　極限と連続性

ここでは実数上の関数の極限と連続性について復習しながら，実数から成る集合の位相的性質について考えて行く．

実数から成る空でない集合 $A \subset \mathbb{R}$ 上で定義された実数値関数 $f : A \ni x \mapsto f(x) \in \mathbb{R}$ を考える．このとき

$$f(x) \to \alpha \ (x \to a)$$

は，$x\,(x \in A)$ が a に限りなく近づくときの関数値 $f(x)$ の極限が α であるということを意味していた．そしてその定義は，a に収束する A の点から成る任意の数列 $(a_n)_n$（つまり $\{a_n | n \in \mathbb{N}\} \subset A$ ということ．この事実を $(a_n)_{n\in\mathbb{N}} \subset A$ と書いて「$(a_n)_n$ は A の数列」と言ってしまおう．）に対して，数列 $(f(a_n))_n$ が（数列 $(a_n)_n$ の取り方によらず）α に収束することであった．

先ずこの定義が意味を持つような a は，そこへ収束するような A の数列が存在する場合だけである．このような a は集合 A の触点であると言われる．正確には，点 $a \in \mathbb{R}$ が集合 $A \subset \mathbb{R}$ の触点であるとは，a のどんなにも近くに集合 A の点が存在すること $\forall \varepsilon > 0\ \exists x \in A\ [|a - x| < \varepsilon]$, あるいは $\forall \varepsilon > 0[(a - \varepsilon, a + \varepsilon) \cap A \neq \emptyset]$ でも同じである．集合 $A \subset \mathbb{R}$ に対して $\overline{A}$ で A の触点全体から成る集合を表し，A の閉包と呼ぶ．

命題 5.2.1

点 $a \in \mathbb{R}$ と集合 $A \subset \mathbb{R}$ について以下は同値．

(1)　a は A の触点 $a \in \overline{A}$.

(2)　a に収束する A の数列が存在する．

証明　$[(1) \Rightarrow (2)](\mathbf{AC})$.

$a \in \overline{A}$ であるとすれば，$\forall n \in \mathbb{Z}^+\ \exists x \in A\ [|a - x| < \dfrac{1}{n}]$. 選択公理 $\mathbf{AC}$ により数列 $(a_n)_n$ を $\forall n \in \mathbb{Z}^+\ [a_n \in A \wedge |a - a_n| < \dfrac{1}{n}]$ となるように取る．すると $(a_n)_n$ は A の数列で a に収束する．

逆 $[(2) \Rightarrow (1)]$ は明らか．■

定義から明らかに $A \subset \overline{A}$ である．いま $A = \overline{A}$ が成り立つとき，集合 A は閉集合であるという．つまり A の触点は A の点に限るということで，言い換えれば数列の極限について閉じている集合という意味であろう．たとえば閉区間 $[a, b]$ は閉集合である．

系 5.2

集合 $A \subset \mathbb{R}$ について以下は同値．

(1)　A は閉集合 $A = \overline{A}$.

(2)　A の数列の極限になる数は A に属す．

関数の極限に戻って，f の定義域 A の触点 a に x が限りなく近づくときの $f(x)$ の極限が α であるということを，a に A の中から近づく近づき方を，a に収束する A の数列 $(a_n)_n$ で表し，そのときに $\lim_{n\to\infty} f(a_n) = \alpha$ であることをもって，$f(x)$ が α に限りなく近づくとしたのだった．この事実を言い換えれば，$f(x)$ を α に限りなく近づけたければ，$x \in A$ を a に限りなく近づければよい，となる．ここでの「限りなく近づく」を「その差がいくらでも小さくできる」もしくは「差を望むだけ小さくできる」と読み替えれば，ε-δ 論法によるつぎの極限の定義に行き着く．

$\alpha = \lim_{x\to a} f(x)$ とは

$$\forall\varepsilon > 0\ \exists\delta > 0\ \forall x \in A\ [|x-a| < \delta \to |f(x)-\alpha| < \varepsilon] \tag{5.1}$$

が成り立つことである．

命題 5.2.2

関数 $f : A \to \mathbb{R}$ と $a \in \overline{A}$ について以下は同値．

(1) $\alpha = \lim_{x\to a} f(x)$.

(2) a に収束する A の任意の数列 $(a_n)_n$ に対し $\alpha = \lim_{n\to\infty} f(a_n)$.

証明 [(2) ⇒ (1)] (**AC**). $\alpha = \lim_{x\to a} f(x)$ ではないとする．すると $\neg\forall\varepsilon > 0\ \exists\delta > 0\ \forall x \in A\ [|x-a| < \delta \to |f(x)-\alpha| < \varepsilon]$. つまりある正の数 $\varepsilon > 0$ について $\forall\delta > 0\ \exists x \in A\ [|x-a| < \delta \wedge |f(x)-\alpha| \geq \varepsilon]$. とくに $\forall n \in \mathbb{Z}^+\ \exists x \in A\ [|x-a| < \frac{1}{n} \wedge |f(x)-\alpha| \geq \varepsilon]$. **AC** により数列 $(a_n)_n$ を $\forall n \in \mathbb{Z}^+\ [a_n \in A \wedge |a_n - a| < \frac{1}{n} \wedge |f(a_n)-\alpha| \geq \varepsilon]$. このとき A の数列 $(a_n)_n$ は a に収束するが，数列 $(f(a_n))_n$ は α に収束しない．

逆 [(1) ⇒ (2)] は明らか． ■

さて条件 (5.1) を書き換えれば

$$\forall\varepsilon > 0\ \exists\delta > 0\ [f[(a-\delta, a+\delta) \cap A] \subset (\alpha-\varepsilon, \alpha+\varepsilon)]$$

あるいは

$$\forall\varepsilon > 0\ \exists\delta > 0\ [(a-\delta, a+\delta) \cap A \subset f^{-1}[(\alpha-\varepsilon, \alpha+\varepsilon)]]$$

これを口に出して言えば「関数 f の極限値 α が属する開区間の f による逆像には a の十分に近くの A の点がすべて含まれている」となるだろう．

そこで関数 $f : A \to \mathbb{R}$ が $a \in A$ において連続であるのは，$f(a) = \lim_{x \to a} f(x)$ ということであり，f が連続であるのはその定義域 A の各点において連続ということであった．そこで関数 $f : A \to \mathbb{R}$ の連続性は「任意の $a \in A$ について，$f(a)$ が属する開区間 I の f による逆像 $f^{-1}[I]$ には a の十分に近くの点がすべて含まれている」となる．ここでの「a の十分に近くの点がすべて集合 B に含まれている」ということを，a は集合 B の内点であると言い表す．また B° で集合 $B \subset \mathbb{R}$ の内点全体から成る集合を表し，B の内部とか開核と呼ぶ．正確に書けば $b \in \mathbb{R}$ と $B \subset \mathbb{R}$ について

$$b \in B^\circ :\Leftrightarrow \exists \varepsilon > 0 \; [(b - \varepsilon, b + \varepsilon) \subset B]$$

明らかに B の内点は B に属す $B^\circ \subset B$．ここで $B^\circ = B$ が成立する集合 B を開集合と呼ぶ．たとえば開区間 (a, b) $(a, b \in \mathbb{R} \cup \{\pm\infty\})$ は開集合である．

命題 5.2.3

集合 $A \subset \mathbb{R}$ について $(\overline{A})^c = (A^c)^\circ$, $(A^\circ)^c = \overline{(A^c)}$.

証明　$a \in \mathbb{R}$ について $a \in (\overline{A})^c$ iff $a \notin \overline{A}$ iff $\exists \varepsilon > 0 \; [(a - \varepsilon, a + \varepsilon) \cap A = \emptyset]$ iff $\exists \varepsilon > 0 \; [(a - \varepsilon, a + \varepsilon) \subset A^c]$ iff $a \in (A^c)^\circ$．よって $(\overline{A})^c = (A^c)^\circ$．

$(A^\circ)^c = \overline{(A^c)}$ は $(\overline{A})^c = (A^c)^\circ$ の両辺の補集合を取って，A の代わりに A^c を考えればよい．■

系 5.3

集合 $A \subset \mathbb{R}$ について以下は同値.

(1)　A は閉集合 $A = \overline{A}$.

(2)　補集合 A^c は開集合 $(A^c)^\circ = A^c$.

開集合全体から成る集合族を $\mathcal{O}$ と書き，閉集合全体から成る集合族を $\mathcal{C}$ と書くとこれらは以下を満たすことが分かる．

定理 5.2.4

1. (a) 空集合と全体は開集合 $\{\emptyset, \mathbb{R}\} \subset \mathcal{O}$.
   (b) 開集合の有限個の共通部分は開集合.
   $O_1, O_2 \in \mathcal{O} \Rightarrow O_1 \cap O_2 \in \mathcal{O}$.
   (c) 開集合の任意個数の合併は開集合.
   $\{O_i | i \in I\} \subset \mathcal{O} \Rightarrow \bigcup_{i \in I} O_i \in \mathcal{O}$.
2. (a) 空集合と全体は閉集合 $\{\emptyset, \mathbb{R}\} \subset \mathcal{C}$.
   (b) 閉集合の有限個の合併は閉集合.
   $C_1, C_2 \in \mathcal{C} \Rightarrow C_1 \cup C_2 \in \mathcal{C}$.
   (c) 閉集合の任意個数の共通部分は閉集合.
   $\{C_i | i \in I\} \subset \mathcal{C} \Rightarrow \displaystyle\bigcap_{i \in I} C_i \in \mathcal{C}$.

証明 系 5.3 と（集合族の）de Morgan の法則 (3.6) よりどちらか一方，たとえば開集合についてのみ示せばよい．いま O_1, O_2 ともに開集合であるとして $a \in O_1 \cap O_2$ とする．仮定より $i = 1, 2$ について $\varepsilon_i > 0$ を $(a - \varepsilon_i, a + \varepsilon_i) \subset O_i$ となるように取る．すると $\varepsilon = \min\{\varepsilon_1, \varepsilon_2\}$ について $(a - \varepsilon, a + \varepsilon) \subset O_1 \cap O_2$ となるので $O_1 \cap O_2$ は開集合である．

つぎに O_i がすべて開集合であるとして，$a \in \displaystyle\bigcup_{i \in I} O_i$ とする．$k \in I$ を $a \in O_k$ であるように取り，また $\varepsilon > 0$ を $(a - \varepsilon, a + \varepsilon) \subset O_k$ となるように取る．すると $(a - \varepsilon, a + \varepsilon) \subset \displaystyle\bigcup_{i \in I} O_i$ であるから $\displaystyle\bigcup_{i \in I} O_i$ も開集合である． ■

関数の連続性に戻ると以下が分かる．

命題 5.2.5

A を開集合とする．関数 $f : A \to \mathbb{R}$ が連続であるための必要十分条件は，任意の開集合 $O \in \mathcal{O}$ の逆像 $f^{-1}[O]$ も開集合であることである．

証明 関数 $f : A \to \mathbb{R}$ が連続であるとする．O を開集合として逆像 $f^{-1}[O]$ が開集合であることを示すため $a \in f^{-1}[O]$ とする．$f(a) \in O$ であるから正の数 ε を $(f(a) - \varepsilon, f(a) + \varepsilon) \subset O$ となるように取る．この $\varepsilon > 0$ に対し

て，$a \in A^\circ$ であることと f の連続性より $\delta > 0$ を $(a-\delta, a+\delta) \subset A$ かつ $f[(a-\delta, a+\delta)] \subset (f(a)-\varepsilon, f(a)+\varepsilon)$ となるように取れば，$f[(a-\delta, a+\delta)] \subset O$，すなわち $(a-\delta, a+\delta) \subset f^{-1}[O]$．よって $f^{-1}[O]$ は開集合である．

逆に開集合の f による逆像も開集合であるとする．f の連続性を示すため $a \in A$ として正の数 ε を任意に取る．このとき開区間 $(f(a)-\varepsilon, f(a)+\varepsilon)$ は開集合であるからそれの f による逆像 $f^{-1}[(f(a)-\varepsilon, f(a)+\varepsilon)] \subset A$ は開集合である．特に $a \in f^{-1}[(f(a)-\varepsilon, f(a)+\varepsilon)]$ はその内点である．正の数 δ を $(a-\delta, a+\delta) \subset f^{-1}[(f(a)-\varepsilon, f(a)+\varepsilon)]$ となるように取れる．これは f が $a \in A$ で連続であることを示している．■

演習問題 5.2

1. その項がすべて $[a, b]$ に属す収束する数列の極限も $[a, b]$ に属すことを示して，閉区間 $[a, b]$ が閉集合であることを示せ．
2. 集合 $A, B \subset \mathbb{R}$ について以下を示せ．ここで $\overline{(\overline{A})}$ は集合 A の閉包 $\overline{A}$ の閉包を表す．
   (a) $\overline{(\overline{A})} = \overline{A}$.
   (b) $(A^\circ)^\circ = A^\circ$.
   (c) $A \subset B \Rightarrow A^\circ \subset B^\circ \wedge \overline{A} \subset \overline{B}$.
3. $a \in \mathbb{R}$ と集合 A について以下は同値であることを示せ．
   (a) a は集合 A の内点である $a \in A^\circ$.
   (b) a に収束する任意の数列 $(a_n)_n$ の項 a_n はほとんどすべての n について A に属す．

§5.3　連続関数

ここでは実数の連続性から導かれた事実がいかに微分積分学の基本的な定理を導くのか復習しておく．

定理 5.3.1（中間値の定理）

有界閉区間 $I = [a, b]$ 上の連続関数 $f : I \to \mathbb{R}$ について $f(a) < 0 < f(b)$ であるとする．このとき $f(c) = 0$ となる点 $c \in I$ が存在する．

証明　集合 $A = \{x \in I | f(x) \leq 0\}$ は空でなく $(a \in A)$ 上に有界であるから実数の連続性よりその上限を $c = \sup A$ とおく．$c \in I = [a, b]$ である．$f(c) = 0$ であることを示す．もし $f(c) < 0$ ならば，$c < b$ で f の連続性よりある $\delta > 0$ について $f(c + \delta) < 0$. よって $c + \delta \in A$ となり c が A の上限であることに反する．もし $f(c) > 0$ であるなら，$a < c$ で f の連続性より適当な $\delta > 0$ を取れば $\forall x \in I[c - \delta \leq x \leq c \to f(x) > 0]$. これは $c - \delta$ も A の上界になっていることを意味するので，c が A の上限であることに反する．よって $f(c) = 0$ しかあり得ない．■

定理 5.3.2（最大値の原理）

有界閉区間 $I = [a, b]$ 上の連続関数 $f : I \to \mathbb{R}$（の値域）は有界であり，最大値 M と最小値 m がある．しかも値域は区間 $f[I] = [m, M]$ である．

証明　中間値の定理 5.3.1 より f の値域の最大最小の存在だけ示せばよい．どちらでも同じなので最大値の存在だけ考える．正整数 n について，区間 I を n 等分する点全体を $P_n = \{a + \dfrac{b-a}{n} i | i = 0, 1, \ldots, n\}$ とおく．x_n を関数値 $f(x)$ を最大にする $x \in P_n$ の内で一番小さいものとする $x_n = \min\{x \in P_n | f(x) = \max\{f(y) | y \in P_n\}\}$. 数列 $(x_n)_n \subset I$ は有界だから命題 5.1.4（点列コンパクト性）により収束する部分列 $(x_{n_k})_k$ が存在する．$I = [a, b]$ は閉集合なので系 5.2 より $c = \lim_{k\to\infty} x_{n_k}$ は I に属す．$f(c)$ が f の最大値であることを示そう．そのため $y \in I$ を任意に取る．いま y_n を y に一番近い P_n の点の内で（ふたつあれば）小さいほうとする．このとき先ず $y = \lim_{n\to\infty} y_n$ であり，$y = \lim_{k\to\infty} y_{n_k}$. 他方 $f(y_{n_k}) \leq f(x_{n_k})$ である．f の連続性により $f(y) \leq f(c)$ となる．■

定理 5.3.3 （一様連続性）

有界閉区間 $I = [a, b]$ 上の連続関数 $f : I \to \mathbb{R}$ は<u>一様連続</u>である．すなわち $\forall \varepsilon > 0\ \exists \delta > 0\ \forall x, y \in I\ [|x - y| < \delta \to |f(x) - f(y)| < \varepsilon]$.

証明 関数 f は $I = [a, b]$ で連続とし，ε を与えられた正の数とする．f は I の各点で連続であるから $\forall x \in I\ \exists \delta > 0\ \forall y \in I[|y - x| < \delta \to |f(y) - f(x)| < \frac{\varepsilon}{2}]$. このような $\delta > 0$ を x に依存して取ったのを $\delta_x > 0$ とする [2].

つまり $\forall x \in I\ \forall y \in I\ [|y - x| < \delta_x \to |f(y) - f(x)| < \frac{\varepsilon}{2}]$. $I_x = (x - \frac{\delta_x}{2}, x + \frac{\delta_x}{2})$ として開区間の族 $(I_x)_{x \in I}$ を考えるとこれは有界閉区間 $I = [a, b]$ を被覆しているから，命題 5.1.7 (Heine-Borel の被覆定理) により有限部分被覆 $\{I_{x_i} | i = 0, 1, \ldots, k\}$ $(x_i \in I)$ を取る．そこで $\delta = \min\{\frac{\delta_{x_i}}{2} | i = 0, 1, \ldots, k\}$ とおく．いま $x, y \in I$ は $|x - y| < \delta$ であるとする．i を $x \in I_{x_i}$ となるように取る．つまり $|x - x_i| < \frac{\delta_{x_i}}{2} < \delta_{x_i}$. また $|x_i - y| \leq |x_i - x| + |x - y| < \frac{\delta_{x_i}}{2} + \delta \leq \delta_{x_i}$. δ_{x_i} の取り方から $|f(x) - f(y)| \leq |f(x) - f(x_i)| + |f(x_i) - f(y)| < \frac{\varepsilon}{2} + \frac{\varepsilon}{2} = \varepsilon$. ■

微分積分学で学んだように，この定理 5.3.3 により，有界閉区間 $I = [a, b]$ 上の連続関数 $f : I \to \mathbb{R}$ は（リーマン）可積分つまり積分 $\int_a^b f(x)\, dx$ が存在することが分かる．

---

2) ここで選択公理 **AC** は必要ない．それは集合 $A_x = \{\delta \in (0, 1] | \forall y \in I[|y - x| < \delta \to |f(y) - f(x)| < \frac{\varepsilon}{2}]\}$ は空でなく上に有界なので上限 $\delta_x = \sup A_x$ とすればよい．

第6章　ユークリッド空間

この章では一般の位相空間を導入する前段階として n 次元の空間 $\mathbb{R}^n$（ユークリッド空間）の位相を考える.

n を正の整数とする．直積集合 $\mathbb{R}^n$ の要素は実数の n 個の組 $(a_1, a_2, \ldots, a_n)$ である．線型代数学ではこれをベクトルと見ることで，$\mathbb{R}^n$ は n 次元（実）ベクトル空間となる．スカラーは実数で，ベクトル $a = (a_1, a_2, \ldots, a_n)$ のスカラー倍は $\alpha a = (\alpha a_1, \alpha a_2, \ldots, \alpha a_n)\,(\alpha \in \mathbb{R})$ で定義され，ベクトルの和は $(a_1, a_2, \ldots, a_n) + (b_1, b_2, \ldots, b_n) = (a_1 + b_1, a_2 + b_2, \ldots, a_n + b_n)$ である.

$(a_1, a_2, \ldots, a_n)$ はベクトルなのでスカラーと区別して太文字 $\boldsymbol{a}$ などで表したくなるが，それらを空間 $\mathbb{R}^n$ の点と思っているので $a, b, c, \ldots$ などの文字で書き表そう.

さらに $\mathbb{R}^n$ は内積が定義された内積空間である．ここで $a = (a_1, a_2, \ldots, a_n)$ と $b = (b_1, b_2, \ldots, b_n)$ の内積は $(a|b) = \sum_{i=1}^{n} a_i b_i = a_1b_1 + a_2b_2 + \cdots + a_nb_n$．内積から $a = (a_1, a_2, \ldots, a_n)$ のノルム（大きさ，長さ）が $\|a\| = \sqrt{(a|a)} = \sqrt{\sum_i a_i^2}$ で定義される．するとつぎのシュワルツの不等式

$$|(a|b)| \leq \|a\|\|b\|$$

が成り立つ．念のため復習しておこう．a が零ベクトル $\mathbf{0} = (0, 0, \ldots, 0)$[1] であるときは不等式の両辺はともにゼロである．以下，a は零ベクトルではないとする．実数を走る変数 t の二次式 $\|ta - b\|^2 \geq 0$ は常に負にならないから $\|ta - b\|^2 = \|a\|^2t^2 - 2(a|b)t + \|b\|^2$ の判別式 $D = 4\{(a|b)^2 - \|a\|^2\|b\|^2\} \leq 0$. これよりシュワルツの不等式が得られる.

[1] さすがに零ベクトルを単に 0 と書くのはためらわれる.

命題 6.0.1

$a, b \in \mathbb{R}^n$ とする．

1. 実数 $\alpha \in \mathbb{R}$ について $\|\alpha a\| = |\alpha|\|a\|$.
2. $\|a\| \geq 0$. $\|a\| = 0$ は a が零ベクトルのときに限って成立する．
3. （三角不等式）$\|a + b\| \leq \|a\| + \|b\|$.

証明　三角不等式の両辺を二乗すると，シュワルツの不等式より $\|a+b\|^2 = \|a\|^2 + 2(a|b) + \|b\|^2 \leq \|a\|^2 + 2\|a\|\|b\| + \|b\|^2 = (\|a\| + \|b\|)^2$. ■

2点 $a = (a_1, a_2, \ldots, a_n)$ と $b = (b_1, b_2, \ldots, b_n)$ の距離は差のノルム $\|a - b\| = \sqrt{\sum_i |a_i - b_i|^2}$ で与えられる．この言葉を使って命題6.0.1を言い換えると，2点 a, b の距離は負でない実数 $\|a - b\| \geq 0$ で，それがゼロになるのは2点 a, b が一致するとき $a = b$ に限る．また a と b の距離は，a と c の距離と c と b の距離の和を越えない（三角形の一辺の長さは他の二辺の長さの和以下）

$$\|a - b\| \leq \|a - c\| + \|c - b\| \tag{6.1}$$

この2点間 $a, b \in \mathbb{R}^n$ の距離を $\|a - b\|$ で定めたとき，$\mathbb{R}^n$ を（n 次元）ユークリッド空間と呼ぶ．

§6.1　ユークリッド空間の位相

さてノルム $\|a\|$ を用いて空間 $\mathbb{R}^n$ における点列の極限を定義することから始めよう．先ず $\mathbb{R}^n$ での点列は，自然数を添字集合とする族 $(a_m)_{m \in \mathbb{N}}$ で $a_m \in \mathbb{R}^n$ となっているもののことである．点列 $(a_m)_m$ が有界であるのは $\exists r > 0\ \forall m \in \mathbb{N}\ [\|a_m\| < r]$. また，点列 $(a_m)_m$ が $a \in \mathbb{R}^n$ に収束するあるいは a が点列 $(a_m)_m$ の極限であるとは

$$\forall \varepsilon > 0\ \exists N \in \mathbb{N}\ \forall m \geq N\ [\|a_m - a\| < \varepsilon]$$

が成り立つことを言い，このとき $a = \lim_{m \to \infty} a_n$ と書く．

さらに点列 $(a_m)_m$ がコーシー列であるのは

$$\forall\varepsilon > 0\ \exists N \in \mathbb{N}\ \forall m, k \geq N\ [\|a_m - a_k\| < \varepsilon]$$

となっている場合である．

点列 $(a_m)_m$ の収束等はすべてその成分からつくられる（実）数列たちのそれに帰着される．

命題 6.1.1

$\mathbb{R}^n$ の点列 $(a_m)_m$ について $a_m = (a_{m,1}, a_{m,2}, \ldots, a_{m,n})$ とおく．

1. $\alpha = \lim_{m\to\infty} a_m \Leftrightarrow \forall k \in \{1, 2, \ldots, n\}[\alpha_k = \lim_{m\to\infty} a_{m,k}]$.
   ここで $\alpha = (\alpha_1, \alpha_2, \ldots, \alpha_n)$.
2. $(a_m)_m$ がコーシー列であるための必要十分条件は，成分からつくられる数列 $(a_{m,k})_m$ $(k = 1, 2, \ldots, n)$ がすべてコーシー列であることである．
3. $(a_m)_m$ が収束するための必要十分条件はそれがコーシー列であることである．
4. 収束する $(a_m)_m$ は有界である．
5. 収束する $(a_m)_m$ の任意の部分列 $(a_{m_k})_k$ も同じ極限に収束する．
6. 収束する $(a_m)_m$ の極限は一意に決まる．

証明　6.1.1.1. $|a_{m,k} - \alpha_k| \leq \|a_m - \alpha\|$ であるので，$\|a_m - \alpha\| \to 0\,(m \to \infty)$ ならば $|a_{m,k} - \alpha_k| \to 0\,(m \to \infty)$ である．逆に $\|a_m - \alpha\|^2 = \sum_{k=1}^{n} |a_{m,k} - \alpha_k|^2$ であるので，任意の k について $|a_{m,k} - \alpha_k| \to 0\,(m \to \infty)$ ならば $\|a_m - \alpha\| \to 0\,(m \to \infty)$.

6.1.1.2 は 6.1.1.1 と同様に分かる．6.1.1.3-6.1.1.6 は 6.1.1.1 と 6.1.1.2 を用いて数列の場合に帰着させればよい．とくに 6.1.1.3 は命題 5.1.6（コーシー完備性）より分かる． ■

$n = 1$ すなわち実数 $\mathbb{R}$ の場合に「数 a の近く」というのは (小さい) 正の数 $\varepsilon > 0$ について区間 $(a - \varepsilon, a + \varepsilon)$ に属す数という理解であった．この区間に $\mathbb{R}^n$ において対応するのが開球である．中心を $a \in \mathbb{R}^n$ とする半径が $\varepsilon > 0$ の

開球 $U(a;\varepsilon)$ は

$$U(a;\varepsilon) := \{x \in \mathbb{R}^n \mid \|x-a\| < \varepsilon\}.$$

$U(a;\varepsilon)$ は a の ε-近傍とも呼ばれる．

点列 $(a_m)_m$ の極限が a であることを，開球を用いて言い換えると

$$\forall\varepsilon > 0\ \exists N \in \mathbb{N}\ \forall m \geq N\ [a_m \in U(a;\varepsilon)]$$

となる．

集合 $A \subset \mathbb{R}^n$ が有界であるとは，A がある開球 $U(a;r)$ に含まれることである．(6.1) より $U(a;r) \subset U(b;r+\|a-b\|)$ であるから，ここでの開球の中心はどこでもよいのでたとえば原点 $\mathbf{0}$ としてよい．つまり A が有界なのは $\exists r > 0\ [A \subset U(\mathbf{0};r)]$.

第5章で実数上で定義した概念（内点，開集合，触点，閉集合等）はユークリッド空間上にも自然に拡張される．

定義 6.1.2

集合 $A \subset \mathbb{R}^n$ と点 $a \in \mathbb{R}^n$ を考える．

1. a が A の内点であるのは a のある ε-近傍[2] が A に含まれる場合をいう．つまり $\exists\varepsilon > 0\ [U(a;\varepsilon) \subset A]$.
2. A° で A の内点全体から成る集合を表し，A の内部もしくは開核という．
3. $A^\circ = A$ であるとき，A は開集合であるという．つまり A のどの点もその十分近くの点がすべて A に属す場合である $\forall a \in A\ \exists\varepsilon > 0\ [U(a;\varepsilon) \subset A]$.
4. つぎに a の任意の ε-近傍が A と交わる $\forall\varepsilon > 0\ [U(a;\varepsilon) \cap A \neq \emptyset]$ とき，a は A の触点であるという．
5. $\overline{A}$ は A の触点全体から成る集合を表し，A の閉包と呼ばれる．
6. $A = \overline{A}$ であるとき，A は閉集合であると言われる．

明らかにつねに $A^\circ \subset A \subset \overline{A}$ である．

[2] ここの「ある」つまり「存在」は a を中心とした開球の半径に係る言葉である．以下の「任意の a の ε-近傍」でも同じ．

主な定義は以上だが，これらに関連した概念も導入しておこう．

7. 補集合 A^c の内点を A の <u>外点</u> という．つまり a の十分近くの点はいずれも A に属さない $\exists\varepsilon > 0[U(a;\varepsilon) \cap A = \emptyset]$ 場合である．A の外点全体から成る集合，つまり A の補集合の内部 $A^{c\circ} := (A^c)^\circ$ を A の <u>外部</u> という．
8. A の閉包と内部の差 $\overline{A} - A^\circ$ を A の <u>境界</u> という．境界 $\overline{A} - A^\circ$ に属す点を A の <u>境界点</u> という．a が A の境界点であるのは，a の任意の ε-近傍に A の点と A^c の点が属すときである．
9. a が $A - \{a\}$ の触点であるとき，a を A の <u>集積点</u> という．つまり $a \in \overline{A - \{a\}}$ である場合．
   $a \in \overline{A - \{a\}}$ ということは，a の任意の ε-近傍に a 以外の A の点があるということである．定義から分かる通り A の集積点は A の点である必要はない．これに対して，A の点だが A の集積点でない点を A の <u>孤立点</u> という．つまり a が A の孤立点であるのは，ある a の ε-近傍には A の点は a しかない $\exists\varepsilon > 0[U(a;\varepsilon) \cap A = \{a\}]$ ときである．

命題 6.1.3

開球 $U(a;\varepsilon)$ は開集合である．

証明　$b \in U(a;\varepsilon)$ が $U(a;\varepsilon)$ の内点であることを示す．$\|x - b\| < \varepsilon' = \varepsilon - \|b - a\|$ であるとして三角不等式より $\|x - a\| \leq \|x - b\| + \|b - a\| < \varepsilon$. x は任意だったから $U(b;\varepsilon') \subset U(a;\varepsilon)$. これは $b \in U(a;\varepsilon)$ が $U(a;\varepsilon)$ の内点であることを示している．b は任意だったから $U(a;\varepsilon)$ は開集合である．■

命題 6.1.4

1. 点 $a \in \mathbb{R}^n$ が集合 $A \subset \mathbb{R}^n$ の集積点であるための必要十分条件は，A の点列 $(a_m)_m$ で a に収束し，$\forall m[a_m \neq a]$ となるものが存在することである．
2. 点列 $(a_m)_{m\in\mathbb{N}}$ と点 $a \in \mathbb{R}^n$ に関して以下は互いに同値である．

(a)　$(a_m)_m$ のある部分列が a に収束する．

(b)　a のどんなにも近くに無限に多くの項 a_m がある．つまり

$\forall\varepsilon > 0[|\{m \in \mathbb{N} | \|a_m - a\| < \varepsilon\}| = |\mathbb{N}|]$.

(c)　a が無限回，点列 $(a_m)_{m\in\mathbb{N}}$ に現れる $|\{m \in \mathbb{N} | a_m = a\}| = |\mathbb{N}|$ かまたは a は集合 $\{a_m | m \in \mathbb{N}\}$ の集積点である．

証明　6.1.4.1 (**AC**).

a が A の集積点であるなら，$\forall m \in \mathbb{N} \exists x \in (A - \{a\})[\|x - a\| < \dfrac{1}{m+1}]$. 点列 $(a_m)_m$ を $\forall m \in \mathbb{N}[a_m \in (A - \{a\}) \land \|a_m - a\| < \dfrac{1}{m+1}]$ と選べば，$a_m \to a\,(m \to \infty)$ でどの a_m も a と異なる．

逆にそのような点列 $(a_m)_m$ が存在すれば，a のどんなにも近くに a 以外の A の点としてなんらかの項 a_m が存在する．

6.1.4.2.

[(2a) $\Rightarrow$ (2b)]. $(a_m)_m$ のある部分列 $(a_{m_k})_k$ が a に収束すれば，任意の正の数 ε についてある番号 N から先の項 a_{m_k} $(k \geq N)$ は $\|a_{m_k} - a\| < \varepsilon$ であるから，a のどんなにも近くに無限に多くの項 a_m がある．

[(2b) $\Rightarrow$ (2c)]. a のどんなにも近くに無限に多くの項 a_m があるとし，さらに a は有限回しか点列 $(a_m)_{m\in\mathbb{N}}$ に現れないとする．するとある番号 N から先では $a_m \neq a\,(m \geq N)$. よって $\forall\varepsilon > 0 \exists m \geq N[0 < \|a_m - a\| < \varepsilon]$. したがって，$a$ は集合 $\{a_m | m \in \mathbb{N}\}$ の集積点である．

[(2c) $\Rightarrow$ (2a)]. a が無限回，点列 $(a_m)_{m\in\mathbb{N}}$ に現れればそのような項 $a_m = a$ を拾って行けば a に収束する部分列が得られる．つぎに a が集合 $\{a_m | m \in \mathbb{N}\}$ の集積点であるとする．このとき任意の N について a は集合 $\{a_m | m > N\}$ の集積点でもあることに注意する，cf. 6.1 節の演習 3. よって任意の自然数 N, k に対して $\{m > N | \|a_m - a\| < \dfrac{1}{k+1}\} \neq \emptyset$. そこで $(a_m)_m$ の部分列 $(a_{m_k})_k$ を以下のように帰納的に定める．初めに $m_0 = 0$ として，$m_{k+1} = \min\{m > m_k | \|a_m - a\| < \dfrac{1}{k+1}\}$. こうして得られた $(a_m)_m$ の部分列 $(a_{m_k})_k$ は a に収束する．■

例

1. 開球 $U(a;\varepsilon)$ の閉包は閉球 $\overline{U}(a;\varepsilon) = \{x \in \mathbb{R}^n | \|x-a\| \leq \varepsilon\}$, 境界は $S(a;\varepsilon) = \{x \in \mathbb{R}^n | \|x-a\| = \varepsilon\}$. この場合，境界点は同時に集積点でもあり，$U(a;\varepsilon)$ に孤立点はない．集合 $\{x \in \mathbb{R}^n | \|x-a\| > \varepsilon\}$ が $U(a;\varepsilon)$ の外部になっている．

   いずれも直観的に明らかであるが，ひとつだけ証明しておこう．$B = \{x \in \mathbb{R}^n | \|x-a\| > \varepsilon\}$ が $U(a;\varepsilon)$ の外部になっていることを見る．$\|b-a\| > \varepsilon$ であるとして $\varepsilon' = \|b-a\| - \varepsilon$ とおけば，$U(b;\varepsilon') \subset U(a;\varepsilon)^c$ であることは上と同様にして分かる．よって $b \in B$ は $U(a;\varepsilon)$ の外点である．

   逆に $b \in \mathbb{R}^n$ を $U(a;\varepsilon)$ の外点であるとして，$\delta > 0$ を $U(b;2\delta) \cap U(a;\varepsilon) = \emptyset$ となるように取る．明らかに $a \neq b$. 点 a と点 b を結ぶ線分上で b から a に向かって δ だけ動いた点を c とする．すなわち $c = b + \dfrac{\delta}{\|a-b\|}(a-b)$. このとき $c \notin U(a;\varepsilon)$ つまり $\|c-a\| \geq \varepsilon$. しかも c が a, b を結ぶ線分上の点なので $\|b-a\| = \|b-c\| + \|c-a\| = \delta + \|c-a\|$. よって $\|b-a\| > \varepsilon$. したがって，$b \notin U(a;\varepsilon)$.
2. 実数 $a_1, b_1, a_2, b_2, \ldots, a_n, b_n \in \mathbb{R}$ による（開）直方体 $(a_1,b_1) \times (a_2,b_2) \times \cdots \times (a_n,b_n)$ は開集合で，その閉包は $[a_1,b_1] \times [a_2,b_2] \times \cdots \times [a_n,b_n]$.
3. $n = 1$ つまり実数 $\mathbb{R}$ において集合 $A = \{\frac{1}{n} | n \in \mathbb{Z}^+\}$ を考える．このとき $A^\circ = \emptyset$, $\overline{A} = \{0\} \cup A$ であり A は開集合でも閉集合でもない．また A の集積点は 0 のみで，A のどの点も A の孤立点になっている．

ユークリッド空間 $\mathbb{R}^n$ での開集合全体から成る集合を $\mathcal{O}$ と書くことにする．

命題 6.1.5

1. 集合 A にその内部 A° を対応させる演算は以下を満たす．
   (a) $A^\circ \subset A$.
   (b) $A \subset B \Rightarrow A^\circ \subset B^\circ$.
   (c) $A^{\circ\circ} = A^\circ$. とくに A° はつねに開集合．
   (d) $(A \cap B)^\circ = A^\circ \cap B^\circ$.
2. 集合 A の内部 A° は A に含まれる最大の開集合である
   $A^\circ = \bigcup\{B \subset A | B \in \mathcal{O}\}$.

3. 開集合系 $\mathcal{O}$ は以下を満たす，cf. 定理 5.2.4.
   (a) 空集合と全体は開集合 $\{\emptyset, \mathbb{R}^n\} \subset \mathcal{O}$.
   (b) 開集合の有限個の共通部分は開集合.
   $O_1, O_2 \in \mathcal{O} \Rightarrow O_1 \cap O_2 \in \mathcal{O}$.
   (c) 開集合の任意個数の合併は開集合.
   $\{O_i | i \in I\} \subset \mathcal{O} \Rightarrow \bigcup_{i \in I} O_i \in \mathcal{O}$.
4. a が A の内点であるための必要十分条件は，a に収束する任意の点列 $(a_m)_m$ の項 a_m がほとんどすべての m について A に属すことである.

証明　6.1.5.1.
(1a). $A^\circ \subset A$ は $a \in U(a;\varepsilon)\,(\varepsilon > 0)$ より明らかである.
(1b). $A \subset B$ かつ $a \in A^\circ$ とする．$\varepsilon > 0$ を $U(a;\varepsilon) \subset A$ となるように取れば，$U(a;\varepsilon) \subset B$ であるから $a \in B^\circ$.
(1c). $A^{\circ\circ} = (A^\circ)^\circ \subset A^\circ$ は (1a) による．逆に $a \in A^\circ$ として，$\varepsilon > 0$ を $U(a;\varepsilon) \subset A$ となるように取る．命題 6.1.3 より開球 $U(a;\varepsilon)$ は開集合だから，(1b) により $U(a;\varepsilon) = (U(a;\varepsilon))^\circ \subset A^\circ$．よって $a \in (A^\circ)^\circ$.
(1d). 先ず (1b) より $(A \cap B)^\circ \subset A^\circ \cap B^\circ$．逆に $a \in A^\circ \cap B^\circ$ として，$\varepsilon_1, \varepsilon_2 > 0$ を $U(a;\varepsilon_1) \subset A$, $U(a;\varepsilon_2) \subset B$ となるように取る．$\varepsilon = \min\{\varepsilon_1, \varepsilon_2\}$ とおけば $U(a;\varepsilon) \subset A \cap B$ であり，これより $a \in (A \cap B)^\circ$.
6.1.5.2. (1b) より $B \subset A$ が開集合なら $B = B^\circ \subset A^\circ$．よって $\bigcup\{B \subset A | B \in \mathcal{O}\} \subset A^\circ$．また (1a), (1c) より A° は A に含まれる開集合であるので $A^\circ \subset \bigcup\{B \subset A | B \in \mathcal{O}\}$.
6.1.5.3.
(3a). 定義より $\emptyset^\circ = \emptyset$ かつ $(\mathbb{R}^n)^\circ = \mathbb{R}^n$.
(3b). O_1, O_2 がともに開集合であるなら，(1d) より $(O_1 \cap O_2)^\circ = O_1^\circ \cap O_2^\circ = O_1 \cap O_2$.
(3c). 任意の $i \in I$ について O_i が開集合であるとして，$a \in \bigcup_{i \in I} O_i$ とする．$k \in I$ を $a \in O_k$ となるように取れば，a のある ε-近傍が O_k に含まれ，よって $\bigcup_{i \in I} O_i$ にも含まれる $U(a;\varepsilon) \subset O_k \subset \bigcup_{i \in I} O_i$.
6.1.5.4. **(AC)**. $a \in A^\circ$ として $\varepsilon > 0$ を $U(a;\varepsilon) \subset A$ となるように取る．また

$a = \lim_{m\to\infty} a_m$ とする．このとき番号 N を $\{a_m | m \geq N\} \subset U(a;\varepsilon) \subset A$ と取ればよい．

逆に $a \notin A^\circ$ とする．すると任意の自然数 m に対し $U(a;\dfrac{1}{m+1}) \not\subset A$ である．つまり $\forall m \in \mathbb{N} \exists x \in U(a;\dfrac{1}{m+1})[x \notin A]$. 点列 $(a_m)_m$ を $\forall m \in \mathbb{N}[a_m \in U(a;\dfrac{1}{m+1}) - A]$ となるように取れば $a = \lim_{m\to\infty} a_m$ であるがどの a_m も A の点ではない． ■

開集合族の共通部分は一般には開集合とはならない．
たとえば $\displaystyle\bigcap_{m\in\mathbb{Z}^+} U(a;\frac{1}{m}) = \{a\}$ であり，一点集合 $\{a\}$ は開集合ではない．実際，その内部は空 $(\{a\})^\circ = \emptyset$ である．

命題 6.1.6　(cf. 命題 5.2.3.)
集合 $A \subset \mathbb{R}^n$ について，$(\overline{A})^c = (A^c)^\circ, (A^\circ)^c = \overline{(A^c)}$.

証明　$a \in \mathbb{R}^n$ について $a \in (\overline{A})^c$ iff $a \notin \overline{A}$ iff $\exists\varepsilon > 0[U(a;\varepsilon) \cap A = \emptyset]$ iff $\exists\varepsilon > 0[U(a;\varepsilon) \subset A^c]$ iff $a \in (A^c)^\circ$. よって $(\overline{A})^c = (A^c)^\circ$.

$(A^\circ)^c = \overline{(A^c)}$ は $(\overline{A})^c = (A^c)^\circ$ の両辺の補集合を取って，A の代わりに A^c を考えればよい． ■

系 6.1　(cf. 系 5.3.)
集合 $A \subset \mathbb{R}^n$ が閉集合 $A = \overline{A}$ であるための必要十分条件は，補集合 A^c が開集合 $(A^c)^\circ = A^c$ であることである．

証明　命題 6.1.6 により $\overline{A} = ((A^c)^\circ)^c = A$ iff $(A^c)^\circ = A^c$. ■

閉集合全体から成る集合族を $\mathcal{C}$ と書くと，閉包 $\overline{A}$ と閉集合系 $\mathcal{C}$ は以下を満たす．

系 6.2
1. 集合 A にその閉包 $\overline{A}$ を対応させる演算は以下を満たす．

(a) $A \subset \overline{A}$.

(b) $A \subset B \Rightarrow \overline{A} \subset \overline{B}$.

(c) $\overline{\overline{A}} = \overline{A}$. とくに $\overline{A}$ はつねに閉集合.

(d) $\overline{(A \cup B)} = \overline{A} \cup \overline{B}$.

2. 集合 A の閉包 $\overline{A}$ は A を含む最小の閉集合である

$\overline{A} = \bigcap\{B \subset \mathbb{R}^n | A \subset B \in \mathcal{C}\}$.

3. 閉集合系 $\mathcal{C}$ は以下を満たす.

(a) 空集合と全体は閉集合 $\{\emptyset, \mathbb{R}^n\} \subset \mathcal{C}$.

(b) 閉集合の有限個の合併は閉集合.

$C_1, C_2 \in \mathcal{C} \Rightarrow C_1 \cup C_2 \in \mathcal{C}$.

(c) 閉集合の任意個数の共通部分は閉集合.

$\{C_i | i \in I\} \subset \mathcal{C} \Rightarrow \bigcap_{i \in I} C_i \in \mathcal{C}$.

4. **(AC)**. a が A の触点であるための必要十分条件は，a に収束する A の点列 $(a_m)_m$ が存在することである.

証明　すべて命題6.1.5, 6.1.6, 系6.1と(集合族の) de Morgan の法則 (3.6) より分かる．あるいは直接，触点の定義に戻っても分かる.

6.2.2 に関しては $\mathbb{R}^n \in \{B \subset \mathbb{R}^n | A \subset B \in \mathcal{C}\}$ なので集合 $\{B \subset \mathbb{R}^n | A \subset B \in \mathcal{C}\}$ は空ではないことに注意.

6.2.4 のみ直接，確認しておこう．A の点列 $(a_m)_m$ が a に収束するとする．$\{a_m | m \in \mathbb{N}\} \subset A$ であり，$\forall \varepsilon > 0\ \exists N\ \forall m \geq N\ [a_m \in U(a; \varepsilon)]$．とくに $\forall \varepsilon > 0\ [U(a; \varepsilon) \cap A \neq \emptyset]$ なので $a \in \overline{A}$．逆に $a \in \overline{A}$ であるとする．このとき $\forall m \in \mathbb{N} \exists x \in A\ [x \in U(a; \frac{1}{m+1})]$．選択公理 **(AC)** により，点列 $(a_m)_m$ を $\forall m \in \mathbb{N}\ [a_m \in A \cap U(a; \frac{1}{m+1})]$ となるように取れば，$a = \lim_{m \to \infty} a_m$ で $\{a_m | m \in \mathbb{N}\} \subset A$ である. ■

閉集合族の合併は一般には閉集合とはならない．たとえば $\bigcup_{m \in \mathbb{Z}^+} \overline{U}(a; 1 - \frac{1}{m})\} = U(a; 1)$ であり，開球 $U(a; 1)$ は閉集合ではない．実際，その閉包は閉球 $\overline{U}(a; 1)$ であった.

系 5.1 において，実数のどんなにも近くに有理数が存在することを示した．この事実を「$\mathbb{Q}$ は $\mathbb{R}$ で稠密である」と言い表す．一般にユークリッド空間 $\mathbb{R}^n$ の部分集合 A が $\overline{A} = \mathbb{R}^n$ となっているとき，A は ($\mathbb{R}^n$ において)稠密（ちゅうみつ）であるという．つまりその空間の任意の点のどんなにも近くに A の点が存在するようなときである．記号では $\forall x \in \mathbb{R}^n\ \forall \varepsilon > 0\ [U(x;\varepsilon) \cap A \neq \emptyset]$．つぎの命題 6.1.7 において，成分（座標）がすべて有理数であるような点 $(r_1, r_2, \ldots, r_n) \in \mathbb{Q}^n$ を有理点と呼ぶことにする．

> **命題 6.1.7**
> 有理点全体の集合 $\mathbb{Q}^n$ は可算（無限）集合で，$\mathbb{R}^n$ において稠密である．

証明　集合 $\mathbb{Q}^n$ が可算である $|\mathbb{Q}^n| = |\mathbb{N}|$ のは，系 4.3 と命題 4.2.2 による．その稠密性を見るため，点 $a = (a_1, a_2, \ldots, a_n) \in \mathbb{R}^n$ と正の数 $\varepsilon > 0$ を任意に取る．$\delta = \dfrac{\varepsilon}{\sqrt{n}}$ と置く．系 5.1 により各 i について有理数 r_i を $|a_i - r_i| < \delta$ となるように取り，有理点 $r = (r_1, r_2, \ldots, r_n) \in \mathbb{Q}^n$ を考えれば $\|a - r\|^2 = \displaystyle\sum_{i=1}^{n} |a_i - r_i|^2 < n\delta^2 = \varepsilon^2$. ■

開球の合併 $\displaystyle\bigcup_{i \in I} U(a_i; \varepsilon_i)$ は，命題 6.1.3, 6.1.5.3c により開集合である．逆に任意の開集合は開球の合併で表せるが，さらにそのような開球は可算無限個のものに限ってよいことが分かる．

> **命題 6.1.8**
> 中心が有理点で半径が正の有理数である開球全体を
> $\mathcal{B} = \{U(a;r) | a \in \mathbb{Q}^n, 0 < r \in \mathbb{Q}\}$ とおく．このとき任意の開集合 $A \subset \mathbb{R}^n$ は可算無限な開球族 $\mathcal{B}$ に属す開球の合併で表せる．

証明　開球族 $\mathcal{B}$ が可算無限であるのは，$|\mathbb{Q}^n| = |\mathbb{N}|$ と命題 4.2.2 $|\mathbb{N} \times \mathbb{N}| = |\mathbb{N}|$ による．

A を開集合として，点 $a \in A$ を任意に取る．正の数 ε を $U(a; 2\varepsilon) \subset A$ となるように選ぶ．そして有理点 a_0 を $a_0 \in U(a;\varepsilon)$ と取り，次に有理数 r を $\|a - a_0\| < r < \varepsilon$ となるように取る．すると $a \in U(a_0; r)$ で，$x \in U(a_0; r)$ な

ら $\|x-a\| \leq \|x-a_0\| + \|a_0-a\| < r+\varepsilon < 2\varepsilon$ となる．よって $U(a_0;r) \subset U(a;2\varepsilon) \subset A$. $a \in A$ は任意であったから，$A = \bigcup\{U(a_0;r) \in \mathcal{B} | U(a_0;r) \subset A\}$. ■

ここまでは正の整数 n を固定してユークリッド空間 $\mathbb{R}^n$ の位相的性質を考えてきた．これからはふたつのユークリッド空間の間の写像を考えていく．$\mathbb{R}^n$ でのノルム $\|(a_1,a_2,\ldots,a_n)\| = \sqrt{\sum_{i=1}^{n} a_i^2}$ と $\mathbb{R}^m$ でのそれ $\|(b_1,b_2,\ldots,b_m)\| = \sqrt{\sum_{i=1}^{m} b_i^2}$ とは，違うものなので本来，記号の上でも区別すべきであろうが煩雑になるだけなので混乱しそうな場合以外では記号の区別はしない．また開球 $U(a;\varepsilon)$ も $a \in \mathbb{R}^n$ か $a \in \mathbb{R}^m$ かでまったく違った集合を指しているが，こちらも記号での区別をしないことにする．

先ず n,m を正の整数とする．写像 $f: \mathbb{R}^n \to \mathbb{R}^m$ は n 個の実数の組 $a = (a_1,a_2,\ldots,a_n)$ に m 個の実数の組 $f(a) = b = (b_1,b_2,\ldots,b_m)$ を対応させる．一般には定義域は空間全体 $\mathbb{R}^n$ である必要はなく，ある部分 $A \subset \mathbb{R}^n$ でよい $f: A \to \mathbb{R}^m$.

注意!

このような写像 f のある点 $a \in A$ での連続性を考えるとき，問題になるのは a の近くでの f の値と a での値 $f(a)$ のズレであろう．とすれば a の近くでの f が定義されているほうが都合がよい．たとえば a が A の孤立点では，a の近くには定義域 A の点は a 自身しかない．これでは a の近くでの f の値を考える意味があまりないだろう．そこで定義域 A の各点の十分近くの点はすべて A に含まれている状況を考える．言い換えればこれは $a \in A$ がすべて A の内点ということだから，A が開集合の場合である．もちろん A の内点ではないが集積点であるような点での連続性，たとえば実数 $\mathbb{R}$ での閉区間 $[a,b]$ の端点 a,b での連続性も考えられるが，それは特殊なケースとして扱われる．よって以下，簡単のため開集合上で定義された写像の連続性を主として考えることにする．

$A \subset \mathbb{R}^n$ を集合とし $f: A \to \mathbb{R}^m$ を写像とする．このとき $a \in A$ において f が連続であるのは

$$\forall\varepsilon > 0\ \exists\delta > 0\ \forall x \in A\ [\|x-a\| < \delta \to \|f(x)-f(a)\| < \varepsilon]$$

である場合である．書き換えれば

$$\forall\varepsilon > 0\ \exists\delta > 0\ (U(a;\delta) \cap A \subset f^{-1}[U(f(a);\varepsilon)])$$

ここで a は A の内点であれば $\delta > 0$ を十分小さく取って $U(a;\delta) \subset A$ であるとしてよい．

一般に写像の極限 $\alpha = \lim_{x\to a} f(x)$ は

$$\forall\varepsilon > 0\ \exists\delta > 0\ (U(a;\delta) \cap A \subset f^{-1}[U(\alpha;\varepsilon)])$$

によって定義される．これを使えば $f : A \to \mathbb{R}^m$ が $a \in A$ で連続なのは，$f(a) = \lim_{x\to a} f(x)$ であるということになる．

写像の極限を点列の極限で言い換えておく．

命題 6.1.9

開集合 A 上で定義された写像 $f : A \to \mathbb{R}^m$ と $a \in A$, $\alpha \in \mathbb{R}^m$ について，$\alpha = \lim_{x\to a} f(x)$ であるための必要十分条件は，a に収束する任意の A の点列 $(a_k)_k$ について $\alpha = \lim_{k\to\infty} f(a_k)$ となることである．

証明　(**AC**). 命題 5.2.2 の証明と同じ．十分条件であることを言うときに選択公理を用いる．■

開集合 A 上で定義された写像 $f : A \to \mathbb{R}^m$ がその定義域 A の各点で連続であるとき，f は<u>連続写像</u>であると言われる．

命題 5.2.5 で $n = m = 1$ の場合に示したのと同様にして，写像が連続なのは，開集合の逆像がまた開集合になるということである．

命題 6.1.10

開集合 A 上で定義された写像 $f : A \to \mathbb{R}^m$ について以下は互いに同値である．

(1)　$f : A \to \mathbb{R}^m$ は連続写像．

(2)　任意の開集合 O の逆像 $f^{-1}[O]$ も開集合．

証明　$[(1) \Rightarrow (2)]$. 写像 $f : A \to \mathbb{R}^m$ が連続であるとする．O を開集合として逆像 $f^{-1}[O]$ が開集合であることを示すため $a \in f^{-1}[O]$ とする．$f(a) \in O$ であるから正の数 ε を $U(f(a); \varepsilon) \subset O$ となるように取る．この $\varepsilon > 0$ に対して，$a \in A^\circ$ であることと f の連続性より $\delta > 0$ を $U(a; \delta) \subset A \cap f^{-1}[U(f(a); \varepsilon)]$ となるように取れば，$U(f(a); \varepsilon) \subset O$ より $U(a; \delta) \subset f^{-1}[O]$. よって $f^{-1}[O]$ は開集合である．

$[(2) \Rightarrow (1)]$. 逆に開集合の f による逆像も開集合であるとする．f の連続性を示すため $a \in A$ として正の数 ε を任意に取る．このとき開集合 $U(f(a); \varepsilon)$ の f による逆像 $f^{-1}[U(f(a); \varepsilon)] \subset A$ は開集合である．特に $a \in f^{-1}[U(f(a); \varepsilon)]$ はその内点である．正の数 δ を $U(a; \delta) \subset f^{-1}[U(f(a); \varepsilon)]$ となるように取れる．これは f が $a \in A$ で連続であることを示している． ■

命題 6.1.11

開集合 $A \subset \mathbb{R}^n$, $B \subset \mathbb{R}^m$ 上で定義されたふたつの連続写像 $f : A \to \mathbb{R}^m$, $g : B \to \mathbb{R}^k$ において，f の値域が g の定義域に含まれる $f[A] \subset B$ なら，合成写像 $g \circ f : A \to \mathbb{R}^k$ も連続である．

証明　f, g ともに連続であるとして，さらに $f[A] \subset B$ であるとする．命題 6.1.10 により，開集合 O の逆像 $(g \circ f)^{-1}[O]$ も開集合であることを示せばよいが，これは $(g \circ f)^{-1}[O] = f^{-1}[g^{-1}[O]]$, cf. 第 3.1 節の演習 2 より明らか． ■

命題 6.1.12

$f : A \to \mathbb{R}^m$ を開集合 $A \subset \mathbb{R}^n$ 上で定義された写像とする．各 $i = 1, 2, \ldots, m$ について $f(a)$ の第 i 成分を取り出す関数 $f_i : A \to \mathbb{R}$ を $f(a) = (f_1(a), f_2(a), \ldots, f_m(a))$ で定める．つまり射影 $\mathrm{pr}_i : \mathbb{R}^m \to \mathbb{R}$ との合成 $f_i = \mathrm{pr}_i \circ f$.

このとき写像 $f : A \to \mathbb{R}^m$ が連続であることと，各 $i = 1, 2, \ldots, m$ について関数 $f_i : A \to \mathbb{R}$ が連続であることは同値である．

証明　不等式 $|y_i - b_i| \leq \sqrt{\sum_{i=1}^{m} |y_i - b_i|^2} \leq \sum_{i=1}^{m} |y_i - b_i|$ による．■

ユークリッド空間での互いに素なふたつの閉集合を開集合で分離することを考える．点 $x \in \mathbb{R}^n$ と空でない集合 $A \subset \mathbb{R}^n$ との距離を

$$d(x, A) := \inf\{\|x - a\| | a \in A\}$$

で定める．空でない集合 A について非負の実数から成る集合 $\{\|x - a\| | a \in A\}$ は下に有界で空ではないので，実数の連続性よりその下限 $d(x, A)$ が存在して非負の実数である．また点 $x, y \in \mathbb{R}^n$ について

$$|d(x, A) - d(y, A)| \leq \|x - y\| \tag{6.2}$$

なぜなら $a \in A$ とすると $d(x, A) \leq \|x - a\| \leq \|x - y\| + \|y - a\|$．よって $d(x, A) - \|x - y\| \leq \|y - a\|$．$a \in A$ は任意なので下限を取って $d(x, A) - \|x - y\| \leq d(y, A)$．ゆえに $d(x, A) - d(y, A) \leq \|x - y\|$．また $d(y, A) - d(x, A) \leq \|y - x\|$．

> **命題 6.1.13**
> 空でない集合 $A \subset \mathbb{R}^n$ をひとつ止めて考える．関数 $f : \mathbb{R}^n \to \mathbb{R}$ を $f(x) = d(x, A)$ で定めると，この f は連続である．

証明　(6.2) より明らか．■

> **命題 6.1.14**
> 空でない集合 $A \subset \mathbb{R}^n$ と点 $x \in \mathbb{R}^n$ について，$x \in \overline{A}$ と $d(x, A) = 0$ は同値である．

証明　$d(x, A) = 0$ は $\forall \varepsilon > 0\ \exists a \in A\ [\|x - a\| < \varepsilon]$ ということなので，これは $x \in \overline{A}$ を意味する．■

ふたつの連続な実数値関数 $f, g : A \to \mathbb{R}$ の和 $f(x)+g(x)$, 定数倍 $\alpha f(x)$ ($\alpha \in \mathbb{R}$, 積 $f(x)g(x)$, および商 $\dfrac{f(x)}{g(x)}$ $(g(x) \neq 0)$ も連続であることは容易に分かる．

補題 6.1

$A_1, A_2 \subset \mathbb{R}^n$ をともに空でない閉集合とし，A_1, A_2 は互いに素であるとする．このとき関数 $g : \mathbb{R}^n \to \mathbb{R}$ を

$$g(x) = \frac{d(x, A_1)}{d(x, A_1) + d(x, A_2)}$$

で定めれば，g は連続関数であって $\forall x \in \mathbb{R}^n\ [0 \leq g(x) \leq 1]$, $\forall x \in A_1$ $[g(x) = 0]$ かつ $\forall x \in A_2\ [g(x) = 1]$ となる．

証明　先ず，$\overline{A_1} \cap \overline{A_2} = A_1 \cap A_2 = \emptyset$ と命題 6.1.14 より分母 $d(x, A_1) + d(x, A_2) \neq 0$ であるから g は定義されている．その値は 0 以上 1 以下なのも明らか．また $x \in A_1$ なら $d(x, A_1) = 0$ なので $g(x) = 0$. さらに $x \in A_2$ なら $d(x, A_2) = 0$ かつ $d(x, A_1) \neq 0$ より $g(x) = 1$.

最後に命題 6.1.13 より $x \mapsto d(x, A)\ (A \neq \emptyset)$ は連続なので g も連続である．■

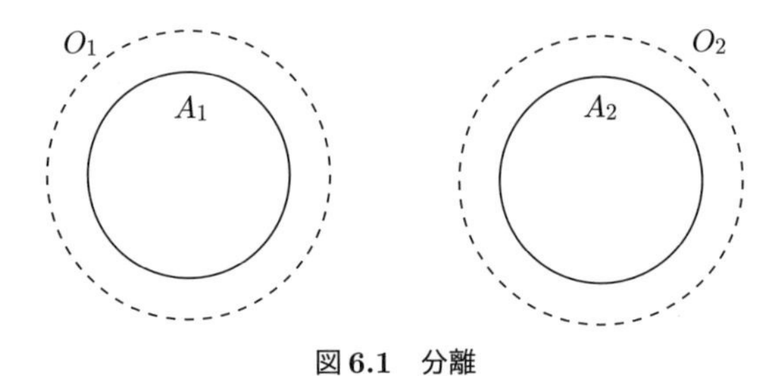

図 6.1　分離

系 6.3

$A_1, A_2 \subset \mathbb{R}^n$ を互いに素な閉集合であるとする．このとき A_1, A_2 を以下の意味で分離する開集合 O_1, O_2 が存在する：

$$A_i \subset O_i\ (i = 1, 2),\ O_1 \cap O_2 = \emptyset$$

証明　閉集合 A_1, A_2 の内，少なくとも一方が空ならば，開集合 O_1, O_2 の一方

を $\emptyset$, 他方を $\mathbb{R}^n$ とすればよいから，以下，ともに空でない場合を考える．

このとき補題 6.1 の連続関数 $g:\mathbb{R}^n \to \mathbb{R}$ を取れば，$A_1 \subset g^{-1}[\{0\}]$ かつ $A_2 \subset g^{-1}[\{1\}]$ である．よって $A_1 \subset O_1 := g^{-1}[(-1,\frac{1}{2})]$ かつ $A_2 \subset O_2 := g^{-1}[(\frac{1}{2},2)]$. 命題 6.1.10 により，$g$ は連続なので O_1, O_2 ともに開集合で明らかに互いに素である． ■

演習問題 6.1

1. 命題 6.1.1 の内，命題 6.1.1.1 以外の証明を与えよ．
2. 一点集合は $\mathbb{R}^n$ で閉集合であることを示せ．これより有限集合も閉集合であることを結論せよ．
3. 集合 A の集積点 b は，有限個の点を取り除いた集合 $A-\{a_0,\ldots,a_n\}$ の集積点でもあることを示せ．
4. 系 6.2 を直接，触点・閉包・閉集合の定義から確かめよ．
5. 点 a が集合 A の境界点であることと，a が補集合 A^c の境界点であることは同値である．これを示せ．
6. 集合 A が閉集合であるための必要十分条件は，A の境界点がすべて A に属すことである．これを示せ．

§6.2　ユークリッド空間におけるコンパクト集合

この節ではユークリッド空間 $\mathbb{R}^n$ におけるコンパクト集合を考える．集合 $A \subset \mathbb{R}^n$ がコンパクトということを粗っぽく言えば，有限集合で成り立つ（位相的）性質が A でも成り立つということである．

先ずひとつ言葉を導入する．集合 A の被覆 $(O_i)_{i\in I}$ において集合 O_i がみな開集合であるとき，$(O_i)_{i\in I}$ を A の開被覆であるという．

このとき集合 $A \subset \mathbb{R}^n$ がコンパクトであるのは，A の任意の開被覆 $(O_i)_{i\in I}$ に対して必ずその有限部分被覆が取れることを言う．つまり $\mathcal{O}$ をユークリッド空間 $\mathbb{R}^n$ での開集合全体から成る族であるとして，A がコンパクトとは，

$A \subset \bigcup_{i \in I} O_i$ で $\forall i \in I[O_i \in \mathcal{O}]$ となっているとき，ある有限部分集合 $J \subset I$ で $A \subset \bigcup_{i \in J} O_i$ となるものが存在することである．

たとえば $n=1$ の場合には，命題5.1.7(Heine-Borelの被覆定理)により有界閉区間 $[a,b]$ はこの意味でコンパクトである．

他方，空でない開区間 (a,b) はコンパクトではない．たとえば各 $a \in (0,1)$ に対して開区間 $I_a = (a-a^2, a+a^2)$ を考えると開区間 $(0,1)$ の開被覆 $(I_a)_{a\in(0,1)}$ が得られる．任意に有限個取って，$0 < a_0 < a_1 < \cdots < a_n < 1$ としても $\min\{a_i - a_i^2 | i = 0,1,\ldots,n\} > 0$ であるから $A \not\subset \bigcup\{I_{a_i} | i = 0,1,\ldots,n\}$.

あるいは整数の部分集合 $A \subset \mathbb{Z}$ について，A がコンパクトであるのは，A が有限集合である場合に限られる．さらに実数全体 $\mathbb{R}$ もコンパクトではない．$\mathbb{Z}$ も $\mathbb{R}$ も開区間 $(n, n+2)$ $(n \in \mathbb{Z})$ たちで覆われるが明らかに有界開区間 $(n, n+2)$ を有限個取っても有限の範囲までしか届かない．

先ず簡単な事実から始める．

命題 6.2.1

$\mathbb{R}^n$ におけるふたつのコンパクト集合 A_0, A_1 の合併 $A_0 \cup A_1$ はまたコンパクトとなる．

証明　A_0, A_1 ともにコンパクトとして，$A_0 \cup A_1$ の開被覆 $(O_i)_{i\in I}$ を任意に取る．このとき $(O_i)_{i\in I}$ はコンパクト集合 A_0, A_1 それぞれの開被覆でもあるので，A_0 を覆う有限部分被覆 $(O_i)_{i\in J_0}$ と，A_1 を覆う有限部分被覆 $(O_i)_{i\in J_1}$ がそれぞれ取れる．このときこれらを併せた $(O_i)_{i\in J_0 \cup J_1}$ は $A_0 \cup A_1$ を覆う有限部分被覆となる．■

命題6.2.1は無限個の和では成り立たない．たとえば任意の整数 n について閉区間 $[n, n+1]$ はコンパクトであるがそれらの合併 $\mathbb{R} = \bigcup_{n\in\mathbb{Z}} [n, n+1]$ はコンパクトではない．

ひとつ言葉を導入する．一般に空でない集合 X の部分集合族 $\mathcal{A}$ が有限交叉性を持つとは，任意の有限部分族 $\mathcal{B} \subset_{fin} \mathcal{A}$ について $\bigcap \mathcal{B} \neq \emptyset$ であることを言う．つまり集合族 $\mathcal{A}$ から任意に有限個の集合 $A_1, A_2, \ldots, A_k \in \mathcal{A}$ を取ってきたときにそれらが交わる $A_1 \cap A_2 \cap \cdots \cap A_k \neq \emptyset$ ということである．

命題 6.2.2

閉集合 $C_i \subset \mathbb{R}^n$ から成る集合族 $(C_i)_{i\in I}$ を閉集合族と呼ぶことにする．集合 $A \subset \mathbb{R}^n$ について以下の二条件は同値である．

(1) A はコンパクト．

(2) $\mathbb{R}^n$ の任意の閉集合族 $(C_i)_{i\in I}$ について，もし $(A\cap C_i)_{i\in I}$ が有限交叉性を持てば，$A \cap \bigcap_{i\in I} C_i \neq \emptyset$.

証明　系 6.1 により，閉集合族 $(C_i)_{i\in I}$ と開集合族 $(O_i)_{i\in I}$ は補集合 $C_i = O_i^c$ を取る操作で互いに移り合う．

A がコンパクトということは，任意の開集合族 $(O_i)_{i\in I}$ について「もし $A \subset \bigcup_{i\in I} O_i$ ならば，ある有限部分集合 $J \subset I$ が存在して $A \subset \bigcup_{i\in J} O_i$」ということである．いま「$J$ は I の有限部分集合」を記号 $J \subset_{fin} I$ で表すことにして，括弧内を記号で表せば $A \subset \bigcup_{i\in I} O_i \to \exists J \subset_{fin} I[A \subset \bigcup_{i\in J} O_i]$. 量化記号 de Morgan の法則 (2.5) を使ってこの対偶をつくると $\forall J \subset_{fin} I[A \not\subset \bigcup_{i\in J} O_i] \to A \not\subset \bigcup_{i\in I} O_i$. ここで補集合 $C_i = O_i^c$ に移って，$A \not\subset \bigcup_{i\in I} O_i \leftrightarrow A \cap \bigcap_{i\in I} C_i \neq \emptyset$ に注意すれば，これは $\forall J \subset_{fin} I[A \cap \bigcap_{i\in J} C_i \neq \emptyset] \to A \cap \bigcap_{i\in I} C_i \neq \emptyset$ と同値である．この最後の条件が命題の (2) である．■

命題 6.2.3

コンパクト集合の閉部分集合はコンパクトである．

証明　集合 $A \subset \mathbb{R}^n$ はコンパクトであるとしてその閉部分集合 $B \subset A$ を取る．B の開被覆 $(O_i)_{i\in I}$ に開集合 B^c を付け加えれば A の開被覆が得られる．A がコンパクトだからその有限部分被覆 $(O_i)_{i\in J} \cup \{B^c\}$ を取れば，$(O_i)_{i\in J}$ が B

を覆う．■

これからユークリッド空間 $\mathbb{R}^n$ におけるコンパクト集合の特徴付けを行う．

命題 6.2.4

$\mathbb{R}^n$ におけるコンパクト集合 A は有界である．

証明　原点 $\mathbf{0}$ を中心として半径がある自然数 m である開球 $U(\mathbf{0};m)$ たちを考えると，$A \subset \mathbb{R}^n = \bigcup_{m\in\mathbb{N}} U(\mathbf{0};m)$. よって $(U(\mathbf{0};m))_{m\in\mathbb{N}}$ は A の開被覆である．A がコンパクトであるなら，この被覆は有限部分被覆 $\{U(\mathbf{0};m_i)|i=0,1,\ldots,k\}$ を持つ．$m=\max\{m_i|i=0,1,\ldots,k\}$ とおけば，$A \subset U(\mathbf{0};m)$ となり，A は有界である．■

命題 6.2.5

$\mathbb{R}^n$ におけるコンパクト集合 A は閉集合である．

証明　$A \subset \mathbb{R}^n$ はコンパクトであるとする．補集合 A^c が開集合であることを示すため，$b \notin A$ として b の十分近くの点がすべて A に属さないことを言う．$x \in A$ に対して $d_x = \dfrac{\|x-b\|}{2} > 0$ とおいて，x, b を中心とする半径 d_x の開球 $U_x = U(x;d_x)$, $V_x = U(b;d_x)$ を考えると $U_x \cap V_x = \emptyset$ である．ここで $(U_x)_{x\in A}$ はコンパクト集合 A の開被覆であるから，その有限部分被覆 $\{U_{x_i}|i\in I\}, I=\{0,1,\ldots,k\}$ を取る．このとき $A \subset \bigcup\{U_{x_i}|i\in I\}$ で，しかも $d=\min\{d_{x_i}|i\in I\}$ について $V := \bigcap\{V_{x_i}|i\in I\} = U(b;d)$ は $\bigcup\{U_{x_i}|i\in I\}$ と交わらない $(\bigcup\{U_{x_i}|i\in I\})\cap V = \bigcup\{U_{x_i}\cap V|i\in I\} \subset \bigcup\{U_{x_i}\cap V_{x_i}|i\in I\} = \emptyset$. よって $V=U(b;d)$ は A とも交わらない $A\cap V=\emptyset$, つまり $V \subset A^c$. よって $b \in (A^c)^\circ$ である．■

こうして命題 6.2.4, 6.2.5 により，$\mathbb{R}^n$ におけるコンパクト集合 A は有界でしかも閉集合であることが分かった．このような集合を有界閉集合と呼ぼう．これがコンパクト集合の特徴付けとなるのだが，それを示す前に定理 5.3.2（最大値の原理）をコンパクト集合上の実数値連続関数に拡張しよう．有界閉区間 $[a,b]$ がコンパクトであったことを思い出してほしい．

命題 6.2.6

コンパクト集合の連続像はコンパクトになる．

つまり集合 $A \subset \mathbb{R}^n$ はコンパクトとし，$f : A \to \mathbb{R}^m$ は連続写像とする．このとき像 $f[A]$ はコンパクトである．

証明　集合 A をコンパクト，A 上で定義された写像 f は連続であるとする．像 $f[A]$ がコンパクトであることを示すため，$f[A]$ の開被覆 $(O_i)_{i\in I}$ を任意に取る．f は連続なので命題 6.1.10 により，開集合 O_i の f による逆像 $f^{-1}[O_i]$ はいずれも開集合である．また $f[A] \subset \bigcup_{i\in I} O_i$ より，集合族 $(f^{-1}[O_i])_{i\in I}$ は A を被覆する $A \subset \bigcup_{i\in I} f^{-1}[O_i]$. 実際，このふたつはいずれも $\forall a \in A \exists i \in I[f(a) \in O_i]$ と同値である．よって $(f^{-1}[O_i])_{i\in I}$ はコンパクト集合 A の開被覆である．その有限部分被覆 $(f^{-1}[O_i])_{i\in J}$ を取る．$A \subset \bigcup_{i\in J} f^{-1}[O_i]$ より $f[A] \subset \bigcup_{i\in J} O_i$ となる．$(O_i)_{i\in I}$ は $f[A]$ の任意の開被覆だったので，$f[A]$ がコンパクトであることが分かった．■

あとで定理 6.2.11 で示すように，$\mathbb{R}^n$ の部分集合がコンパクトであることと有界閉であることは同値である．命題 6.2.6 は，有界閉集合の連続像がまた有界閉集合であると言っている．しかし閉集合の連続像がまた閉集合になるとは限らない（このような写像を閉写像という）．たとえば $y = \tan x$, $(-\frac{\pi}{2}, \frac{\pi}{2}) \ni x \mapsto \tan x$ の逆関数から定義される関数 $f : \mathbb{R} \to \mathbb{R}$ を $f(x) = \tan^{-1} x$ とすれば，f は連続だが閉集合 $\mathbb{R}$ の f による像 $f[\mathbb{R}] = (-\frac{\pi}{2}, \frac{\pi}{2})$ は開集合だが閉集合ではない．

しかしコンパクト集合 $A \subset \mathbb{R}^n$ 上で定義された連続写像 $f : A \to \mathbb{R}^m$ は，閉写像であることが分かる，cf. 6.2 節の演習 2.

定理 6.2.7

ユークリッド空間 $\mathbb{R}^n$ の空でないコンパクト集合 $A \subset \mathbb{R}^n$ 上で定義された実数値連続関数 $f : A \to \mathbb{R}$ は最大値と最小値を持つ．

証明　集合 $B = f[A]$ の最大元が関数 f の最大値となるので，その存在を言えばよい．最小値のほうも同様である．

命題 6.2.6 によりコンパクト集合 A の連続関数 f による像 $B = f[A]$ はコンパクトである．よって命題 6.2.4, 6.2.5 により $B \subset \mathbb{R}$ は空でない有界閉集合である．有界であることにより，上限 $\sup B$ と下限 $\inf B$ がそれぞれ存在するが，B が閉集合なのでこれらは B に属す $\{\sup B, \inf B\} \subset B$．つまり $\sup B = \max B$, $\inf B = \min B$．■

ユークリッド空間 $\mathbb{R}^n$ でのコンパクト集合の特徴付けに戻る．

補題 6.2

$\mathbb{R}^n$ における有界閉集合 A はコンパクトである．

証明　証明は Heine-Borel の被覆定理 5.1.7 と同様である．

集合 $A \subset \mathbb{R}^n$ は有界閉集合であるとする．先ず有界であることより十分大きい自然数 N によって $A \subset U(\mathbf{0}; N) \subset [-N, N]^n$ とできる．これから n 次元の立方体 $[-N, N]^n$ がコンパクトであることを示す．すると命題 6.2.3 によりコンパクト集合 $[-N, N]^n$ の閉部分集合 A もコンパクトであることが分かる．

背理法による．$(O_i)_{i \in I}$ を $[-N, N]^n$ を覆う開被覆であるとして，$(O_i)_{i \in I}$ のいかなる有限被覆も $[-N, N]^n$ を覆えないと仮定する．これから限りなく小さくなっていく立方体の列 $(C_m)_m$ を，どの C_m も $(O_i)_{i \in I}$ の有限被覆では覆われないようにつくる．初めに $C_0 = [-N, N]^n$ とする．また任意の $k = 1, 2, \ldots, n$ について $a_{0,k} = -N$, $b_{0,k} = N$ とおく．つまり $C_0 = [a_{0,1}, b_{0,1}] \times [a_{0,2}, b_{0,2}] \times \cdots \times [a_{0,n}, b_{0,n}]$．立方体 $C_m = [a_{m,1}, b_{m,1}] \times [a_{m,2}, b_{m,2}] \times \cdots \times [a_{m,n}, b_{m,n}]$ $(b_{m,k} - a_{m,k} = b_{m,k+1} - a_{m,k+1})$ が，$(O_i)_{i \in I}$ の有限被覆では覆えないようにつくられたとする．このとき C_m の各辺 $[a_{m,k}, b_{m,k}]$ を中点 $\dfrac{a_{m,k} + b_{m,k}}{2}$ で二等分すると立方体 C_m は 2^n 個の小立方体に分割される．これらの小立方体のいずれかは $(O_i)_{i \in I}$ の有限被覆では覆えないはずなので（有限集合を 2^n 個集めても有限）そのような小立方体をひとつ取って，それを C_{m+1} とおく．

すると任意の自然数 m について，$C_m \supset C_{m+1}$ でしかも立方体 C_{m+1} の一辺の長さは C_m のそれの半分である．よって C_m の第 k 辺 $[a_{m,k}, b_{m,k}]$ たちの共

通部分 $\bigcap_{m\in\mathbb{N}} [a_{m,k}, b_{m,k}]$ は区間縮小法5.1.3により空でなく，丁度，一点である．その点を c_k とおく $\{c_k\} = \bigcap_{m\in\mathbb{N}} [a_{m,k}, b_{m,k}]$. すると $c = (c_1, c_2, \ldots, c_n) \in \mathbb{R}^n$ とおくと，$\{c\} = \bigcap_{m\in\mathbb{N}} C_m$ となる．この c に対して $i \in I$ を $c \in O_i$ と取る．O_i は開集合だから正の数 ε を $U(c;\varepsilon) \subset O_i$ となるように取る．ここで m を十分大きく取り，C_m を十分に小さくすると $C_m \subset U(c;\varepsilon)$ とできる．たとえば C_m の一辺の長さを $\dfrac{\varepsilon}{\sqrt{n}}$ より小さくすればよい．すると $C_m \subset U(c;\varepsilon) \subset O_i$ となり，これは C_m が $(O_i)_{i\in I}$ の有限被覆では覆えないことに反する．■

つぎに命題5.1.4で示した事実「有界実数列は収束する部分列を含む」をユークリッド空間 $\mathbb{R}^n$ で考える．

集合 $A \subset \mathbb{R}^n$ の任意の点列 $(a_m)_m$ が A のある点 a に収束する部分列 $(a_{m_k})_k$ を含むとき，A は列コンパクトであると言われる．ここで A の点列 $(a_m)_m$ は $\{a_m | m \in \mathbb{N}\} \subset A$ ということで，そのなんらかの部分列がある $a \in A$ を極限に持つ $a = \lim_{k\to\infty} a_{m_k}$ ということである．

命題5.1.4によって $\mathbb{R}$ の有界閉区間 $[a,b]$ はこの意味で列コンパクトである．

以下で，ユークリッド空間 $\mathbb{R}^n$ において，集合が列コンパクトであることはそれがコンパクトであることと同じであることを示そう．

はじめに列コンパクトという性質は，点列という可算集合に関わっている．そこでコンパクト性についても可算な被覆に限定した概念を導入しておく．集合 A の開被覆 $(O_i)_{i\in I}$ において添字集合 I が可算であるとき，$(O_i)_{i\in I}$ を A の可算開被覆であると呼ぶ．集合 $A \subset \mathbb{R}^n$ が可算コンパクトであるのは，A の任意の可算開被覆 $(O_i)_{i\in I}$ に対して必ずその有限部分被覆が取れることを言う．

明らかにコンパクト集合は可算コンパクトである．しかしユークリッド空間 $\mathbb{R}^n$ では逆も成り立つ．

命題 6.2.8

ユークリッド空間 $\mathbb{R}^n$ において，可算コンパクト集合はコンパクトである．

証明　命題6.1.8において，任意の開集合は可算無限な開球族 $\mathcal{B}$ に属す開球の合併で表せることを示した．ここではこの事実を用いる．

集合 $A \subset \mathbb{R}^n$ は可算コンパクトであるとする．また A の開被覆 $(O_i)_{i \in I}$ をとる．$\mathcal{B}$ に属す開球で，ある $i \in I$ について O_i に含まれるもの全体を $\mathcal{B}_0 = \{U \in \mathcal{B} | \exists i \in I[U \subset O_i]\}$．$O_i = \bigcup\{U \in \mathcal{B}_0 | U \subset O_i\}$ であるから，$\mathcal{B}_0$ は A の可算開被覆である．A は可算コンパクトなので，その有限部分被覆 $\{U_p | p = 0, 1, \ldots, k\} \subset \mathcal{B}_0$ をとる．各 p について $i_p \in I$ を $U_p \subset O_{i_p}$ となるように取れば $\{O_{i_p} | p = 0, 1, \ldots, k\}$ が A を覆う．■

> **命題 6.2.9**
>
> ユークリッド空間 $\mathbb{R}^n$ において，列コンパクトな集合は可算コンパクトである．

証明　(**AC**). 集合 $A \subset \mathbb{R}^n$ は列コンパクトであるとする．A が可算コンパクトであることを背理法で示す．$(O_m)_{m \in \mathbb{N}}$ を A の可算開被覆でそのいかなる有限部分被覆でも A が覆えないとする．つまり任意の自然数 m について $A \not\subset \bigcup\{O_p | p < m\}$．そこで A の点列 $(a_m)_{m \in \mathbb{N}}$ を，$a_m \in A - \bigcup\{O_p | p < m\}$ となるように選ぶ．ここで A は列コンパクトであるから，ある部分列 $(a_{m_k})_k$ がある $a \in A \subset \bigcup\{O_p | p \in \mathbb{N}\}$ に収束する．自然数 p を $a \in O_p$ となるように取る．$a = \lim_{k \to \infty} a_{m_k}$ であるから，十分に大きい任意の k について $a_{m_k} \in O_p$ となるが，これは a_m の取り方から $m_k \leq p$ を意味する．しかし $m_k \to \infty\,(k \to \infty)$ であるからこれは不可能である．■

命題6.2.9の逆を示そう．

> **命題 6.2.10**
>
> ユークリッド空間 $\mathbb{R}^n$ において，コンパクトな集合は列コンパクトである．

証明　(**AC**).

集合 $A \subset \mathbb{R}^n$ はコンパクトであるとする．A が列コンパクトであることを背理法で示す．A の点列 $(b_m)_{m \in \mathbb{N}}$ のいかなる部分列も A の点に収束しないと

仮定する．すると命題 6.1.4.2 により A のいかなる点も集合 $B = \{b_m | m \in \mathbb{N}\}$ の集積点ではないことになる．そこで各 $a \in A$ について a を中心とする開球 $U(a)$ を $B \cap U(a) \subset \{a\}$ となるように取れる．$(U(a))_{a \in A}$ は A の開被覆になる．A はコンパクトなのでその有限部分被覆 $(U(a_i))_{i \in I}, I = \{0, 1, \ldots, k\}$ が取れる．$A \subset \bigcup_{i \in I} U(a_i)$ である．ところがそのとき $B \subset B \cap \bigcup_{i \in I} U(a_i) = \bigcup_{i \in I} (B \cap U(a_i)) \subset \{a_i | i \in I\}$ となって B は有限集合となってしまう．しかしそうなら，ある m_0 について $|\{m \in \mathbb{N} | b_m = b_{m_0}\}| = |\mathbb{N}|$ となり b_{m_0} と一致する b_m を拾って行く部分列は $b_{m_0} \in A$ に収束することになる． ■

以上をまとめる．

定理 6.2.11

ユークリッド空間 $\mathbb{R}^n$ の集合 $A \subset \mathbb{R}^n$ に関する以下の四条件は互いに同値である．

(1) A はコンパクトである．

(2) A は列コンパクトである．

(3) A は可算コンパクトである．

(4) A は有界閉集合である．

証明 命題 6.2.4, 6.2.5 と補題 6.2 により (1) $\Leftrightarrow$ (4)．また命題 6.2.10 により (1) $\Rightarrow$ (2), 命題 6.2.9 により (2) $\Rightarrow$ (3), そして命題 6.2.8 により (3) $\Rightarrow$ (1). ■

演習問題 6.2

1. $\mathbb{R}^n$ において，A がコンパクトで B が閉集合ならば，$A \cap B$ もコンパクトであることを示せ．
2. コンパクト集合 $A \subset \mathbb{R}^n$ 上で定義された連続写像 $f : A \to \mathbb{R}^m$ は，閉写像であることを示せ．すなわち閉集合 $B \subset A$ の像 $f[B]$ は閉集合であることを示せ．
3. $\mathbb{Q} \cap [0, 1]$ はコンパクトでないことを示せ．
4. 可算コンパクト集合の閉部分集合は可算コンパクトであることを，定理 6.2.11 によらずに，可算コンパクト性の定義から直接，示せ．

5. 列コンパクトな集合は有界閉集合であることを，定理 6.2.11 によらずに，列コンパクト性の定義から直接，示せ．
6. 閉集合 A が可算コンパクトであるための必要十分条件は，A の任意の可算無限部分集合が集積点を持つことである．これを示せ．

§6.3　ユークリッド空間における連結集合

ここでは連結な集合というものを考える．集合が連結ということは「その集合の任意の 2 点が繋がっている」ということ，あるいは「切り離せない」ということである．

先ずいくつか定義から始める．A を $\mathbb{R}^n$ の部分集合とする．$\alpha < \beta$ として，閉区間 $I = [\alpha, \beta] \subset \mathbb{R}$ からユークリッド空間 $\mathbb{R}^n$ への連続写像 $f : I \to \mathbb{R}^n$ による像 $f[I]$ を，点 $f(\alpha)$ と点 $f(\beta)$ を結ぶ弧と呼ぶ．両端に言及しないで $f[I]$ を単に弧ともいう．ここで弧 $f[I]$ が集合 $A \subset \mathbb{R}^n$ の部分集合であるとき，つまり $f[I] \subset A$ であるとき，弧 $f[I]$ は A 内の弧と呼ぶことにする．つまり $\mathbb{R}^n$ での A 内の弧は，A の 2 点を A の中だけを通って結ぶ連続曲線のことである．

ここで閉区間 $I = [\alpha, \beta]$ は 2 点以上の点を含んでいれば，曲線としての弧 $f[I]$ にとっては何でもよい．たとえば，連続写像 $f : [\alpha, \beta] \to \mathbb{R}^n$ に対して 1 次関数 $g : [0, 1] \to [\alpha, \beta]$ を $g(0) = \alpha, g(1) = \beta$ となるようにとれば（つまり $g(x) = \alpha + (\beta - \alpha)x$）合成写像 $f \circ g : [0, 1] \to \mathbb{R}^n$ の像はもとの弧 $f[I]$ である．さらに弧にとって向きも関係ない．点 a と点 b を結ぶ弧は，同時に点 b と点 a を結ぶ弧と思ってよい．よって点 a と点 b を結ぶ弧と点 b と点 c を結ぶ弧が与えられたら，それらの弧をつないで点 a と点 c を結ぶひとつの弧が得られる．

集合 $A \subset \mathbb{R}^n$ の任意の 2 点を結ぶ A 内の弧が存在するとき，A は弧状連結であると言われる．一般にその任意の 2 点 $a, b \in A$ を結ぶ線分 $\overline{ab}$ が A に含まれるような集合 A（このような集合を凸集合という）は弧状連結である．たとえば開球 $U(a; \varepsilon)$ は凸集合である．ここで線分 $\overline{ab}$ とは，もちろん一次関数による点 a と点 b を結ぶ弧のことである．あるいはもう少し一般にその任意の 2

点 $a, b \in A$ を結ぶ A に含まれるような折れ線が存在するような集合 A も弧状連結である．ここで折れ線とはいくつかの線分 $\overline{a_1a_2}, \overline{a_2a_3}, \ldots, \overline{a_{m-1}a_m}$ をつないで得られる点 a_1 と点 a_m を結ぶ弧であり，その折れ線が A に含まれるとは $\overline{a_ia_{i+1}} \subset A\,(i = 1, 2, \ldots, m-1)$ ということである．

さて折れ線は弧の一種であるから上記は明らかであるが，ユークリッド空間 $\mathbb{R}^n$ における空でない開集合では逆も成り立つことが，あとで定理6.3.5において示される．

先ずつぎのような例を考えよう．平面 $\mathbb{R}^2$ において，単位円の内部 $A = U(\mathbf{0}; 1) = \{x \in \mathbb{R}^2 | \|x\| < 1\}$ とその外部 $B = \{x \in \mathbb{R}^2 | \|x\| > 1\}$ の合併 $J = A \cup B$ を考える．J は平面から円周 $S = \{x \in \mathbb{R}^2 | \|x\| = 1\}$ を取り除いたものである．A, B ともに開集合であり J もそうである．また A, B ともに弧状連結なのも明らかである．しかし J は弧状連結ではない．この事実は直観的には明らかであろうが，証明してみよう．そのためには x 軸上の原点 $\mathbf{0} = (0, 0)$ と点 $(2, 0)$ を J 内で結ぶ弧が存在しないことを示せば十分である．$f : [0, 1] \to \mathbb{R}^2$ は連続で $f(0) = (0, 0), f(1) = (2, 0)$ であるとする．連続関数 $g : [0, 1] \to \mathbb{R}$ を $t \in [0, 1]$ に対して $g(t) = \|f(t)\|$ で定める．$g(0) = 0, g(1) = 2$ であるから中間値の定理5.3.1により，$\|f(t)\| = g(t) = 1$ となる t が存在する．この t について $f(t) \in S = \mathbb{R}^2 - J$ であるから，f は J 内の弧ではあり得ない．

さてこれで J は弧状連結ではないことが確かめられたが，直観的にはそれは J がふたつの部分 A, B に分割できるからであろう．そこでこのようにふたつの部分に分けることができない集合を連結な集合と呼ぶ．正確には，集合 $A \subset \mathbb{R}^n$ が連結であるのは，ふたつの開集合 O_1, O_2 で

$$A \subset O_1 \cup O_2,\ A \cap O_1 \cap O_2 = \emptyset,\ A \cap O_1 \neq \emptyset,\ A \cap O_2 \neq \emptyset$$

となるものが存在しないことである．つまり集合 A は開集合 O_1, O_2 によって空でないふたつの部分 $A \cap O_1, A \cap O_2$ に直和のかたち $(A \cap O_1) \cap (A \cap O_2) = \emptyset$ に分けること $A = (A \cap O_1) \coprod (A \cap O_2)$ ができないということである．

この定義はなにかが存在しないという否定のかたちをしているので理解しにくいかもしれないので，少しこの定義を使ってみよう．

命題 6.3.1

集合 A が連結であるための必要十分条件は，ふたつの閉集合 C_1, C_2 で

$$A \subset C_1 \cup C_2,\ A \cap C_1 \cap C_2 = \emptyset,\ A \cap C_1 \neq \emptyset,\ A \cap C_2 \neq \emptyset$$

となるものが存在しないことである．

証明　集合 A が開集合 O_1, O_2 によって空でないふたつの部分の直和 $A = (A \cap O_1) \coprod (A \cap O_2)$ であれば，補集合 $C_i = O_i^c\ (i = 1, 2)$ に移って，A は閉集合 C_2, C_1 により空でないふたつの部分の直和 $A = (A \cap C_2) \coprod (A \cap C_1)$ となる．逆も同様である．■

命題 6.3.2

A を連結な集合とする．このとき $A \subset B \subset \overline{A}$ となっている任意の集合 B も連結である．とくに閉包 $\overline{A}$ は連結である．

証明　$A \subset B \subset \overline{A}$ となっている集合 B が連結ではないとして，開集合 O_1, O_2 により B を空でない直和 $B = (B \cap O_1) \coprod (B \cap O_2)$ に分ける．すると $A \subset O_1 \cup O_2,\ A \cap O_1 \cap O_2 = \emptyset$ である．あとは $i = 1, 2$ について $A \cap O_i \neq \emptyset$ を示せばよい．いま $A \cap O_i = \emptyset$ であると仮定する．すると $A \subset O_i^c$ である．O_i^c は閉集合で，系 6.2.2 によると閉包 $\overline{A}$ は A を含む最小の閉集合であるから，$\overline{A} \subset O_i^c$ となって $\overline{A} \cap O_i = \emptyset$. よって $B \cap O_i = \emptyset$ となり，O_i の取り方に反する．したがって，$A \cap O_i \neq \emptyset$ であるから，A は連結ではないことになる．■

命題 6.3.3

どのふたつも交わるような連結集合から成る集合族の合併も連結である．

すなわち集合族 $(A_i)_{i \in I}$ は，どの A_i も連結であり，$\forall i, j \in I [A_i \cap A_j \neq \emptyset]$ であるとすれば，$\bigcup_{i \in I} A_i$ も連結となる．

証明 $A=\bigcup_{i\in I}A_i$ が連結ではないとして，開集合 O_1,O_2 により A を空でない直和 $A=(A\cap O_1)\coprod(A\cap O_2)$ に分ける．すると任意の $i\in I$ について $A_i\subset O_1\cup O_2,\ A_i\cap O_1\cap O_2=\emptyset$ である．また $\emptyset\neq A\cap O_1=\bigcup_{i\in I}(A_i\cap O_1)$ であるから $i_1\in I$ を $A_{i_1}\cap O_1\neq\emptyset$ となるように取る．同様に $i_2\in I$ を $A_{i_2}\cap O_2\neq\emptyset$ となるように取る．

もし $A_{i_1}\cap O_2\neq\emptyset$ なら A_{i_1} は連結ではないことになる．$A_{i_2}\cap O_1\neq\emptyset$ なら A_{i_2} が連結ではないことになる．

よって $A_{i_1}\cap O_2=\emptyset$ かつ $A_{i_2}\cap O_1=\emptyset$ としてよい．すると $A_{i_1}\cap A_{i_2}\cap O_1=A_{i_1}\cap A_{i_2}\cap O_2=\emptyset$．よって $(A_{i_1}\cap A_{i_2})\cap(O_1\cup O_2)=\emptyset$．ところが $A_{i_1}\cap A_{i_2}\subset A\subset O_1\cup O_2$ であるから，これは $A_{i_1}\cap A_{i_2}=\emptyset$ を意味する．

したがって，$A=\bigcup_{i\in I}A_i$ が連結でなければ，いずれかの A_i が連結でないか，あるいはいずれかの A_i,A_j が互いに素である． ■

命題 6.3.4

連結集合の連続像は連結になる．

つまり集合 $A\subset\mathbb{R}^n$ は連結とし，$f:A\to\mathbb{R}^m$ は連続写像とする．このとき像 $f[A]$ は連結である．

証明 像 $f[A]$ が連結ではないとして，開集合 O_1,O_2 により $f[A]$ を空でない直和 $f[A]=(f[A]\cap O_1)\coprod(f[A]\cap O_2)$ に分ける．このとき A は逆像 $f^{-1}[O_1],f^{-1}[O_2]$ により空でない直和 $A=(A\cap f^{-1}[O_1])\coprod(A\cap f^{-1}[O_2])$ に分けられる．開集合 O_1,O_2 の連続写像 f による逆像 $f^{-1}[O_1],f^{-1}[O_2]$ は開集合なので，A は連結ではない． ■

この事実を用いて連結集合上の実数値連続関数に関する中間値の定理を導こう．

系 6.4 （中間値の定理）

連結集合 $A\subset\mathbb{R}^n$ 上で定義された実数値連続関数 $f:A\to\mathbb{R}$ と $a,b\in A$ について，$[f(a),f(b)]\subset f[A]$．

証明　命題6.3.4により像$B=f[A]$は$\mathbb{R}$での連結集合である．すると

$$\alpha, \beta \in B \wedge \alpha < \gamma < \beta \Rightarrow \gamma \in B \tag{6.3}$$

となる．そうでなければBはふたつの開集合$(-\infty, \gamma), (\gamma, \infty)$により空でない直和$B=(B\cap(-\infty,\gamma))\coprod(B\cap(\gamma,\infty))$に分けられてしまう．よって$f(a)<c<f(b)$とすれば$c\in f[A]$．■

さてではユークリッド空間の集合について，それが連結であることと弧状連結であることは同じことであることを示そう．

定理6.3.5

ユークリッド空間$\mathbb{R}^n$における集合Aについて以下の三条件を考える．

(1)　Aの任意の2点を結ぶ折れ線がA内に存在する．

(2)　Aは弧状連結である．

(3)　Aは連結である．

任意の集合Aについて，(1)ならば(2)であり，(2)ならば(3)である．Aが開集合のときは，三条件は互いに同値となる．

証明　[(1) $\Rightarrow$ (2)]．折れ線は弧の一種なのでこれは明らか．

[(2) $\Rightarrow$ (3)]．Aは弧状連結だが連結ではないとしてみる．開集合O_1, O_2によりAを空でない直和$A=(A\cap O_1)\coprod(A\cap O_2)$に分ける．また$i=1,2$について$A\cap O_i\neq\emptyset$だから点$a_i\in A\cap O_i$を取り，$A$が弧状連結という仮定から$a_1\neq a_2$を結ぶ弧を与える連続写像$f: I\to A$, $I=[1,2]$を取る．

そこで集合$J=f^{-1}[O_1]=\{x\in I|f(x)\in O_1\}$を考えると，$J$は閉区間$I$の有界な部分集合である．$b=\sup J$とおけば，$b\in I$．ここで$1<b<2$である．なぜなら$O_1, O_2$がともに開集合であるから正の数$\varepsilon$が$U(a_i;\varepsilon)\subset O_i$ $(i=1,2)$となるように取れる．fの端点$1,2$での連続性より$\delta>0$を小さくすれば$[1,1+\delta)\subset f^{-1}[U(a_1;\varepsilon)]\subset f^{-1}[O_1]=J$かつ$(2-\delta,2]\subset f^{-1}[U(a_2;\varepsilon)]\subset f^{-1}[O_2]$となる．$O_1\cap O_2=\emptyset$より$(2-\delta,2]\cap J=\emptyset$である．したがって，$1<1+\delta\leq b\leq 2-\delta<2$である．

いま$f(b)\in A\subset O_1\cup O_2$なので$f(b)$は$O_1$か$O_2$のどちらか一方に属さないといけない．

もし $f(b) \in O_1$ とすると，上と同様にして，f の b での連続性より小さい $\delta_1 > 0$ について $(b-\delta_1, b+\delta_1) \subset J$ となり，b が J の上界であることに反する．またもし $f(b) \in O_2$ であるとすると，やはり上と同様にして，小さい $\delta_2 > 0$ について $(b-\delta_2, b+\delta_2) \cap J = \emptyset$ となり，b が J の最小上界であることに反する．

こうして矛盾が生じたので，A は弧状連結なら連結である．

[(3) $\Rightarrow$ (1)]. A は連結な開集合であるとする．A から任意に 2 点 $a_0, b_0 \in A$ を取り，これらが A 内の折れ線で結べることを示したい．

いま点 a_0 と A 内の折れ線で結べる A の点全体から成る集合を B とし，$C = A - B$ とおく．すると集合 B, C はともに開集合であることが次のようにして分かる．先ず $x \in A$ とする．ここで A は開集合であるから $\varepsilon > 0$ を小さく取って $U(x;\varepsilon) \subset A$ としておく．点 $y \in U(x;\varepsilon)$ に対し，線分 $\overline{xy} \subset U(x;\varepsilon)$ である．よって x が a_0 と A 内の折れ線で結べることと，y がそうであることは同値である．$y \in U(x;\varepsilon)$ は任意であるから，$x \in B \Rightarrow U(x;\varepsilon) \subset B$ かつ $x \in C \Rightarrow U(x;\varepsilon) \subset C$ となる．これで B, C がともに開集合であることが分かった．

すると A は開集合 B, C の直和 $A = B \coprod C$ であるから，A が連結である以上，B か C のいずれかは空でなければならない．ところが $a_0 \in B$ であるので $C = \emptyset$ となる．言い換えれば $B = A$ つまり A の任意の点 b_0 は点 a_0 と A 内の折れ線で結ぶことができる． ■

たとえば，$\mathbb{R}^n$ の開球 $U(a;\varepsilon)$ や閉球 $\overline{U}(a;\varepsilon)$ そして境界である球面 $S = \{x \in \mathbb{R}^n \mid \|x\| = \varepsilon\}$ はすべて弧状連結であるから連結である．

また実数 $\mathbb{R}$ において，任意の閉区間 $[a,b]$ $(a, b \in \mathbb{R})$ および任意の開区間 (a,b) $(a, b \in \mathbb{R} \cup \{\pm\infty\})$ と半開区間 $(a,b]$ $(a \in \mathbb{R} \cup \{-\infty\}, b \in \mathbb{R})$, $[a,b)$ $(a \in \mathbb{R}, b \in \mathbb{R} \cup \{\infty\})$ はすべて弧状連結であるから連結である．実数ではこの逆も成り立つ，cf. 6.3 節の演習 1.

定理 6.3.5 の証明において，A が開集合であるという仮定を用いたのは，[(3) $\Rightarrow$ (1)] の部分，つまり連結なら弧状連結であることを示すところだけであった．

実際，開集合に限定しなければ連結であっても弧状連結になるとは限らない．

例 平面 $\mathbb{R}^2$ における以下の集合を考えよう．

$$A = \{(0, y) \in \mathbb{R}^2 | 0 < y \leq 1\}$$
$$B = \{(x, 0) \in \mathbb{R}^2 | 0 < x \leq 1\} \cup \bigcup_{n \in \mathbb{Z}^+} \{(\frac{1}{n}, y) \in \mathbb{R}^2 | 0 < y \leq 1\}$$

すると集合 $A \cup B$ は連結ではあるが弧状連結ではない．先ず，B は明らかに弧状連結であり，その閉包 $\overline{B} = A \cup B \cup \{(0,0)\}$．$B \subset A \cup B \subset \overline{B}$ であるから命題6.3.2により，$A \cup B$ は連結である．

ところが $(0,0) \notin A \cup B$ なので，たとえば $A \cup B$ の2点 $(0,1), (1,0)$ を結ぶ $A \cup B$ 内の弧は存在せず，$A \cup B$ は弧状連結ではない．

もうひとつ例を見よう．

例　実数において $c < d$ を端点とする閉区間 $I = [c, d]$ と，平面 $\mathbb{R}^2$ での正方形 $I \times I$ を考える．このとき連続写像 $f : I \times I \to I$ が全射であれば，いかなる点 $a \in I \times I$ においても $f^{-1}[\{f(a)\}]$ は $f(a) \neq c, d$ である限り1点集合 $\{a\}$ には成り得ない．

なぜならもし連続写像 $f : I \times I \to I$ が全射であり，ある点 $a \in I \times I$ において $f^{-1}[\{f(a)\}]$ が1点集合 $\{a\}$ であったとする．正方形 $I \times I$ からその点 a を取り除く．a は正方形の周上の点（つまり正方形の境界点）であっても内点でも構わない．明らかに1点を取り除いた $I \times I - \{a\}$ は弧状連結なので，定理6.3.5により連結である．したがって，命題6.3.4により，その連続写像 f による像 $f[I \times I - \{a\}] = I - \{f(a)\}$ も連結でなければならないが，$I - \{f(a)\}$ は $f(a) \neq c, d$ であれば連結ではない．

以下，連結ではない集合について少し考える．先ず，この節のはじめで述べた通り，弧はその向きを考えないし，ふたつの弧を繋いでひとつの弧にできる．また定値写像の像も弧である．集合 A の2点 $a, b \in A$ 間の関係 $a \simeq_{arc}^{A} b$ を，点 a と点 b を結ぶ A 内の弧が存在することで定めると，この関係は A 上の同値関係になることが，これらのことに注意すると分かる．そこでこの関係 $\simeq_{arc}^{A}$ による同値類を集合 A の<u>弧状連結成分</u>と呼ぶ．

つぎに連結性によって集合を類別することを考えよう．集合 A の2点 $a, b \in A$ 間の関係 $a \simeq^{A} b$ を，2点 a, b を元として含む A の連結部分集合が存在することで定める．この関係も A 上の同値関係であることがつぎのようにして分かる．先ず，1 点集合 $\{a\}$ は連結であるから反射律 $a \simeq^A a$ が成り立つ．対称律 $a \simeq^A b \to b \simeq^A a$ は定義から明らか．推移律 $a \simeq^A b \wedge b \simeq^A c \to a \simeq^A c$ を示すため，連結部分集合 $A_1, A_2 \subset A$ を $\{a,b\} \subset A_1, \{b,c\} \subset A_2$ と取る．$b \in A_1 \cap A_2$ である．よって命題 6.3.3 により $\{a,c\} \subset A_1 \cup A_2$ も連結である．この関係 $\simeq^A$ による同値類を集合 A の連結成分と呼ぶ．

命題 6.3.6

ユークリッド空間 $\mathbb{R}^n$ における集合 A と点 $a \in A$ について，以下が成り立つ．

1. a を元として含む A の弧状連結成分 $B(a)$ は，a を元として含む A の最大の弧状連結部分集合であり，かつ $B(a) \cap A^\circ = B(a)^\circ$．とくに A が 開集合であれば $B(a)$ も開集合である．
2. a を元として含む A の連結成分 $C(a)$ は，a を元として含む A の最大の連結部分集合である．とくに A が連結であることと，ある $a \in A$ について $A = C(a)$ であることは同値である．
   さらに $\overline{C(a)} \cap A = C(a)$．とくに A が閉集合であれば $C(a)$ も閉集合である．

証明 6.3.6.1. $B(a)$ が a を元として含む A の最大の弧状連結部分集合であるのは明らかである．また定理 6.3.5 の [(2) $\Rightarrow$ (3)]（弧状連結集合は連結）における証明と同様にして，$B(a) \cap A^\circ \subset B(a)^\circ$ が分かる．つまり A の内点 b と点 a を結ぶ A 内の弧（折れ線でも同じ）があれば，その点 b の十分近くの点とも a は A 内の弧で結べる．他方，$B(a) \subset A$ より $B(a)^\circ \subset B(a) \cap A^\circ$ であるから，$B(a) \cap A^\circ = B(a)^\circ$ となる．

A が 開集合のときには $B(a) = B(a) \cap A = B(a) \cap A^\circ = B(a)^\circ$ であるから，$B(a)$ は開集合である．

6.3.6.2. 先ず $\mathcal{X} = \{B \subset A | a \in B \text{ は連結}\}$ とおく．点 $b \in A$ について，$b \in C(a)$ ということは，$b \simeq^A a$ を意味し，つまり $b \in \bigcup \mathcal{X}$ と同値である．言い換えれば $C(a) = \bigcup \mathcal{X}$．よって $C(a)$ は，a を元として含む A の連結部分集合 B 全体の合併である．他方，どの $B \in \mathcal{X}$ も a を元として含むので命題 6.3.3 により $C(a)$ は連結である．そして定義より明らかに $C(a)$ は a を元として含

む A の最大の連結部分集合である．

つぎに $\overline{C(a)} \cap A = C(a)$ を示そう．$C(a) \subset \overline{C(a)} \cap A \subset \overline{C(a)}$ で $C(a)$ が連結であるから，命題6.3.2により $\overline{C(a)} \cap A$ も連結である．このような A の連結部分集合での $C(a)$ の最大性により $\overline{C(a)} \cap A = C(a)$. 最後に A が閉集合であるなら，$C(a) \subset A$ より $\overline{C(a)} \subset \overline{A} = A$ であるから $\overline{C(a)} = \overline{C(a)} \cap A = C(a)$ となって，$C(a)$ も閉集合である．■

例 実数 $\mathbb{R}$ の部分集合として有理数全体から成る集合 $\mathbb{Q}$ を考える．すると $\mathbb{Q}$ の有理数 $r \in \mathbb{Q}$ を含む連結成分 $C(r)$ は r のみから成る，つまり $C(r) = \{r\}$ である．このような集合 $\mathbb{Q}$ を完全不連結と呼ぶ．

なぜなら異なるふたつの有理数 $r < s$ に対して，無理数 a を $r < a < s$ となるように取る，cf. 系4.5. すると $\{r, s\} \subset B \subset \mathbb{Q}$ となる集合 B は，ふたつの開集合 $(-\infty, a)$, (a, ∞) によって空でない直和 $B = (B \cap (-\infty, a)) \coprod (B \cap (a, \infty))$ に分割されてしまうので，連結ではない．

演習問題 6.3

1. 実数 $\mathbb{R}$ での連結集合 A は，閉区間 $[a, b]$ $(a, b \in \mathbb{R})$ および開区間 (a, b) $(a, b \in \mathbb{R} \cup \{\pm\infty\})$ と半開区間 $(a, b]$ $(a \in \mathbb{R} \cup \{-\infty\}, b \in \mathbb{R})$, $[a, b)$ $(a \in \mathbb{R}, b \in \mathbb{R} \cup \{\infty\})$ に限ることを示せ．
2. 定理6.3.5の $[(2) \Rightarrow (3)]$ で示した事実，すなわち弧状連結な集合は連結であることの別証明を以下のようにすれば得られることを確かめよ．
   (a) 実数の閉区間 $[\alpha, \beta]$ は連結であることを弧状連結から導くのではなく，直接に示す．
   (b) 弧は連結である．
   (c) 命題6.3.3により，弧状連結な集合は連結であることを結論する．
3. $\mathbb{R}^2 - \mathbb{Q}^2$ は弧状連結であることを示せ．
4. 平面 $\mathbb{R}^2$ 上の単位円 $S = \{(x, y) \in \mathbb{R}^2 | x^2 + y^2 = 1\}$ から $\mathbb{R}$ への連続関数 $f : S \to \mathbb{R}$ は単射ではないことを示せ．

第7章　距離空間

この章ではユークリッド空間という具体的な空間から離れて，抽象的な距離空間を考える．

ここまでユークリッド空間 $\mathbb{R}^n$ という具体的な空間の位相的性質を論じてきた．しかし数学の対象で位相的性質が問題になるのは，ユークリッド空間に留まらずもっと多様なものがある．たとえば $I = [0,1]$ を実数上の閉区間とし，$C(I)$ を区間 I 上で定義された実数値連続関数 $f : I \to \mathbb{R}$ 全体から成る集合とする．先ず $\alpha \in \mathbb{R}$, $f, g \in C(I)$ として，演算 $(\alpha f)(x) = \alpha(f(x))$, $(f+g)(x) = f(x) + g(x)$ $(x \in I)$ により $C(I)$ はベクトル空間である．また $f \in C(I)$ は最大値の原理 5.3.2 により最大値（と最小値）を取る．そこで $f \in C(I)$ のノルム $\|f\|$ を

$$\|f\| = \max\{|f(x)| : x \in I\} \geq 0$$

で定めれば，ユークリッド空間の点 $a \in \mathbb{R}^n$ のノルム $\|a\|$ に関する命題 6.0.1 と同じことが成り立っている：$\alpha \in \mathbb{R}$, $f, g \in C(I)$ について，$\|\alpha f\| = |\alpha|\|f\|$, $\|f\| \geq 0$ であり，$\|f\| = 0$ は f が定値関数 $f(x) \equiv 0$（恒等的に値がゼロである関数，零ベクトルに当る）のときに限って成立する．また（三角不等式）$\|f+g\| \leq \|f\| + \|g\|$ が成り立つ．三角不等式は $x \in I$ に落として $|f(x) + g(x)| \leq |f(x)| + |g(x)|$ を考えれば分かる．

このノルム $\|f\|$ から $f, g \in C(I)$ の「距離」を $d(f,g) = \|f - g\|$ で定めれば，(6.1) と同じく，$d(f,h) \leq d(f,g) + d(g,h)$ が成り立つことが分かる．これらから $C(I)$ の開球 $U(f;\varepsilon) = \{g \in C(I) | d(f,g) < \varepsilon\}$ がつくられる．すると空間 $C(I)$ での開集合，閉集合や連続写像などの概念が，前章6とまったく同様にして定義され，ユークリッド空間に関する多くの命題がそのまま空間 $C(I)$ に移送されることが想像されるであろう．

なぜそうなのかと言えば，それらの命題の多くの証明にはなんらユークリッド空間固有の性質は用いられておらず，距離 $\|a - b\|$ $(a, b \in \mathbb{R}^n)$ が満たすいく

つかの条件のみに基づいた証明になっているからである．このようにして，いままでの議論を抽象化して抽出されるのが，この章で扱う距離空間という空間の集まりである．これらの空間は距離空間の公理と呼ばれる条件を満たすものであれば何でもよい．そうであるからここで証明されることは，任意の距離空間で成り立つ．つまり多くの具体例に関する「同じ」命題をこれで一挙に証明していることになる．このような公理に基づいた議論について読者は線型代数学での線型空間の公理で触れたかもしれないが，その議論を読むときに重要なことは，具体例としてユークリッド空間 $\mathbb{R}^n$ を頭に思い浮かべつつも，証明が公理にのみ基づいた論理的なものであることを確認することである．

§7.1　距離空間の位相

X を空でない集合とする．関数 $d : X \times X \ni (x, y) \mapsto d(x, y) \in \mathbb{R}$ が（X 上の）距離関数であるのは，それが以下の条件を任意の $x, y, z \in X$ について満たすときである：

1. $d(x, y) \geq 0$.
2. $$d(x, y) = 0 \Leftrightarrow x = y \tag{7.1}$$
3. （対称性）$d(x, y) = d(y, x)$.
4. （三角不等式）$d(x, z) \leq d(x, y) + d(y, z)$.

このとき組 (X, d) を 距離空間 という．距離関数 d が文脈から分かる，もしくは明示する必要がないときには，単に X を距離空間ともいう．

距離空間では三角不等式よりつぎが成り立つ:

$$|d(x, z) - d(y, z)| \leq d(x, y) \tag{7.2}$$

距離空間の重要な例としてノルム空間を定義しておこう．簡単のため係数体（スカラーのこと）は実数 $\mathbb{R}$ としておく．X をスカラーを実数とするベクトル空間として，零ベクトルを $\mathbf{0}$ で表す．写像 $\|\cdot\| : X \ni x \mapsto \|x\| \in \mathbb{R}$ が以下の条件を充たすとする．$\|x\| \geq 0$, $\|x\| = 0 \Leftrightarrow x = \mathbf{0}$, $\|\alpha x\| = |\alpha|\|x\|$ $(\alpha \in \mathbb{R})$, $\|x + y\| \leq \|x\| + \|y\|$. このとき組 $(X, \|\cdot\|)$ を ノルム空間 といい，$\|x\|$ を x の

ノルムという．ノルム空間 $(X, \|\cdot\|)$ では距離関数を $d(x, y) = \|x - y\|$ で定めることができ，これにより距離空間となる．たとえばユークリッド空間 $\mathbb{R}^n$ や閉区間 $I = [0, 1]$ 上の実数値連続関数全体 $C(I)$ は，上で述べたノルムによりノルム空間となる．

距離空間 (X, d) の空でない部分集合 $Y \subset X$ について距離関数 $d : X \times X \to \mathbb{R}$ を Y 上に制限すれば，Y 上の距離関数 $d_Y = d|_{Y \times Y}$ となる．こうして得られる距離空間 (Y, d_Y) を (X, d) の部分距離空間という．Y 上での距離関数 d_Y を通常，文字 d を流用して表す．つまり $y, z \in Y$ に対して $d_Y(y, z)$ を $d(y, z)$ と書く．

しばらくの間，(X, d) を距離空間とする．距離空間での極限や連続性などは，ユークリッド空間における距離 $\|a - b\|$ $(a, b \in \mathbb{R}^n)$ を距離空間での距離 $d(x, y)$ $(x, y \in X)$ に置き換えて得られるが，念のため再録しよう．

先ず距離空間 (X, d) においても中心 $x_0 \in X$ で半径 $\varepsilon > 0$ の開球もしくは x_0 の ε-近傍 $U(x_0; \varepsilon)$ が

$$U(x_0; \varepsilon) := \{x \in X | d(x, x_0) < \varepsilon\}$$

で定義される．

集合 $A \subset X$ についてある点 $x_0 \in X$ とある正の数 $r > 0$ が存在して $A \subset U(x_0; r)$ となっているとき，A は有界であるという．ここで中心とした点 x_0 は任意に変えることができる．つまり点 x_0 と $r > 0$ について $A \subset U(x_0; r)$ ならば，任意の点 $y \in X$ について $A \subset U(y; r + d(x_0, y))$ となることが三角不等式から分かる．

つぎに $(x_n)_{n \in \mathbb{N}}$ を距離空間 (X, d) での点列として，$x \in X$ とする．$x_n, x \in X$ であるからこの点列から実数列 $(d(x_n, x))_n$ が生じる．この実数列が 0 に収束する $d(x_n, x) \to 0\,(n \to \infty)$ とき，点列 $(x_n)_n$ は極限 x に収束すると言って，$x = \lim_{n \to \infty} x_n$ とか $x_n \to x\,(n \to \infty)$ と書き表す．記号では $\forall \varepsilon > 0\ \exists N \in \mathbb{N}\ \forall n \geq N\ [d(x_n, x) < \varepsilon]$．また点列 $(x_n)_n$ がコーシー列であるのは，$\forall \varepsilon > 0\ \exists N \in \mathbb{N}\ \forall n, m \geq N\ [d(x_n, x_m) < \varepsilon]$ となるときである．

するとユークリッド空間での点列の収束に関する命題6.1.1でと同様にして，

収束する点列 $(x_n)_n$（を集合 $\{x_n \in X | n \in \mathbb{N}\}$ として見たとき）は有界であり，またその任意の部分列も同じ極限に収束することが，収束する（実）数列に関する対応した性質から分かる．さらに収束する点列 $(x_n)_n$ の極限は一意に定まることは，つぎのようにして分かる．いま $x, y \in X$ がともに $(x_n)_n$ の極限であるとすれば，ふたつの実数列 $(d(x_n, x))_n$, $(d(x_n, y))_n$ はともに0に収束する．ここで三角不等式と距離関数の対称性により $d(x, y) \leq d(x, x_n) + d(x_n, y) = d(x_n, x) + d(x_n, y) \to 0\ (n \to \infty)$ となる．よって $d(x, y) = 0$ であるがこれは(7.1)により $x = y$ を意味する．

距離空間にける開集合や閉集合は，開球 $U(x; \varepsilon)$ を用いてユークリッド空間での定義6.1.2とまったく同様に定義される．確認のため再掲しよう．

定義 7.1.1

距離空間 (X, d) における集合 $A \subset X$ と点 $x \in X$ を考える．

1. x が A の内点であるのは $\exists \varepsilon > 0[U(x; \varepsilon) \subset A]$ であるときである．
2. A° で A の内点全体から成る集合を表し，A の内部もしくは開核という．
3. $A^\circ = A$ であるとき，A は開集合であるという．
4. $\forall \varepsilon > 0[U(x; \varepsilon) \cap A \neq \emptyset]$ であるとき，x は A の触点であるという．
5. $\overline{A}$ は A の触点全体から成る集合を表し，A の閉包と呼ばれる．
6. $A = \overline{A}$ であるとき，A は閉集合であると言われる．
7. 補集合 A^c の内点を A の外点という．A の外点全体から成る集合，つまり A の補集合の内部 $A^{c\circ} = (A^c)^\circ$ を A の外部という．
8. A の閉包と内部の差 $\overline{A} - A^\circ$ を A の境界という．境界 $\overline{A} - A^\circ$ に属す点を A の境界点という．
9. x が $A - \{x\}$ の触点であるとき，x を A の集積点という．
   $\exists \varepsilon > 0[U(x; \varepsilon) \cap A = \{x\}]$ であるとき，x は A の孤立点であるという．

するとユークリッド空間に関する命題6.1.3（開球は開集合）と集積点および部分列の収束に関する命題6.1.4は，証明も変更することなくそのまま距離空間でも成り立つことが分かる．使っている事実は距離関数の対称性と三角不等式，それに一点 a の近傍の様子は可算個の開球 $\{U(a;\dfrac{1}{n+1})\}_{n\in\mathbb{N}}$ で決定される，つまり「a のどんなにも近くに，ある条件を充たす点が存在する」は「任意の自然数 n について $U(a;\dfrac{1}{n+1})$ 内にその条件を充たす点が存在する」と同等という事実（この事実を第1可算公理という，cf. 8.1節）だけだからである．ひとつ再録するので読者自ら確かめられたい．

命題 7.1.2

距離空間 (X,d) において，点 $a\in X$ が集合 $A\subset X$ の集積点であるための必要十分条件は，A の点列 $(a_m)_m$ で a に収束し，$\forall m[a_m\neq a]$ となるものが存在することである．

しかし命題6.1.4のすぐ後の（例）1で述べた，ユークリッド空間 $\mathbb{R}^n$ での開球 $U(a;\varepsilon)$ の閉包 $\overline{U(a;\varepsilon)}$ が閉球 $\overline{U}(a;\varepsilon)$ と一致し，境界が周 $S(a;\varepsilon)$ となり，また外部が $\{x\in\mathbb{R}^n \mid \|x-a\|>\varepsilon\}$ となることは，ユークリッド空間特有の性質（ノルム空間）を用いて示されているので一般に距離空間では成り立たない．

例　X_0 を2点以上から成る集合とする．X_0 上で，関数 $d_0 : X_0\times X_0\to\mathbb{R}$ を

$$d_0(x,y)=\begin{cases}1 & x\neq y \text{ のとき}\\ 0 & x=y \text{ のとき}\end{cases} \tag{7.3}$$

で定めれば，d_0 は X_0 上の距離関数となる．三角不等式 $d_0(x,z)\leq d_0(x,y)+d_0(y,z)$ は，$x=y\wedge y=z\Rightarrow x=z$ から分かる．この距離空間 (X_0,d_0) においては，$\overline{U(x;1)}=U(x;1)=\{x\}$, $\overline{U}(x;1)=\{y\in X_0|d_0(x,y)\leq 1\}=X$ であるから，これらは一致しない．また $U(x;1)$ の外部は $(U(x;1))^{c\circ}=(X_0-\{x\})^\circ=X_0-\{x\}$ であり $\{y\in X_0|d_0(x,y)>1\}=\emptyset$ とやはり一致しない．さらに $U(x;1)$ の境界は $\overline{U(x;1)}-(U(x;1))^\circ=\{x\}-U(x;1)=\emptyset$ でこれも $S(x;1)=\{y\in X|d(x,y)=1\}=X_0-\{x\}$ とは異なる．

読者は主として $n=2,3$ の場合のユークリッド空間（平面か空間 $\mathbb{R}^3$）を思い描きながら距離空間を理解しようと努めておられるであろう．そのとき，このような人工的で奇妙な「空間」に出くわして面喰らわれるであろうし，こんなものが反例であっても数学的に意味が無いと思われるか

もしれない．しかしいまわれわれは距離の公理を満たすという前提のみを設けて，その前提の下で論理的に何が成り立つか・成り立たないかを見極めようとしているのである．そうであるなら，あらゆる論理的に可能である距離の公理を満たす「空間」を距離空間として考えて行かなければならない．なお，上の例の距離空間はノルム空間ではないことが分かる，cf. 7.1節の演習4.

さてユークリッド空間と距離空間 (X, d) に共通して成り立つ性質に戻る．$\mathcal{O}$ を (X, d) での開集合全体から成る集合，$\mathcal{C}$ を閉集合全体から成る集合とする．命題6.1.5, 6.1.6と系6.1, 6.2はすべて，証明も変更することなくそのまま距離空間 (X, d) で成り立つ．読者自ら確かめられたい．重要なものだけ再掲しよう．

命題 7.1.3

距離空間 (X, d) における集合 $A, B \subset X$ と開集合系 $\mathcal{O}$, 閉集合系 $\mathcal{C}$ について以下が成り立つ．

1. (a) 集合 A にその内部 A° を対応させる演算は以下を満たす．
   - i. $A^\circ \subset A$.
   - ii. $A \subset B \Rightarrow A^\circ \subset B^\circ$.
   - iii. $A^{\circ\circ} = A^\circ$. とくに A° はつねに開集合.
   - iv. $(A \cap B)^\circ = A^\circ \cap B^\circ$.

   (b) a が A の内点であるための必要十分条件は，a に収束する任意の点列 $(a_m)_m$ の項 a_m がほとんどすべての m について A に属することである．

   (c) 集合 A の内部 A° は A に含まれる最大の開集合である

   $A^\circ = \bigcup\{B \subset A | B \in \mathcal{O}\}$.

   (d) 開集合系 $\mathcal{O}$ は以下を満たす．
   - i. 空集合と全体は開集合 $\{\emptyset, X\} \subset \mathcal{O}$.
   - ii. 開集合の有限個の共通部分は開集合.

     $O_1, O_2 \in \mathcal{O} \Rightarrow O_1 \cap O_2 \in \mathcal{O}$.
   - iii. 開集合の任意個数の合併は開集合.

$$\{O_i | i \in I\} \subset \mathcal{O} \Rightarrow \bigcup_{i \in I} O_i \in \mathcal{O}.$$

2. (a) 集合 A にその閉包 $\overline{A}$ を対応させる演算は以下を満たす.
   i. $A \subset \overline{A}$.
   ii. $A \subset B \Rightarrow \overline{A} \subset \overline{B}$.
   iii. $\overline{\overline{A}} = \overline{A}$. とくに $\overline{A}$ はつねに閉集合.
   iv. $\overline{(A \cup B)} = \overline{A} \cup \overline{B}$.

   (b) 集合 A の閉包 $\overline{A}$ は A を含む最小の閉集合である
   $\overline{A} = \bigcap \{B \subset X | A \subset B \in \mathcal{C}\}$.

   (c) **(AC)**. a が A の触点であるための必要十分条件は，a に収束する A の点列 $(a_m)_m$ が存在することである.

   (d) 閉集合系 $\mathcal{C}$ は以下を満たす.
   i. 空集合と全体は閉集合 $\{\emptyset, X\} \subset \mathcal{C}$.
   ii. 閉集合の有限個の合併は閉集合.
   $C_1, C_2 \in \mathcal{C} \Rightarrow C_1 \cup C_2 \in \mathcal{C}$.
   iii. 閉集合の任意個数の共通部分は閉集合.
   $$\{C_i | i \in I\} \subset \mathcal{C} \Rightarrow \bigcap_{i \in I} C_i \in \mathcal{C}.$$

3. $(\overline{A})^c = (A^c)^\circ$, $(A^\circ)^c = \overline{(A^c)}$.

4. 集合 A が閉集合 $A = \overline{A}$ であるための必要十分条件は，補集合 A^c が開集合 $(A^c)^\circ = A^c$ であることである.

つぎに命題6.1.7（可算な稠密集合の存在）と命題6.1.8（任意の開集合が可算な開球族の合併で表せる）はともに，系5.1つまり有理数の実数での稠密性，言い換えればアルキメデスの原理に依っていた．これらは一般の距離空間では成り立たない.

たとえば上の（例）(7.3) で定義した距離関数 $d_0(x, y) \in \{0, 1\}$ による距離空間 (X_0, d_0) において，任意の集合 $A \subset X_0$ についてその閉包 $\overline{A} = A$ である．よって非可算集合 $X_0 = \mathbb{R}$ とすれば，距離空間 $(\mathbb{R}, d_0)$ には可算な稠密集合は存在しない．このことから，この距離 d_0 のもとでは，可算な開集合族（とくに可算な開球族）を任意に取っても，それらの合併では表せない開集合が存在することが分かる，cf. 命題 7.3.6, 8.1.8.2.

つぎにふたつの距離空間の間の連続写像を考える．X, Y をともに距離空間とし，同じ文字 d でそれらの上の距離関数を表すことにする．簡単のため開集合 $A \subset X$ 上で定義された写像 $f : A \to Y$ を考える．このとき $a \in A$ において f が連続であることの定義はユークリッド空間でのと同じだが

$$\forall\varepsilon > 0\ \exists\delta > 0\ \forall x \in A\ [d(x, a) < \delta \to d(f(x), f(a)) < \varepsilon]$$

である場合である．書き換えれば

$$\forall\varepsilon > 0\ \exists\delta > 0\ (U(a; \delta) \cap A \subset f^{-1}[U(f(a); \varepsilon)])$$

また開集合 A 上で定義された写像 $f : A \to Y$ がその定義域 A の各点で連続であるとき，f を連続写像と呼ぶことも同じ．

つぎに写像 $f : A \to Y$ が一様連続であるのは

$$\forall\varepsilon > 0\ \exists\delta > 0\ \forall x, y \in A[d(x, y) < \delta \to d(f(x), f(y)) < \varepsilon]$$

写像の極限 $\alpha = \lim_{x \to a} f(x)$ は

$$\forall\varepsilon > 0\ \exists\delta > 0\ (U(a; \delta) \cap A \subset f^{-1}[U(\alpha; \varepsilon)])$$

によって定義される．

すると命題6.1.9（写像の極限の点列の極限での言い換え），命題6.1.10（連続写像の逆像による特徴付け）および命題6.1.11（連続写像の合成は連続）はそのままで距離空間でも成立する．読者自ら確かめられたい．ひとつだけ再録しておく．

命題 7.1.4

距離空間 X, Y と開集合 $A \subset X$ 上で定義された写像 $f : A \to Y$ について以下は互いに同値である．

1. $f : A \to Y$ は連続写像．
2. 任意の開集合 O の逆像 $f^{-1}[O]$ も開集合．

また距離空間 (X, d) において，点 $x \in X$ と集合 $A \subset X$ との距離 $d(x, A)$ もユークリッド空間上と同様に定義されて

$$d(x, A) := \inf\{d(x, a) | a \in A\}.$$

関数 $f: X \ni x \mapsto d(x, A) \in \mathbb{R}$ が連続になること，cf. 命題6.1.13, $\emptyset \neq A \subset X$ と $x \in X$ について，$x \in \overline{A} \Leftrightarrow d(x, A) = 0$, cf. 命題6.1.14, が証明もそのままで成立することが分かる．これも読者自ら確かめられたい．

すると補題6.1と同様にして，互いに素な空でない閉集合 $A_1, A_2 \subset X$ に対して，関数 $g: X \to \mathbb{R}$ を

$$g(x) = \frac{d(x, A_1)}{d(x, A_1) + d(x, A_2)}$$

で定めれば，g は連続関数であって $\forall x \in X[0 \leq g(x) \leq 1]$, $\forall x \in A_1[g(x) = 0]$ かつ $\forall x \in A_2[g(x) = 1]$ となることが分かる．これより距離空間でも互いに素なふたつの閉集合が開集合で分離できることが従う．

系 7.1

$A_1, A_2 \subset X$ を互いに素な閉集合であるとする．このとき A_1, A_2 を以下の意味で分離する開集合 O_1, O_2 が存在する：

$$A_i \subset O_i \, (i = 1, 2), \; O_1 \cap O_2 = \emptyset$$

距離空間における集合の弧状連結性と連結性はユークリッド空間での定義と同じである．そして第6.3節でユークリッド空間に対して示した多くの事実は距離空間でも，証明もそのままで成立する．これも読者自ら確かめられたい．念のため再録しよう．

$\alpha < \beta$ として，閉区間 $I = [\alpha, \beta] \subset \mathbb{R}$ から距離空間 (X, d) への連続写像 $f: I \to X$ による像 $f[I]$ を，点 $f(\alpha)$ と点 $f(\beta)$ を結ぶ弧と呼ぶ．X の部分集合 A について，$f[I] \subset A$ であるとき，弧 $f[I]$ は A 内の弧と呼ぶ．

集合 $A \subset X$ の任意の2点を結ぶ A 内の弧が存在するとき，A は弧状連結であると言われる．$A = X$ がこの意味で弧状連結であるとき，距離空間 X は弧状連結であると言われる．集合 $A \subset \mathbb{R}^n$ が連結であるのは，ふたつの開集合 O_1, O_2 で

$$A \subset O_1 \cup O_2, \; A \cap O_1 \cap O_2 = \emptyset, \; A \cap O_1 \neq \emptyset, \; A \cap O_2 \neq \emptyset$$

となるものが存在しないことである．$A = X$ がこの意味で連結であるとき，距離空間 X は連結であると言われる．

命題 7.1.5
(cf.　命題 6.3.2.) A を距離空間での連結な集合とする．このとき $A \subset B \subset \overline{A}$ となっている任意の集合 B も連結である．とくに閉包 $\overline{A}$ は連結である．

命題 7.1.6
(cf.　命題 6.3.3.) 距離空間において，どのふたつも交わるような連結集合から成る集合族の合併も連結である．

命題 7.1.7
(cf.　命題 6.3.4.) 距離空間において，連結集合の連続像は連結になる．

系 7.2
（中間値の定理, cf.　系 6.4.） 距離空間 X の連結集合 $A \subset X$ 上で定義された実数値連続関数 $f : A \to \mathbb{R}$ と $a, b \in A$ について，$[f(a), f(b)] \subset f[A]$.

集合 A の2点 $a, b \in A$ 間の関係 $a \simeq_{arc}^{A} b$ を，点 a と点 b を結ぶ A 内の弧が存在することで定め，この同値関係 $\simeq_{arc}^{A}$ による同値類を集合 A の 弧状連結成分 と呼ぶ.

集合 A の2点 $a, b \in A$ 間の関係 $a \simeq^{A} b$ を，2点 a, b を元として含む A の連結部分集合が存在することで定め，この同値関係 $\simeq^{A}$ による同値類を集合 A の 連結成分 と呼ぶ.

命題 7.1.8
距離空間における集合 A と点 $a \in A$ について，以下が成り立つ．

1. a を元として含む A の弧状連結成分 $B(a)$ は，a を元として含む A の最大の弧状連結部分集合であり，かつ $B(a) \cap A^{\circ} = B(a)^{\circ}$．とくに A が 開集合であれば $B(a)$ も開集合である．

2. a を元として含む A の連結成分 $C(a)$ は，a を元として含む A の最大の連結部分集合であり，かつ $\overline{C(a)} \cap A = C(a)$．とくに A が閉集合であれば $C(a)$ も閉集合である．

しかし定理 6.3.5 における折れ線，線分という概念は，一般の距離空間では意味を持たない．実際，距離空間は連結であっても弧状連結とは限らない (逆は成り立つが)．たとえば，定理 6.3.5 の後で挙げた（例）の平面 $\mathbb{R}^2$ での部分距離空間 $A \cup B$ は，連結ではあるが弧状連結ではなかった．

演習問題 7.1

1. 不等式 (7.2) を確かめよ．
2. ノルム空間 $(X, \|\cdot\|)$ において関数 $d(x,y) = \|x-y\|$ が距離関数となることを確かめよ．
3. (X,d) を距離空間とし，$x \in X$ また $(x_n)_{n\in\mathbb{N}}$ を X の点列とする．このとき，点列 $(x_n)_n$ がコーシー列であるなら，実数列 $(d(x_n,x))_n$ はコーシー列となることを示せ．ここで x は X の任意の点．
4. ノルム空間 $(X, \|\cdot\|)$ における開球 $U(a;\varepsilon)$ の外部が $\{x \in X \mid \|x-a\| > \varepsilon\}$ と一致することを確かめよ．
5. 距離空間の部分集合 A が開集合ということは，それに含まれる開球の合併が A と一致する，つまり $A = \bigcup\{U(a;\varepsilon) \mid \varepsilon > 0, U(a;\varepsilon) \subset A\}$ ということである．これを示せ．
6. 距離空間の有限部分集合は閉集合であることを示せ．
7. 距離空間 (X,d) において $x \in X$ が $A \subset X$ の集積点であるとする．このとき任意の正の数 ε について $U(x;\varepsilon) \cap (A - \{x\})$ は無限集合であることを示せ．
8. 距離空間 (X,d) において以下を示せ．
   (a) 収束する点列はコーシー列である．
   (b) 収束する点列の部分列は同じ極限に収束する．
   (c) コーシー列は有界である．
   (d) コーシー列の部分列はコーシー列である．
   (e) コーシー列の部分列が収束すればもとのコーシー列も同じ極限に収束する．

§7.2　完備距離空間

(X,d) を距離空間として，(X,d) における任意のコーシー列が X のある点に収束するとき，(X,d) を完備距離空間と呼ぶ．たとえば命題6.1.1.3，つまり命題5.1.6（コーシー完備性）により，ユークリッド空間 $\mathbb{R}^n$ は，距離 $d(a,b)=\|a-b\|\,(a,b\in\mathbb{R}^n)$ に関して完備である．逆に有理数全体の集合 $\mathbb{Q}$ に距離を $d(r,s)=|r-s|\,(r,s\in\mathbb{Q})$ で入れた距離空間，つまり通常の距離のもとでの距離空間 $\mathbb{R}$ の部分距離空間 $\mathbb{Q}$ は，無理数に収束する有理数列の存在により，完備ではない．ここでは先ず完備距離空間の性質を調べよう．

命題 7.2.1

完備距離空間 (X,d) の部分距離空間 Y が完備であるための必要十分条件は，Y が閉集合であることである．

証明　(**AC**).

$Y\subset X$ が閉集合であるとする．Y の点列 $(y_n)_n$ がコーシー列であるとしてその X での極限 $y=\lim_{n\to\infty} y_n$ は Y に属する．よって Y は完備である．

逆に Y が完備であるとして Y の触点 $y\in X$ を取る．命題7.1.3.2c により，y に収束する Y の点列 $(y_n)_n$ を取れば，これはコーシー列であるから極限が Y の中に存在し，それは y と一致する．よって $y\in Y$．したがって，Y は閉集合である．■

$f:X\to X$ を距離空間 (X,d) 上の写像とする．この写像に対してある数 a で $0<a<1$ かつ任意の $x,y\in X$ について $d(f(x),f(y))\leq a\cdot d(x,y)$ となっているとき，f は縮小写像であると言われる．記号では $\exists a\in(0,1)\forall x,y\in X[d(f(x),f(y))\leq a\cdot d(x,y)]$．つまり2点 x,y の距離は，写像 f で写すと一定の比率 $a<1$ で小さくなっていくということである．縮小写像は明らかに（一様）連続である．

命題 7.2.2

$f:X\to X$ を距離空間 (X,d) 上の縮小写像とする．

1. $f(x)=x$ をみたす不動点 $x\in X$ はたかだかひとつしか存在しない．

2. 距離空間 X が完備であれば，縮小写像には不動点が存在する．

証明 数 $a \in (0,1)$ は $\forall x, y \in X[d(f(x), f(y)) \leq a \cdot d(x,y)]$ を満たすとする．
7.2.2.1. $x, y \in X$ が f の不動点であれば，$d(x,y) = d(f(x), f(y)) \leq a \cdot d(x,y)$. $a < 1$ より $d(x,y) = 0$ となるので $x = y$.
7.2.2.2. $X \neq \emptyset$ を完備であるとする．任意に 1 点 $x_0 \in X$ を取り，点列 $(x_n)_{n\in\mathbb{N}}$ を帰納的に $x_{n+1} = f(x_n)$ で定める．つまり x_n は，x_0 を f で n 回移した点である．数 a の取り方から，任意の自然数 n について $d(x_n, x_{n+1}) \leq a^n \cdot d(x_0, x_1)$ となる．よって自然数 $n \leq m$ について三角不等式により

$$
\begin{aligned}
d(x_n, x_m) \leq \sum_{n\leq i<m} d(x_i, x_{i+1}) &\leq \sum_{n\leq i<m} a^i \cdot d(x_0, x_1) \\
&= \frac{a^n - a^m}{1-a} \cdot d(x_0, x_1) \leq \frac{a^n}{1-a} \cdot d(x_0, x_1)
\end{aligned}
$$

となるので，$(x_n)_n$ はコーシー列である．X が完備なのでこれは極限 $x = \lim_{n\to\infty} x_n$ を持ち，f の連続性より，$f(x) = \lim_{n\to\infty} f(x_n) = \lim_{n\to\infty} x_{n+1} = x$. ■

一般に距離空間 (X, d) の部分集合 $A \subset X$ は，その閉包 $\overline{A} = X$ であるとき，（X で）稠密であると言われる．選択公理のもとで A が X で稠密ということは，任意に与えられた点 $x \in X$ に対し，x に収束する A の点列 $(a_n)_n$ が存在するということである．

命題 7.2.3

距離空間 X の稠密部分集合 A 上で定義された完備距離空間 Y への一様連続写像 $f : A \to Y$ は，一意的に X から Y への一様連続写像 $\overline{f} : X \to Y$ へ拡張される．しかも $x \in X$ について $\overline{f}(x)$ は，x に収束する A の点列 $(a_n)_n$ により

$$
\overline{f}(x) = \lim_{n\to\infty} f(a_n) \tag{7.4}
$$

を満たす．

証明 (**AC**).

命題の意味は，一様連続写像 $\overline{f} : X \to Y$ で $\overline{f}|_A = f$ となるものがただひとつ存在するということである．（実際にはふたつの連続写像 $\overline{f}, \overline{g} : X \to Y$ が

$\overline{f}|_A = f = \overline{g}|_A$ であれば $\overline{f} = \overline{g}$ であることまで分かる.）X, Y 上の距離関数を同じ文字 d で書き表す.

命題7.1.3.2cにより，各 $x \in X = \overline{A}$ に対して x に収束する A の点列 $(a_n)_n$ を取り，(7.4) によって $\overline{f}(x)$ を定めたい．このためには，先ず (7.4) の右辺の極限が存在すること，そしてその極限が x に収束する点列の取り方には依らないことを確かめる必要がある.

はじめに点列 $(f(a_n))_n$ が完備距離空間で収束することを見るには，それがコーシー列であることを示せばよい．正の数 ε が任意に与えられる．f の一様連続性により，$\delta > 0$ を $\forall a, b \in A[d(a,b) < \delta \to d(f(a), f(b)) < \varepsilon]$ となるように取る．つぎに収束点列，したがって，コーシー列 $(a_n)_n$ について，番号 N を大きく取って，$\forall n, m \geq N[d(a_n, a_m) < \delta]$ となるようにする．すると $\forall n, m \geq N[d(f(a_n), f(a_m)) < \varepsilon]$ となる．よって点列 $(f(a_n))_n$ はコーシー列であるから完備距離空間 Y において極限を持つことが分かった.

つぎにその極限が x に収束する点列の取り方には依らないことを示すため，A のふたつの点列 $(a_n)_n$, $(b_n)_n$ でともに1点 x に収束するものを取る．$d(a_n, b_n) \to 0\,(n \to \infty)$ であるから，f の一様連続性により $d(f(a_n), f(b_n)) \to 0\,(n \to \infty)$ である．$y = \lim_{n\to\infty} f(a_n)$, $z = \lim_{n\to\infty} f(b_n)$ とおけば $d(y,z) \leq d(y, f(a_n)) + d(f(a_n), f(b_n)) + d(f(b_n), z) \to 0\,(n \to \infty)$ であるから $d(y,z) = 0$ すなわち $y = z$.

これで写像 $\overline{f} : X \to Y$ が定義できることが分かった．$x \in A$ のときには点列 $(a_n)_n$ を $a_n \equiv a$ と取れば，$\overline{f}(a) = \lim_{n\to\infty} f(a) = f(a)$ となり，$\overline{f}$ は f の拡張になっている.

つぎに $\overline{f}$ が一様連続であることを示す．正の数 ε が与えられる．f の一様連続性により，正の数 δ を $\forall a, b \in A[d(a,b) < 3\delta \to d(f(a), f(b)) < \varepsilon]$ となるように取る．つぎに $x, y \in X$ が $d(x,y) < \delta$ であるとする．この x, y にそれぞれ収束する A の点列 $(a_n)_n$, $(b_n)_n$ を取る．すると十分に大きい n について $d(a_n, x) < \delta$, $d(y, b_n) < \delta$, $d(\overline{f}(x), f(a_n)) < \varepsilon$ かつ $d(f(b_n), \overline{f}(y)) < \varepsilon$ である．すると $d(a_n, b_n) \leq d(a_n, x) + d(x,y) + d(y, b_n) < 3\delta$ となる．そこで δ の取り方から $d(f(a_n), f(b_n)) < \varepsilon$. よって $d(\overline{f}(x), \overline{f}(y)) \leq d(\overline{f}(x), f(a_n)) + d(f(a_n), f(b_n)) + d(f(b_n), \overline{f}(y)) < 3\varepsilon$.

最後に拡張の一意性を示す．（一様）連続写像 $\overline{g} : X \to Y$ が $\overline{g}|_A = f$ となっていたとする．$x \in X$ に収束する A の点列 $(a_n)_n$ を取ると $\overline{g}$ の連続性により

$\overline{g}(x) = \lim_{n\to\infty} \overline{g}(a_n) = \lim_{n\to\infty} f(a_n) = \overline{f}(x)$. よって $\overline{g} = \overline{f}$ である． ■

もうひとつ完備距離空間の性質を述べる．

定理 7.2.4

完備距離空間はベール空間である．すなわち完備距離空間における可算個の稠密な開集合族 $(U_n)_{n\in\mathbb{Z}^+}$ の共通部分 $\bigcap_n U_n$ も稠密である．

証明　(**AC**). 完備距離空間 (X,d) において，U_n $(n \in \mathbb{Z}^+)$ を稠密な開集合とする．つまり $\overline{U_n} = X$. 共通部分 $\bigcap_{n>0} U_n$ も稠密であることを示すために，点 $x_0 \in X$ と開球 $U_0 = U(x_0; \varepsilon_0)$ $(\varepsilon_0 > 0)$ を任意に取り，$\bigcap_{n\in\mathbb{N}} U_n = U_0 \cap (\bigcap_{n>0} U_n) \neq \emptyset$ を示す．そのために X の点列 $(x_n)_n$ と正の数の列 $(\varepsilon_n)_n$ を帰納的に定めて，任意の $n \in \mathbb{N}$ について

$$\left(U(x_n;\varepsilon_n) \subset \bigcap_{i\le n} U_i\right) \land \forall i < n(2\varepsilon_{i+1} < \varepsilon_i \land d(x_i, x_{i+1}) < \frac{\varepsilon_i}{2}) \tag{7.5}$$

となるようにする．いま $i \le n$ まで $(x_i, \varepsilon_i)_{i\le n}$ が (7.5) を満たすように取られたとする．このとき先ず U_{n+1} が稠密であることにより，点 x_{n+1} を $x_{n+1} \in U(x_n; \frac{\varepsilon_n}{2}) \cap U_{n+1}$ となるように取る．つぎに正の数 ε_{n+1} を開集合 $U(x_n; \frac{\varepsilon_n}{2}) \cap U_{n+1}$ について，$2\varepsilon_{n+1} < \varepsilon_n$ かつ $U(x_{n+1}; \varepsilon_{n+1}) \subset U(x_n; \frac{\varepsilon_n}{2}) \cap U_{n+1}$ となるように取る．$U(x_n; \frac{\varepsilon_n}{2}) \subset U(x_n; \varepsilon_n) \subset \bigcap_{i\le n} U_i$ より $U(x_{n+1}; \varepsilon_{n+1}) \subset \bigcap_{i\le n+1} U_i$ であり，(7.5) が $(x_{n+1}, \varepsilon_{n+1})$ でも満たされている．

そこで $n < m$ について

$$d(x_n, x_m) \le \sum_{n\le i<m} d(x_i, x_{i+1}) < \frac{1}{2}\sum_{n\le i<m} \varepsilon_i < \frac{\varepsilon_n}{2} + \frac{\varepsilon_{n+1}}{2}\sum_{n+1\le i<m} 2^{n+1-i}$$
$$< \frac{\varepsilon_n}{2} + \varepsilon_{n+1} < \varepsilon_n \le 2^{-n}\varepsilon_0$$

であるから点列 $(x_n)_n$ は完備距離空間 X でのコーシー列である．$x = \lim_{n\to\infty} x_n$ とおくと，$d(x_n, x_m) < \frac{\varepsilon_n}{2} + \varepsilon_{n+1}$ であるので $m \to \infty$ として $d(x_n, x) \le \frac{\varepsilon_n}{2} + \varepsilon_{n+1} < \varepsilon_n$ となる．したがって，(7.5) より $x \in \bigcap_{n\in\mathbb{N}} U(x_n; \varepsilon_n) \subset \bigcap_{n\in\mathbb{N}} U_n$. ■

つぎに完備距離空間の例をふたつつくる．以下の例はともにノルム空間でしかも距離空間として完備なものである．このようなノルム空間はバナッハ空間と呼ばれる．

一般に空でない集合 $X \neq \emptyset$ の上で定義された有界な実数値関数 $f : X \to \mathbb{R}$ 全体から成る集合を $\mathfrak{F}^b(X)$ と書くことにする．$f \in \mathfrak{F}^b(X)$ に対してそのノルムを

$$\|f\|_\infty := \sup\{|f(x)| \in \mathbb{R} | x \in X\} \tag{7.6}$$

で定義する．f は有界なので実数の集合 $\{|f(x)| \geq 0 | x \in X\}$ は上に有界であるから上限が存在する．

先ず $\|f\|_\infty$ により $(\mathfrak{F}^b(X), \|\cdot\|_\infty)$ は，ノルム空間となることが分かる．ベクトルの演算は $(\alpha f)(x) = \alpha(f(x))$ $(\alpha \in \mathbb{R})$, $(f+g)(x) = f(x) + g(x)$. また $f, g \in \mathfrak{F}^b(X)$ に対して，$\|f\|_\infty \geq 0$, $\|f\|_\infty = 0 \Leftrightarrow f \equiv 0$, $\|\alpha f\|_\infty = |\alpha|\|f\|_\infty$. （三角不等式）$\|f+g\|_\infty \leq \|f\|_\infty + \|g\|_\infty$. 三角不等式は $x \in X$ に対して $|f(x) + g(x)| \leq |f(x)| + |g(x)| \leq \|f\|_\infty + \|g\|_\infty$. $x \in X$ は任意であるから $\|f+g\|_\infty \leq \|f\|_\infty + \|g\|_\infty$.

このノルムにより $\mathfrak{F}^b(X)$ 上の距離を $d(f, g) = \|f - g\|_\infty$ で定めることができる．

命題 7.2.5

任意の空でない集合 X について，距離空間 $(\mathfrak{F}^b(X), d)$ は完備である．

証明　$(f_n)_{n\in\mathbb{N}}$ を $\mathfrak{F}^b(X)$ でのコーシー列とする．$x \in X$ に対して $|f_n(x) - f_m(x)| \leq \|f_n - f_m\|_\infty$ であるから実数列 $(f_n(x))_n$ はコーシー列である．その極限を $f(x) = \lim_{n\to\infty} f_n(x)$ とすると，$f : X \to \mathbb{R}$ である．先ず f が有界であることを見よう．

$|\|f_n\|_\infty - \|f_m\|_\infty| \leq \|f_n - f_m\|_\infty$ であるから実数列 $(\|f_n\|_\infty)_n$ もコーシー列である．とくに $(\|f_n\|_\infty)_n$ は有界である．いま正の数 ε と $x \in X$ について，n を $|f(x) - f_n(x)| < \varepsilon$ となるように取れば，$|f(x)| < \varepsilon + |f_n(x)| \leq \varepsilon + \|f_n\|_\infty \leq \varepsilon + \sup_n \|f_n\|_\infty$ となり $f \in \mathfrak{F}^b(X)$ が分かった．

最後に $\mathfrak{F}^b(X)$ において $f = \lim_{n\to\infty} f_n$ であることを示す．正の数 ε が任意に与えられる．N を大きく取って，任意の $n, m \geq N$ について $\|f_n - f_m\|_\infty < \varepsilon$

となるようにする．このとき $x \in X$ について $|f_n(x) - f_m(x)| < \varepsilon$．ここで $m \to \infty$ として $|f_n(x) - f(x)| \leq \varepsilon$ となる．$x \in X$ は任意であったから，$\|f_n - f\|_\infty \leq \varepsilon$．よって $f = \lim_{n\to\infty} f_n$． ■

つぎに (X,d) は距離空間とする．X 上で定義された有界かつ連続な実数値関数 $f: X \to \mathbb{R}$ 全体から成る集合を $B(X) = \mathfrak{F}^b(X) \cap C(X)$ で書き表す．$B(X)$ を距離空間 $\mathfrak{F}^b(X)$ の部分距離空間であるとみなす．$X = I = [0,1]$ のときの $B(X)$ はこの章のはじめで考えたノルム空間 $C(I)$ である．

命題 7.2.6

空でない距離空間 (X,d) に対して，$B(X)$ は完備距離空間である．

証明　命題 7.2.5 により $\mathfrak{F}^b(X)$ は完備距離空間である．$B(X)$ は $\mathfrak{F}^b(X)$ の部分距離空間であるから，$B(X)$ が $\mathfrak{F}^b(X)$ における閉集合であることを示せば，命題 7.2.1 により $B(X)$ の完備性が従う．そのためには $B(X)$ の収束する点列 $(f_n)_n$ の極限 f がまた $B(X)$ に属すことを示せばよい．つまり $f = \lim_{n\to\infty} f_n$，$f_n \in B(X)$ であるとして f が連続であることを示す．

$x_0 \in X$ として正の数 ε が与えられる．n を大きく取って $\|f_n - f\|_\infty < \varepsilon$ となるようにする．他方，$f_n \in B(X)$ は連続であるから x_0 のある近傍 U の点 $x \in U$ では $|f_n(x_0) - f_n(x)| < \varepsilon$．$\|f_n - f\|_\infty < \varepsilon$ であるから，$|f_n(x) - f(x)|, |f_n(x_0) - f(x_0)| < \varepsilon$．こうして $|f(x) - f(x_0)| \leq |f(x) - f_n(x)| + |f_n(x) - f_n(x_0)| + |f_n(x_0) - f(x_0)| < 3\varepsilon$．よって f は X 上で連続である． ■

つぎに距離空間の完備化を考える．これは，与えられた完備とは限らない距離空間 (X,d) を拡張して完備距離空間 (X_1, d_1) をつくり，しかもその拡張が最小になるようにすることである．正確には距離空間 (X_1, d_1) が距離空間 (X,d) の完備化であるとは，先ず (X_1, d_1) が完備であり，しかも写像 $f_1 : X \to X_1$ が存在して，$\forall x, y \in X[d(x,y) = d_1(f_1(x), f_1(y))]$（この事実を $f_1 : X \to X_1$ は等長写像であるという）かつ像 $f_1[X]$ は X_1 で稠密になっているということである．等長写像は一様連続かつ単射であることが容易に分かる．

たとえば有理数 $\mathbb{Q}$ 上で距離を $d(r,s) = |r - s|$ $(r, s \in \mathbb{Q})$ で定めた距離空間

の完備化は，実数$\mathbb{R}$上で同じく距離を$d(x,y) = |x-y|\ (x,y \in \mathbb{R})$で定めた完備距離空間である，cf. 系5.1, 命題5.1.6.

この例 を「実数$\mathbb{R}$は，距離空間としての有理数$\mathbb{Q}$を完備化して構成される」と読み違えないほうがよい．なぜなら距離空間の定義には実数$\mathbb{R}$の存在が前提されているから．

つぎに$\boldsymbol{\ell}$を，絶対収束する，つまり絶対値の和$\displaystyle\sum_{n=0}^{\infty}|a_n|$が有限であるような実数列$(a_n)_n$全体の集合とする．$\boldsymbol{\ell}$は，和$(a_n)_n + (b_n)_n = (a_n + b_n)_n$とスカラー倍$\alpha(a_n)_n = (\alpha a_n)_n$により実ベクトル空間となり，また$a = (a_n)_n$のノルムを$\|a\| = \displaystyle\sum_n |a_n|$で定めればノルム空間となる．さらにこのノルム空間$\boldsymbol{\ell}$は完備，つまりバナッハ空間である，cf. 7.2節の演習3.

$\boldsymbol{b}$を，ほとんどすべてのnについて$a_n = 0$となる実数列$(a_n)_n$全体の集合とすると，$\boldsymbol{b}$はベクトル空間$\boldsymbol{\ell}$の部分空間であり，$a \in \boldsymbol{b}$のノルムを$\boldsymbol{\ell}$でのノルム$\|a\|$で定めて距離空間となる．さらに$\boldsymbol{b}$は距離空間$\boldsymbol{\ell}$で稠密であるから，距離空間$\boldsymbol{b}$の完備化は$\boldsymbol{\ell}$である．

定理 7.2.7

距離空間(X,d)の完備化が存在して，しかも以下の意味で完備化は一意的である．(X_1,d_1)と(X_2,d_2)がともに(X,d)の完備化であり，$i = 1,2$について写像$f_i : X \to X_i$は，$f_i[X]$がX_iで稠密であるような等長写像とする．このときX_1からX_2への全単射な等長写像$g : X_1 \to X_2$で，$g \circ f_1 = f_2$となるものが存在する．

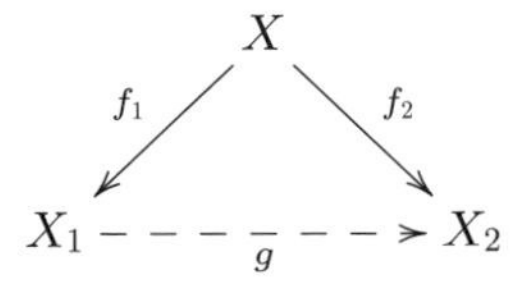

一般にふたつの距離空間(X_1,d_1)と(X_2,d_2)に対して，全単射な等長写像$g : X_1 \to X_2$が存在するとき，このふたつは距離空間としては「同じ」とみな

される．この意味で与えられた距離空間の完備化は，距離空間としてひとつしかないことになる．

定理 7.2.7 の**証明** (**AC**).

完備化の存在を示すため，ここでは与えられた距離空間 (X, d) の完備化 (X_1, d_1) を直接つくることにする．あるいは X が埋め込める完備距離空間をつくっておいて，埋め込まれた X の閉包を完備化とすることもできる，cf. 7.2 節の演習 2.

定理 7.2.7 の証明はやや長くなるので，はじめに証明の粗筋を説明しておこう．直観的には完備化 X_1 の点は，距離空間 (X, d) でのコーシー列の極限である．もちろんこの極限はモノとしては未だつくられていないので，そのコーシー列そのものをひとつのモノと見なして，そのモノをコーシー列の極限とする．そうすれば少なくとも距離空間 (X, d) でのコーシー列は，X_1 では極限を持つことになる．しかも X_1 の任意の点は X の点列の極限であるので，X は X_1 で稠密になる，cf. 命題 7.1.3.2c. さらに X でのコーシー列は X_1 において極限を持つから，X_1 は完備になるであろう．以上が大雑把な粗筋であるが，もちろんいくつか詰めなければいけない点がある．先ず，同じ点に収束する（であろう）コーシー列はたくさんある．だから X_1 の点は，そこへ収束するひとつのコーシー列ではなく，これらの同じ点に収束するコーシー列全部と考えなければならない．すると X_1 での距離 d_1 を，これらのコーシー列に共通に定めることになる．

（完備化の構成）

では完備化 (X_1, d_1) の構成をはじめよう．先ず C を，距離空間 (X, d) でのコーシー列全体から成る集合とする．ふたつのコーシー列 $(x_n)_n, (y_n)_n$ に対して，実数列 $(d(x_n, y_n))_n$ はコーシー列であることが以下のように分かる．正の数 ε が与えられる．番号 N を大きく取って，$\forall n, m \geq N[\max\{d(x_n, x_m), d(y_n, y_m)\} < \varepsilon]$ とする．このとき $n, m \geq N$ とすれば，$|d(x_n, y_n) - d(x_m, y_m)| \leq d(x_n, x_m) + d(y_n, y_m) < 2\varepsilon$. よって実数列 $(d(x_n, y_n))_n$ はコーシー列であり，実数において収束する．

つぎに集合 C 上の関係 $\simeq$ を

$$(x_n)_n \simeq (y_n)_n :\Leftrightarrow \lim_{n\to\infty} d(x_n, y_n) = 0$$

で定める．この関係は C 上の同値関係である．そこで商集合を $X_1 = (C/\simeq)$ とおき，X_1 への標準的な全射 $\pi : C \to X_1$ を取っておく．

集合 X_1 上の距離 d_1 を，$x = \pi((x_n)_n), y = \pi((y_n)_n)$ について

$$d_1(x, y) = \lim_{n\to\infty} d(x_n, y_n) \tag{7.7}$$

と定めたい．そのためには先ずこの右辺の極限が代表元 $(x_n)_n, (y_n)_n$ の取り方に依らないことを確かめなければならない．$(x_n)_n \simeq (x'_n)_n$, $(y_n)_n \simeq (y'_n)_n$ とする．このとき $|d(x_n, y_n) - d(x'_n, y'_n)| \leq d(x_n, x'_n) + d(y'_n, y_n)$ であり，$d(x_n, x'_n) \to 0\,(n \to \infty)$, $d(y'_n, y_n) \to 0\,(n \to \infty)$ より，$|d(x_n, y_n) - d(x'_n, y'_n)| \to 0\,(n \to \infty)$ となる．これで関数 $d_1 : X_1 \times X_1 \to \mathbb{R}$ が定まった．この d_1 が X_1 上の距離関数になることが容易に分かる．たとえば $d_1(x, y) = 0$ とすれば，(7.7) の右辺が 0 だから，$(x_n)_n \simeq (y_n)_n$ となり，これは $x = \pi((x_n)_n) = \pi((y_n)_n) = y$ を意味する．

$x \in X$ に対して恒等的に $x = x_n$ なる（コーシー）列 $(x)_n = (x_n)_n$ を取って，$f_1(x) = \pi((x)_n)$ によって写像 $f_1 : X \to X_1$ を決める．この f_1 は等長写像である．なぜなら $x, y \in X$ について $(y)_n = (y_n)_n$ も恒等的に $y = y_n$ として，$d_1(f_1(x), f_1(y)) = d_1(\pi((x)_n), \pi((y)_n)) = \lim_{n\to\infty} d(x, y) = d(x, y)$.

つぎに $f_1[X]$ が X_1 で稠密であることを示そう．$(x_n)_n \in C$ について

$$d_1(\pi((x_n)_n), f_1(x_n)) \to 0\,(n \to \infty) \tag{7.8}$$

となる．なぜなら $x = \pi((x_n)_n)$ として，$d_1(x, f_1(x_n)) = d_1(\pi((x_m)_m), \pi((x_n)_m)) = \lim_{m\to\infty} d(x_m, x_n)$. $(x_n)_n$ はコーシー列であるから $d_1(x, f_1(x_n)) \to 0\,(n \to \infty)$. したがって，命題 7.1.3.2c により，$f_1[X]$ は X_1 で稠密である．

最後に X_1 の完備性を示す．$(x_n)_n$ を X_1 でのコーシー列とする．$f_1[X]$ が X_1 で稠密であるから各 n について，$d_1(x_n, f_1(y_n)) < \dfrac{1}{n}$ となる $y_n \in X$ を取っておく．すると列 $(y_n)_n$ は X でのコーシー列である．なぜなら，$d(y_n, y_m) = d_1(f_1(y_n), f_1(y_m)) \leq d_1(f_1(y_n), x_n) + d_1(x_n, x_m) + d_1(x_m, f_1(y_m))$ において $n, m \to \infty$ とすれば，$d_1(f_1(y_n), x_n), d_1(x_n, x_m), d_1(x_m, f_1(y_m)) \to 0$ となるからである．よって $(y_n)_n \in C$. そこで $x = \pi((y_n)_n) \in X_1$ とおくと $x = \lim_{n\to\infty} x_n$ となる．なぜなら $d_1(x, x_n) \leq d_1(\pi((y_n)_n), f_1(y_n)) + d_1(f_1(y_n), x_n)$

において $n \to \infty$ とすれば，(7.8) より $d_1(\pi((y_n)_n), f_1(y_n)) \to 0$. また y_n の取り方から $d_1(f_1(y_n), x_n) \to 0$. こうして X_1 での任意のコーシー列 $(x_n)_n$ が X_1 で収束することが分ったので，(X_1, d_1) は完備距離空間である．

つぎに完備化の一意性を示す．

（完備化の一意性）

(X_1, d_1)[1] と (X_2, d_2) はともに (X, d) の完備化とする．また $i = 1, 2$ について写像 $f_i : X \to X_i$ は，$f_i[X]$ が X_i で稠密であるような等長写像とする．

f_1 は等長写像なのでとくに単射である．そこで写像 $g : f_1[X] \to X_2$ を $x \in X$ に対して $g(f_1(x)) = f_2(x)$ で定めることができる．つまり $g \circ f_1 = f_2$ となる g である．この g は明らかに等長写像であるからとくに一様連続である．また $f_1[X]$ は X_1 で稠密であった．よって命題 7.2.3 により $g : f_1[X] \to X_2$ は一様連続な写像 $\overline{g} : X_1 \to X_2$ に拡張される．ここで $x \in X_1$ について $\overline{g}(x)$ は (7.4) で与えられる．このとき先ず $\overline{g} \circ f_1 = g \circ f_1 = f_2$. あとは $\overline{g}$ が全単射な等長写像であることを示せばよい．

先ず等長であることは，$x, y \in X_1$ にそれぞれ収束する $f_1[X]$ の点列 $(f_1(x_n))_n$，$(f_1(y_n))_n$ を取ると，(7.4) により $\overline{g}(x) = \lim_{n\to\infty} f_2(x_n)$, $\overline{g}(y) = \lim_{n\to\infty} f_2(y_n)$ である．このとき $d_1(x, y) = \lim_{n\to\infty} d_1(f_1(x_n), f_1(y_n)) = \lim_{n\to\infty} d(x_n, y_n) = \lim_{n\to\infty} d_2(f_2(x_n), f_2(y_n)) = d_2(\overline{g}(x), \overline{g}(y))$ となるので，$\overline{g}$ は等長写像，とくに単射である．最後に $\overline{g}$ が全射であることを見るために $z \in X_2$ に収束する $f_2[X]$ の点列 $(f_2(z_n))_n$ を取る．このとき $(f_2(z_n))_n$ は X_2 でのコーシー列であるから，$(z_n)_n$ は X でのコーシー列である．よって $(f_1(z_n))_n$ は X_1 でのコーシー列となるのでその X_1 での極限を $u = \lim_{n\to\infty} f_1(z_n)$ とおく．すると $\overline{g}(u) = \lim_{n\to\infty} g(f_1(z_n)) = \lim_{n\to\infty} f_2(z_n) = z$ となり，$\overline{g}$ が全射であることも分った．

以上により定理 7.2.7 の証明が終わる．■

演習問題 7.2

1. ふたつの距離空間 (X, d_X), (Y, d_Y) に対し，$\forall x_1, x_2 \in X[d_X(x_1, x_2) = d_Y(f(x_1), f(x_2))]$ を満たす X から Y への等長写像 $f : X \to Y$ は一様連続かつ単射であることを示せ．

---

[1] ここで (X_1, d_1) は上で構成した完備距離空間である必要はない．

2. (完備化の別構成法)

(X, d) を空でない距離空間として，各 $x \in X$ に対して写像 $d_x \in \mathbb{R}^X$ を $d_x : X \ni y \mapsto d(x, y) \in \mathbb{R}$ によって定める．つまり2変数関数 d のひとつの変数を x に止めて得られる関数である．そして写像 $D \in (\mathbb{R}^X)^X$ を $D : X \ni x \mapsto d_x \in \mathbb{R}^X$ で定める，cf. 第3.2節の最後で構成した $\mathbb{R}^{X \times X}$ と $(\mathbb{R}^X)^X$ の間の標準的全単射．ひとつ $x_0 \in X$ を固定しておく．また $B(X) = \mathfrak{F}^b(X) \cap C(X)$ は，X 上の有界な連続関数全体の集合で，そこでの距離は (7.6) で定めたノルムによって定まっていた．命題7.2.6により $B(X)$ は完備距離空間であった．以下を示せ．

(a) $x \in X$ について，$D(x) - D(x_0) \in B(X)$．さらに写像 $e : X \to B(X)$ を，$e(x) = D(x) - D(x_0)$ で定めるとこの e は等長写像である．

(b) 等長写像 $e : X \to B(X)$ の像の $B(X)$ での閉包 $\overline{e[X]}$ は X の完備化である．

3. 絶対収束する実数列全体 $\boldsymbol{\ell}$ はノルム $\|(a_n)_n\| = \sum_n |a_n|$ に関して完備であることを示せ．

§7.3　コンパクト距離空間

ここでは距離空間がコンパクトになるための条件について調べる．コンパクト性の定義はユークリッド空間でのと同じだが復習しよう．

距離空間 X の部分集合 $A \subset X$ の被覆 $(O_i)_{i \in I}$ において集合 O_i がみな開集合であるとき，$(O_i)_{i \in I}$ を A の開被覆であるという．集合 $A \subset X$ が X においてコンパクトであるのは，A の任意の開被覆 $(O_i)_{i \in I}$ に対して必ずその有限部分被覆が取れることを言う．つまり $\mathcal{O}$ を距離空間 X での開集合全体から成る族であるとして，A がコンパクトとは，$A \subset \bigcup_{i \in I} O_i$ で $\forall i \in I[O_i \in \mathcal{O}]$ となっているとき，ある有限部分集合 $J \subset I$ で $A \subset \bigcup_{i \in J} O_i$ となるものが存在することである．X の部分集合として X 自身がコンパクトであるとき，X はコンパクト距離空間という．

命題6.2.2, 6.2.6と定理6.2.7はそのまま距離空間でも成り立つ．命題として再録しておく．読者自ら確かめられたい．

命題 7.3.1

距離空間 X の部分集合 A について以下の二条件は同値である．

(1) A は距離空間 X のコンパクト集合．

(2) 任意の閉集合族 $(C_i)_{i \in I}$ について，もし $(A \cap C_i)_{i \in I}$ が有限交叉性を持てば，$A \cap \bigcap_{i \in I} C_i \neq \emptyset$.

命題 7.3.2

距離空間におけるコンパクト集合の連続像はコンパクトになる．

つまり距離空間 X, Y と連続写像 : $X \to Y$ および集合 $A \subset X$ について A がコンパクトならば像 $f[A]$ は Y のコンパクト集合である．

定理 7.3.3

空でないコンパクト距離空間 X 上で定義された実数値連続関数 $f : X \to \mathbb{R}$ は最大値と最小値を持つ．

つぎに可算コンパクト性と点列コンパクト性の定義も再録する．

距離空間 X の開被覆 $(O_i)_{i \in I}$ において添字集合 I が可算であるとき，$(O_i)_{i \in I}$ を X の可算開被覆であると呼ぶ．距離空間 X が可算コンパクトであるのは，X の任意の可算開被覆 $(O_i)_{i \in I}$ に対して必ずその有限部分被覆が取れることを言う．

距離空間 X の任意の点列 $(x_n)_n$ が X のある点 x に収束する部分列 $(x_{n_k})_k$ を含むとき，X は列コンパクトであると言われる．

命題 6.2.9, 6.2.10 の証明は距離空間でもそのままでよい．読者自ら確かめられたい．

命題 7.3.4

(AC).　列コンパクトな距離空間は可算コンパクトである．

命題 7.3.5
(AC).　コンパクト距離空間は列コンパクトである．

しかし命題6.2.8（可算コンパクトならコンパクト）はそのままでは成り立たない．その証明は「任意の開集合は可算無限な開集合族に属す開集合の合併で表せる」というユークリッド空間でなら成り立つ性質を用いていた．この性質を第2可算公理という．第2可算公理を満たす距離空間 X では，ある可算な開集合族 $\mathcal{B}$ が存在して，X での任意の開集合は $\mathcal{B}$ に属す開集合の合併で表せる．

関連した概念として，距離空間 X において稠密な可算集合 A, $\overline{A} = X$, が存在するとき，X は可分であると言われる．

命題 7.3.6
(X, d) を距離空間とすると，以下の条件は同値である．

(1)　X は可分である．
(2)　X は第2可算公理を満たす．

証明　[(2) ⇒ (1)] **(AC)**. 可算な開集合族 $\mathcal{B}$ で X での任意の開集合は $\mathcal{B}$ に属す開集合の合併で表せるようなものを取る．ここに $\emptyset \notin \mathcal{B}$ としてよい．そこで各 $U \in \mathcal{B}$ から1点 x_U ずつ取って集合 $A = \{x_U \in X | U \in \mathcal{B}\}$ をつくる．この集合 A は X で稠密である．なぜなら $x \in X$ の ε-近傍 $U(x; \varepsilon)$ は $\mathcal{B}$ に属す開集合の合併で表せるから，ある $U \in \mathcal{B}$ について $x_U \in U \subset U(x; \varepsilon)$ となる．つまり x の任意の ε-近傍について $U(x; \varepsilon) \cap A \neq \emptyset$ だから $x \in \overline{A}$ である．
[(1) ⇒ (2)]. 可算集合 $A \subset X$ は X で稠密であるとする．このとき $\mathcal{B} = \{U(a; r) | a \in A, 0 < r \in \mathbb{Q}\}$ とおけば，$\mathcal{B}$ は可算な開集合族である．$O \subset X$ を開集合として，$x \in O$ とする．正の数 ε を $U(x; 2\varepsilon) \subset O$ となるように取り，点 a を $a \in A \cap U(x; \varepsilon)$ と取る．そして正の有理数 r を $d(a, x) < r < \varepsilon$ となるように取れば，$x \in U(a; r) \subset O$ である．よって $O = \bigcup\{U(a; r) \in \mathcal{B} | U(a; r) \subset O\}$.
■

つぎの命題7.3.7の証明は命題6.2.8と同じである．

命題 7.3.7

第 2 可算公理を満たす距離空間 X が可算コンパクトならばコンパクトである．

さてコンパクト距離空間はもちろん有界である，cf. 命題 6.2.4. しかし有界だがコンパクトにならない距離空間は存在する．たとえば第 7.1 節の（例）(7.3) で定義した距離関数 $d_0(x,y) \in \{0,1\}$ による距離空間 (X_0,d_0) において，X_0 が非可算集合のときには，X_0 は有界であるが可算コンパクトではない．よって列コンパクトでもコンパクトでもない．また補題 6.2（ユークリッド空間では有界閉集合ならコンパクト）も距離空間では成り立たない．

そこで距離空間のコンパクト性を特徴付けるには，有界性よりも強い条件が必要になる．距離空間 (X,d) が 全有界 であるとは，任意の正の数 ε に対して有限個の点 $\{x_i|i=0,1,\ldots,n\} \subset X$ が存在して $X=\bigcup\{U(x_i;\varepsilon)|i=0,1,\ldots,n\}$ となることである．先ほどの（例）の距離空間 (X_0,d_0) は有界だが，X_0 が無限集合である限り全有界ではない．

命題 7.3.8

全有界な距離空間 (X,d) は可分であり，第 2 可算公理を満たす．

証明　(**AC**). 命題 7.3.6 より，全有界な距離空間 (X,d) が可分であることを示せばよい．各正整数 n について有限集合 $A_n \subset X$ を，$X=\bigcup\{U(x;\frac{1}{n})|x \in A_n\}$ となるように取っておく．すると可算集合 $A=\bigcup_n A_n$ が X で稠密となる．なぜなら $y \in X$ についてある点 $x \in A_n$ が存在して $d(y,x)<\frac{1}{n}$ となる．よって y のどんなにも近くに A の点があることになるので $y \in \overline{A}$. ■

つぎに全有界性と点列に関する条件を示す．これにより全有界性が列コンパクト性と繋がる．

命題 7.3.9

距離空間 (X,d) において以下の条件は同値である．

(1)　X における任意の点列はコーシー列を部分列として含む．

(2)　X は全有界である．

証明　(**AC**).

[(1) $\Rightarrow$ (2)]．X は全有界ではないとする．ε を，X が有限個の ε-近傍では覆えないような正の数とする．いま X の点列 $(x_n)_n$ を帰納的に $x_n \not\in \bigcup\{U(x_i;\varepsilon)|\mathbb{N} \ni i < n\}$ となるように選んでいく．先ず $x_0 \in X$ は任意に取る．$x_0, x_1, \ldots, x_n$ まで $\forall m \leq n[x_m \not\in \bigcup\{U(x_i;\varepsilon)|\mathbb{N} \ni i < m\}]$ となるように選んだとする．このとき $x_{n+1} \in X$ を $x_{n+1} \not\in \bigcup\{U(x_i;\varepsilon)|\mathbb{N} \ni i \leq n\}$ となるように選ぶ．仮定より $\bigcup\{U(x_i;\varepsilon)|\mathbb{N} \ni i \leq n\} \subsetneq X$ なのでこれは可能である．こうして選ばれた点列 $(x_n)_n$ の2点は ε 以上は離れている $d(x_n, x_m) \geq \varepsilon$ ($n \neq m$) ので，その任意の部分列は決してコーシー列には成り得ない．

[(2) $\Rightarrow$ (1)]．(X, d) を全有界な距離空間とし，$(x_n)_n$ を X の点列とする．これから自然数 m について点列 $(x_n^m)_n$ と半径が $\dfrac{1}{m+1}$ の開球 U_m を以下の条件をすべて満たすように帰納的に選んでいく．

1. $U_{m+1} \subset U_m$.
2. U_m に点列 $(x_n^m)_n$ は含まれている $\{x_n^m|n \in \mathbb{N}\} \subset U_m$.
3. 点列 $(x_n^m)_n$ は点列 $(x_n)_n$ の部分列．
4. 点列 $(x_n^{m+1})_n$ は点列 $(x_n^m)_n$ の部分列．

はじめに全有界な X を有限個の半径1の開球 $V_0, V_1, \ldots, V_k$ で覆う．いずれかの i について集合 $\{n \in \mathbb{N}|x_n \in V_i\}$ は無限集合であるから，たとえばそのような最小の i を取って，$U_0 = V_i$ とし，集合 $\{n \in \mathbb{N}|x_n \in U_0\}$ の元を小さいほうから並べれば，点列 $(x_n)_n$ の部分列 $(x_{k_n})_n$ が得られる．そこで $x_n^0 = x_{k_n}$ とおいて，点列 $(x_n^0)_n$ が得られる．

点列 $(x_n)_n$ の部分列 $(x_n^m)_n$ が半径 $\dfrac{1}{m+1}$ の開球 U_m に含まれるように選ばれたとする．このとき全有界な U_m を有限個の半径 $\dfrac{1}{m+2}$ の開球で覆い，無限個の項 x_n^m を含む開球 U_{m+1} をその中から取って，$(x_n^m)_n$ の部分列 $(x_n^{m+1})_n$ が半径 $\dfrac{1}{m+2}$ の開球 U_{m+1} に含まれるようにつくられる．

こうして点列の列 $((x_n^m)_n)_m$ あるいは行列 $(x_n^m)_{n,m}$ が得られる．そこでその対角成分を取って $y_n = x_n^n$ として，点列 $(y_n)_n$ を得る．先ず $(y_n)_n$ は $(x_n)_n$ の部分列である．つぎに $(y_n)_n$ はコーシー列になっている．なぜなら

$N \leq m < n$ であれば，$y_m, y_n \in U_m$ であり，U_m は半径が $\dfrac{1}{m+1}$ の開球だから $d(y_m, y_n) < \dfrac{2}{m+1} < \dfrac{2}{N}$. ■

以上をまとめる.

定理 7.3.10

距離空間 (X, d) に関する以下の条件は互いに同値である.

(1) X はコンパクト.

(2) X は列コンパクト.

(3) X は可算コンパクトで第2可算公理を満たす.

(4) X は全有界かつ完備.

証明　(**AC**).

[(1) ⇒ (2)] は命題 7.3.5 による.

[(3) ⇒ (1)] は命題 7.3.7 による.

命題 7.3.4, 7.3.8 により，[(2) ⇒ (3)] には X が列コンパクトなら全有界であることを示せばよい．それには命題 7.3.9 により，X における任意の点列 $(x_n)_n$ がコーシー列を部分列として含むことを示せばよい．しかし X は列コンパクトであるから，$(x_n)_n$ は収束する部分列を含み，その部分列はコーシー列であるからよい.

これで (1), (2), (3) が互いに同値であることは分かった.

以下で，[(2) ⇔ (4)] を示す.

先ず X が列コンパクトならいま注意したことより全有界である．また X におけるコーシー列 $(x_n)_n$ はある極限 x に収束する部分列を含むが，$(x_n)_n$ がコーシー列なので $(x_n)_n$ 自身も同じ極限 x に収束する．よって列コンパクトな X は完備である.

逆に X が全有界かつ完備であるとして，X の点列 $(x_n)_n$ を考えると，命題 7.3.9 により $(x_n)_n$ はコーシー列を部分列として含むが，完備性よりこの部分列は収束する. ■

演習問題 7.3

ここでは (X,d) を距離空間とする．部分集合 A に対して，$\delta(A)=\sup\{d(x,y) \mid x,y\in A\}$ を A の 直径 という．但しここで実数の部分集合 $\{d(x,y)\mid x,y \in A\}$ が上に有界でない場合には $\delta(A):=\infty$ とおく．また任意の実数 α に対して $\alpha<\infty$ と約束する．

1. 開球 $U(a;r)$ の直径は $2r$ 以下であることを示せ．
2. A が有界であることと $\delta(A)<\infty$ は同値であることを示せ．
3. (X,d) はコンパクトであるとする．X の任意の開被覆 $\mathfrak{U}=(U_i)_{i\in I}$ に対して以下のような正の数 $r=r(\mathfrak{U})$ が存在することを示せ:

$$\forall A\subset X[\delta(A)\leq r\to\exists i\in I(A\subset U_i)] \tag{7.9}$$

4. X の任意の開被覆 $\mathfrak{U}$ に対して演習 2 での条件 (7.9) を充たす正の数 $r=r(\mathfrak{U})$ が存在するとする．さらに X が全有界であれば X はコンパクトになることを示せ．よって距離空間がコンパクトであるための必要十分条件は，全有界かつ条件 (7.9) を充たす正の数 $r=r(\mathfrak{U})$ が任意の開被覆 $\mathfrak{U}$ に対して存在することである．

第8章　位相空間

ここまでユークリッド空間$\mathbb{R}^n$，そして距離空間における位相的性質，たとえば写像の連続性や集合の触点などを考えてきた．これらの定義やそれに関する事実の証明を見返せば，多くのことがひとつの概念からつくられていることが分かる．そのひとつとは，与えられた集合Xのどの部分集合が開集合なのかということである．そこで集合Xの部分集合族$\mathcal{O}$を指定して[1]，その集合族が一定の条件，すなわち命題**7.1.3.1d**で述べた条件を満たすとき，組$(X, \mathcal{O})$は位相空間と呼ばれて，われわれがその位相的性質を議論する対象とする．

§8.1　位相空間の導入

定義 8.1.1

Xを空でない集合とし，$\mathcal{O} \subset \mathcal{P}(X)$を$X$の部分集合族とする．$\mathcal{O}$が以下の条件を満たすとき，組$(X, \mathcal{O})$を位相空間と呼び，$\mathcal{O}$に属す集合を（位相$\mathcal{O}$のもとでの）開集合という．

1. 空集合と全体は開集合$\{\emptyset, X\} \subset \mathcal{O}$.
2. 開集合の有限個の共通部分は開集合.
   $O_1, O_2 \in \mathcal{O} \Rightarrow O_1 \cap O_2 \in \mathcal{O}$.
3. 開集合の任意個数の合併は開集合.
   $\{O_i | i \in I\} \subset \mathcal{O} \Rightarrow \bigcup_{i \in I} O_i \in \mathcal{O}$.

またこのとき$\mathcal{O}$を位相空間Xの開集合系あるいは位相という．集合X上の開集合系$\mathcal{O}$をひとつ決めることを，Xに位相$\mathcal{O}$を与えるという言い方をする．

[1] 閉集合を指定しても同様であるし，集合の内部や閉包を決める演算を与える流儀もあり得る．

定義8.1.1.1で，空集合と全体は開集合であることを要求したが，これらは定義8.1.1.3で空な合併 $I=\emptyset$, および定義8.1.1.2でゼロ個の開集合の共通部分 $\bigcap_{i\in\emptyset} O_i = X$ を考えれば，不要となる．

前章では集合 X 上に距離関数 d をはじめに与えて，それから開球 $U(x;\varepsilon)$ が定義され，これらの開球の合併として表せる集合を開集合として定め，これらの開集合系 $\mathcal{O}$ が定義8.1.1の条件を満たすことを示した．よって距離空間 (X,d) について $(X,\mathcal{O})$ は位相空間である．位相空間の例はこれからいくつも出てくるが，ここでは先ず極端な例を与えておく．

1. $\mathcal{O}=\mathcal{P}(X)$, つまり「なにもかも開集合」として $(X,\mathcal{P}(X))$ は位相空間である．これを X 上の離散位相という．
   第7.1節の（例）(7.3)で定義した距離関数 $d_0(x,y)\in\{0,1\}$ による X_0 上の位相は X_0 上の離散位相と一致している．
2. $\mathcal{O}=\{\emptyset,X\}$ として $(X,\{\emptyset,X\})$ は位相空間である．これを X 上の密着位相という．

離散位相は最も開集合が多い位相で，密着位相は最も少ない位相である．このように，少なくとも2点以上から成る同じ集合 X の上には異なる位相 $\mathcal{O}_1,\mathcal{O}_2$ を与えることができる．そこでこれらの比較を次のように定める．X 上の位相 $\mathcal{O}_1,\mathcal{O}_2$ について，$\mathcal{O}_1\subset\mathcal{O}_2$ であるとき，$\mathcal{O}_1$ は $\mathcal{O}_2$ より粗いもしくは小さいといい，$\mathcal{O}_2$ は $\mathcal{O}_1$ より細かいもしくは大きいという[2)]．

この言葉遣いで，離散位相は最も細かい位相であるし，密着位相は最も粗い位相と言い表せる．

点 $x\in X$ を元として含む開集合 $x\in O$ を，x の近傍（x の近くの点の集まり）と考えてみよう．距離空間での ε-近傍 $U(x;\varepsilon)$ において，正の数 ε は固定されたものではないことから分かるように，「近い」というのは絶対的なものではなく，敢えて言えば「いま考えている尺度で比較的近い」というような意味である．すると離散位相では，$x\in O$ となる最小の開

[2)]「粗い」を「弱い」,「細かい」を「強い」ともいうが，この位相の強弱はひとによって逆に使うこともあるようなので，本書では避ける．

集合 $O=\{x\}$ だから，この尺度では点 x の近くにある点は自分自身のみとなる．つまりすべての点をバラバラに考えている．これと逆に密着位相では，すべての点が一緒くたにされている．

命題 8.1.2

集合 X 上の位相の族 $(\mathcal{O}_i)_{i\in I}$ のベキ集合 $\mathcal{P}(X)$ における共通部分 $\bigcap_{i\in I}\mathcal{O}_i$ は X 上のすべての位相 $\mathcal{O}_i$ より粗い位相のなかで最も細かい位相，すなわち位相の族 $(\mathcal{O}_i)_{i\in I}$ の下限である．

証明　共通部分 $\bigcap_{i\in I}\mathcal{O}_i$ が，集合の有限個の共通部分と任意個数の合併について閉じていることを見ればよいが，これは明らかである．■

さて $(X,\mathcal{O})$ を位相空間とする．定義 7.1.1 で距離空間に対して与えた集合 $A\subset X$ と点 $x\in X$ に関する諸概念は，開球 $U(x;\varepsilon)$ を開集合 $O\in\mathcal{O}$ で置き換えて，同様に定義される．念のため再掲する．

定義 8.1.3

位相空間 $(X,\mathcal{O})$ における集合 $A\subset X$ と点 $x\in X$ を考える．

1. $x\in O$ となっている開集合 $O\in\mathcal{O}$ を点 x の開近傍という．
2. x が A の内点であるのは，x のある開近傍が A に含まれるとき $\exists O\in\mathcal{O}[x\in O\subset A]$ である．
3. A° で A の内点全体から成る集合を表し，A の内部もしくは開核という．
4. 任意の x の開近傍が A と交わる $\forall O\in\mathcal{O}[x\in O\to O\cap A\neq\emptyset]$ とき，x は A の触点であるという．
5. $\overline{A}$ は A の触点全体から成る集合を表し，A の閉包と呼ばれる．
6. $A=\overline{A}$ であるとき，A は閉集合であると言われる．
7. $\overline{A}=X$ となるとき A は（位相空間 X において）稠密であると言われる．集合 A が位相空間 $(X,\mathcal{O})$ で稠密ということは，任意の空でない

開集合 $U \in \mathcal{O}$ と A が交わる $A \cap U \neq \emptyset$ ということである．

8. 補集合 A^c の内点を A の <u>外点</u> という．A の外点全体から成る集合，つまり A の補集合の内部 $A^{c\circ} := (A^c)^\circ$ を A の <u>外部</u> という．
9. A の閉包と内部の差 $\overline{A} - A^\circ$ を A の <u>境界</u> という．境界 $\overline{A} - A^\circ$ に属す点を A の <u>境界点</u> という．
10. x が $A - \{x\}$ の触点であるとき，x を A の <u>集積点</u> という．
$\exists O \in \mathcal{O}[O \cap A = \{x\}]$ であるとき，x は A の <u>孤立点</u> であるという．

すると命題 7.1.3 の内，命題 7.1.3.1a, 7.1.3.1c, 7.1.3.2a, 7.1.3.2b, 7.1.3.2d, 7.1.3.3, 7.1.3.4 は証明もそのままで一般の位相空間について成り立つので，以下に再掲する．読者自ら確かめられたい．

命題 8.1.4

位相空間 $(X, \mathcal{O})$ の集合 A, B について以下が成立する．以下で $\mathcal{C} = \{\overline{A} | A \subset X\}$ は閉集合系を表す．

1. (a) 集合 A にその内部 A° を対応させる演算は以下を満たす．
   i. $A^\circ \subset A$.
   ii. $A \subset B \Rightarrow A^\circ \subset B^\circ$.
   iii. $A^{\circ\circ} = A^\circ$. とくに A° はつねに開集合．
   iv. $(A \cap B)^\circ = A^\circ \cap B^\circ$.

   (b) 集合 A の内部 A° は A に含まれる最大の開集合である
   $A^\circ = \bigcup\{B \subset A | B \in \mathcal{O}\}$.
2. (a) 集合 A にその閉包 $\overline{A}$ を対応させる演算は以下を満たす．
   i. $A \subset \overline{A}$.
   ii. $A \subset B \Rightarrow \overline{A} \subset \overline{B}$.
   iii. $\overline{\overline{A}} = \overline{A}$. とくに $\overline{A}$ はつねに閉集合．
   iv. $\overline{(A \cup B)} = \overline{A} \cup \overline{B}$.

   (b) 集合 A の閉包 $\overline{A}$ は A を含む最小の閉集合である
   $\overline{A} = \bigcap\{B \subset X | A \subset B \in \mathcal{C}\}$.

   (c) 閉集合系 $\mathcal{C}$ は以下を満たす．
   i. 空集合と全体は閉集合 $\{\emptyset, X\} \subset \mathcal{C}$.

ii. 閉集合の有限個の合併は閉集合.

$C_1, C_2 \in \mathcal{C} \Rightarrow C_1 \cup C_2 \in \mathcal{C}$.

iii. 閉集合の任意個数の共通部分は閉集合.

$\{C_i | i \in I\} \subset \mathcal{C} \Rightarrow \bigcap_{i \in I} C_i \in \mathcal{C}$.

3. $(\overline{A})^c = (A^c)^\circ$, $(A^\circ)^c = \overline{(A^c)}$.
4. 集合 A が閉集合 $A = \overline{A}$ であるための必要十分条件は，補集合 A^c が開集合 $(A^c)^\circ = A^c$ であることである.
5. 集合 $A \subset X$ が開集合 $A \in \mathcal{O}$ であるための必要十分条件は，任意の点 $x \in A$ に対して x のある開近傍で A に含まれるものが存在すること，すなわち $\forall x \in A \exists O \in \mathcal{O}[x \in O \subset A]$ となることである.

証明 命題 8.1.4.5 だけ確認する．A が開集合であれば，$x \in A$ に対して A 自身が x の開近傍となる．逆に $\forall x \in A \exists O \in \mathcal{O}[x \in O \subset A]$ であれば，$A = \bigcup\{O \in \mathcal{O} | O \subset A\}$ であり，右辺は開集合の合併なので開集合である．■

しかし点列とその収束に関わる命題 7.1.2,7.1.3.1b,7.1.3.2c は成り立たない．一般の位相空間では，点列という可算集合だけでは位相的性質が捉えきれない．距離空間 (X, d) において，点列 $(x_n)_{n\in\mathbb{N}}$ が点 x に収束するということを実数列 $(d(x_n, x))_{n\in\mathbb{N}}$ が 0 に収束すると定義した．言い換えれば任意の正の数 ε に対して点列のほとんどすべての項が開球 $U(x; \varepsilon)$ に属すということである．つまり $\exists N\ \forall n \geq N\ [x_n \in U(x; \varepsilon)]$．距離空間では，点 x の任意の開近傍 U はある開球 $U(x; \varepsilon)$ を含むので，もう一度言い換えると点 x の任意の開近傍 U は点列のほとんどすべての項を要素として含むとなる．

例 非可算集合 X 上の位相を

$$\mathcal{O}_{cc} = \{A \subset X | A = \emptyset \text{ または } A^c \text{ は可算集合}\} \tag{8.1}$$

で定める．これが位相を定めることは，可算集合のふたつの合併がまた可算集合になることから容易に分かる．点 $a \in X$ の開近傍 U は補集合 U^c が可算集合で $a \in U$ となる集合である．すると位相空間 $(X, \mathcal{O}_{cc})$ において点 $a \in X$ の開近傍 U は a 以外の点を含まなければいけないので，a は $X - \{a\}$ の触点，つ

まり X の集積点である．ところが点列 $(a_n)_{n\in\mathbb{N}}$ の極限が a であるということを，a の開近傍 U には点列のほとんどすべての項が要素として含まれていることと定めれば，a に収束する $X-\{a\}$ の点列は存在しない．なぜなら $X-\{a\}$ の点列 $(a_n)_{n\in\mathbb{N}}$ に対して集合 $U = X - \{a_n | n \in \mathbb{N}\}$ を考えるとこれは a の開近傍であるが，点列の項はひとつも U に入っていない．よって点列 $(a_n)_n$ は上の意味で a に収束しない．こうして位相空間 $(X, \mathcal{O}_{cc})$ では命題 7.1.2 は成立しない．

したがって，ふたつの位相空間 $(X_1, \mathcal{O}_1)$, $(X_2, \mathcal{O}_2)$ の間の写像 $f : X_1 \to X_2$ の連続性の定義は点列の極限によることができない．f が連続であることの定義は，命題 7.1.4 で述べた性質（開集合の逆像は開集合）そのものを採用する．

定義 8.1.5

ふたつの位相空間 $(X_1, \mathcal{O}_1)$, $(X_2, \mathcal{O}_2)$ の間の写像 $f : X_1 \to X_2$ を考える．

1. f が連続写像であるとは，任意の開集合 $V \in \mathcal{O}_2$ の逆像も開集合 $f^{-1}[V] \in \mathcal{O}_1$ であるときである．
2. 1 点 $x \in X_1$ で f が連続であるとは，$f(x)$ の X_2 での任意の開近傍 $V\,(f(x) \in V \in \mathcal{O}_2)$ に対して，x の X_1 での開近傍 $U\,(x \in U \in \mathcal{O}_1)$ で，$U \subset f^{-1}[V]$ となるものが存在することである．

すると写像 $f : X_1 \to X_2$ が連続であるための必要十分条件は，任意の X_2 での閉集合 C の逆像 $f^{-1}[C]$ が X_1 での閉集合であることである．これは開集合と閉集合が互いに補集合であることと，第 3.1 節の演習 1i, $f^{-1}[C^c] = (f^{-1}[C])^c$, より分かる．

命題 8.1.6

位相空間 $(X_1, \mathcal{O}_1)$, $(X_2, \mathcal{O}_2)$ の間の写像 $f : X_1 \to X_2$ について以下は同値である．

(1) f は連続写像．

(2) f は任意の点 $x \in X_1$ で連続.

証明 [(1) ⇒ [(2)]. 写像 $f : X_1 \to X_2$ は連続であるとする. $x \in X_1$ と $f(x)$ の開近傍 $V \in \mathcal{O}_2$ に対して, 連続性より $f^{-1}[V] \in \mathcal{O}_1$. また $f(x) \in V$ より $x \in f^{-1}[V]$. よって $f^{-1}[V]$ は x の開近傍であるから f は x で連続である.
[(2) ⇒ [(1)]. $f : X_1 \to X_2$ は任意の点 $x \in X_1$ で連続であるとして, 開集合 $V \in \mathcal{O}_2$ を取る. 仮定より, 任意の点 $x \in f^{-1}[V]$ に対して x のある開近傍 U で $U \subset f^{-1}[V]$ が存在する. これは命題8.1.4.5 によれば, $f^{-1}[V]$ が開集合であることを意味する. ■

この連続写像の概念を用いて, ふたつの位相空間 $(X_1, \mathcal{O}_1)$, $(X_2, \mathcal{O}_2)$ が位相空間としては「同じ」ということを定義する. それは, f とその逆 f^{-1} がともに連続であるような全単射 $f : X_1 \to X_2$ が存在することで定める. このような写像 $f : X_1 \to X_2$ を, 位相空間 X_1 から位相空間 X_2 への 同相写像 といい, その間に同相写像が存在するふたつの位相空間は 同相 であると言われる. このとき $\{f[U] \subset X_2 | U \in \mathcal{O}_1\} = \mathcal{O}_2$ あるいは同じことだが $\{f^{-1}[V] \subset X_1 | V \in \mathcal{O}_2\} = \mathcal{O}_1$ である. つまり一方の位相と他方の位相が f を通じて完全に対応している. この意味で同相なふたつの位相空間は位相空間としては同じものとみなされる.

例 ユークリッド空間 $\mathbb{R}^n$ の位相は, 先ず点 $a = (a_1, a_2, \ldots, a_n)$ のノルムを $\|a\| = \sqrt{\sum_i a_i^2}$ で定めて, 2 点 $a = (a_1, a_2, \ldots, a_n)$ と $b = (b_1, b_2, \ldots, b_n)$ 間の距離を差のノルムとした. いまこれを $d_0(a, b) = \|a - b\|$ と書き表す. この距離 d_0 から開球が $U_0(a; \varepsilon) = \{x \in \mathbb{R}^n | d_0(x, a) < \varepsilon\}$ で定まり, これら開球全体の集合からユークリッド空間 $\mathbb{R}^n$ の位相がつくられた.

さて集合 $\mathbb{R}^n$ 上には上記以外にもいくつも距離関数が定義できる. たとえば 2 点 $a = (a_1, a_2, \ldots, a_n)$ と $b = (b_1, b_2, \ldots, b_n)$ に対して

$$d_1(a, b) = \sum_{i=1}^{n} |a_i - b_i| \tag{8.2}$$

および

$$d_2(a, b) = \max\{|a_i - b_i| : i = 1, 2, \ldots, n\} \tag{8.3}$$

はともに集合 $\mathbb{R}^n$ 上の距離関数であることが容易に分かる．すると三つの距離空間 $(\mathbb{R}^n, d_i)$ $(i = 0, 1, 2)$ ができあがり，開球 $U_i(a; \varepsilon) = \{x \in \mathbb{R}^n | d_i(x, a) < \varepsilon\}$ が定まる．それから開球たち $\mathcal{B}_i = \{U_i(a; \varepsilon) | a \in \mathbb{R}^n, \varepsilon > 0\}$ によって位相 $\mathcal{O}_i$ が $\mathcal{O}_i = \{\bigcup \mathcal{U} | \mathcal{U} \subset \mathcal{B}_i\}$ と定まって，三つの位相空間 $(\mathbb{R}^n, \mathcal{O}_i)$ $(i = 0, 1, 2)$ がつくられる．

ここで d_0, d_1, d_2 は距離関数としては異なるが，それらが集合 $\mathbb{R}^n$ 上に定める位相は同じものである $\mathcal{O}_0 = \mathcal{O}_1 = \mathcal{O}_2$．言い換えれば恒等写像 $\mathrm{id} : \mathbb{R}^n \to \mathbb{R}^n$ は位相空間 $(\mathbb{R}^n, \mathcal{O}_i)$ から位相空間 $(\mathbb{R}^n, \mathcal{O}_j)$ への同相写像となる．

これを見るには，恒等写像 id が各点で連続であることを確かめればよい．それには任意の点 a と任意の正の数 ε に対して，正の数 δ が $U_i(a; \delta) \subset U_j(a; \varepsilon)$ となるように取れればよい．つまり $\forall x \in \mathbb{R}^n [d_j(x, a) < \delta \Rightarrow d_i(x, a) < \varepsilon]$ となるように $\delta > 0$ が取れるかという問題になる．これは距離関数の間の不等式 $d_2(a, b) \leq d_0(a, b) \leq d_1(a, b) \leq nd_2(a, b)$ により，$n\delta = \varepsilon$ とすればよいことから分かる．

さてつぎに集合 X の部分集合族 $\mathcal{B} \subset \mathcal{P}(X)$ が任意に与えられたとき，集合 $B \in \mathcal{B}$ たちすべてを開集合とする最も粗い位相，つまり X 上の位相 $\mathcal{O}$ で $\mathcal{B} \subset \mathcal{O}$ となる最も小さい，ということは開集合が最も少ない位相 $\mathcal{O}$ を考える．このような位相 $\mathcal{O}$ を部分集合族 $\mathcal{B}$ によって<u>生成された位相</u>という．$\mathcal{O}$ の存在は定理 3.3.1 で保証されている．つまり 3.3.1 項での単調な $\Gamma : \mathcal{P}(\mathcal{P}(X)) \to \mathcal{P}(\mathcal{P}(X))$ として $\Gamma(\mathcal{A}) = \mathcal{B} \cup \{\bigcap \mathcal{C} | \mathcal{C} \subset_{fin} \mathcal{A}\} \cup \{\bigcup \mathcal{C} | \mathcal{C} \subset \mathcal{A}\}$（$\mathcal{C} \subset_{fin} \mathcal{A}$ は $\mathcal{C}$ が $\mathcal{A}$ の有限部分集合ということ）を取って，その最小不動点 P_Γ が $\mathcal{O}$ と一致する．しかしいまの場合，$\mathcal{O}$ はもう少し簡単に表示できる．

命題 8.1.7

集合 X の部分集合族 $\mathcal{B} \subset \mathcal{P}(X)$ に対して，$\mathcal{B}_0, \mathcal{B}_1 \subset \mathcal{P}(X)$ を以下のように定める．先ず $\mathcal{B}_0$ は $\mathcal{B}$ に属す有限個（ゼロ個も含む）の集合 $B_i \in \mathcal{B}$ $(i = 1, 2, \ldots, n,\ n \in \mathbb{N})$ の共通部分 $\displaystyle\bigcap_{i=1}^{n} B_i$ として表せる集合全体とする．そして $\mathcal{B}_1$ は $\mathcal{B}_0$ に属す任意個数（ゼロ個も含む）の集合 B_i $(i \in I)$ の合併 $\bigcup\{B_i | i \in I\}$ として表せる集合全体とする．このとき $\mathcal{B}$ によって X 上で生成される位相は $\mathcal{B}_1$ である．

証明　はじめに $\mathcal{B}_1$ が $\mathcal{B}$ を含む X 上の位相であることを見る．$\bigcap\{B\} = \bigcup\{B\} = B$ であるから $\mathcal{B} \subset \mathcal{B}_0 \subset \mathcal{B}_1$ である．先ず，空な合併として $\emptyset \in \mathcal{B}_1$ で，空な共通部分として $X \in \mathcal{B}_0 \subset \mathcal{B}_1$．また $\mathfrak{A} \subset \mathcal{P}(\mathcal{B}_1)$ として，$\bigcup\mathfrak{A} \subset \mathcal{B}_1$ について $\bigcup\{\bigcup\mathcal{A}|\mathcal{A} \in \mathfrak{A}\} = \bigcup(\bigcup\mathfrak{A})$ であるから，$\mathcal{B}_1$ は合併について閉じている．そして $\mathcal{A}_0, \mathcal{A}_1 \subset \mathcal{B}_0$ について，$\mathcal{B}_0$ が有限個の集合の共通部分についても閉じていること，および第 3.3 節の演習 1 により $(\bigcup\mathcal{A}_0) \cap (\bigcup\mathcal{A}_1) = \bigcup\{A_0 \cap A_1 \in \mathcal{B}_0|A_0 \in \mathcal{A}_0, A_1 \in \mathcal{A}_1\}$ であるから $\mathcal{B}_1$ は有限個の集合の共通部分についても閉じている．これで $\mathcal{B}_1$ が $\mathcal{B}$ を含む X 上の位相であることが示された．

最後に $\mathcal{O}$ が $\mathcal{B} \subset \mathcal{O}$ であるような X 上の位相であるとする．すると $\mathcal{O}$ は有限個の集合の共通部分について閉じているので $\mathcal{B}_0 \subset \mathcal{O}$．さらに $\mathcal{O}$ は合併について閉じているので $\mathcal{B}_1 \subset \mathcal{O}$．■

集合 X 上の位相 $\mathcal{O}$ が与えられているとする．部分集合族 $\mathcal{B} \subset \mathcal{P}(X)$ によって X 上で生成される位相が $\mathcal{O}$ であるとき，$\mathcal{B}$ を位相 $\mathcal{O}$ の準基底であるという．また任意の開集合 $O \in \mathcal{O}$ が，集合族 $\mathcal{B}$ に属す集合たちの合併として表せるとき，$\mathcal{B}$ は位相 $\mathcal{O}$ の基底であるという．つまり開集合 $U \in \mathcal{O}$ と点 $x \in U$ に対してある $V \in \mathcal{B}$ で $x \in V \subset U$ となるとき，記号で書けば $\forall U \in \mathcal{O}\forall x \in U\exists V \in \mathcal{B}[x \in V \subset U]$ ということが，$\mathcal{B}$ が $\mathcal{O}$ の基底ということである．

$\mathcal{B}$ が $\mathcal{O}$ の基底であれば $\mathcal{B} \subset \mathcal{O}$, つまり各 $V \in \mathcal{B}$ は開集合である．また $\mathcal{B}$ が $\mathcal{O}$ の準基底なら，$\mathcal{B}$ に属す有限個の集合の共通部分として表せる集合全体 $\mathcal{B}_0$ が $\mathcal{O}$ の基底となる．

たとえば距離空間 (X, d) においては開球全体の集合 $\{U(x;\varepsilon)|x \in X, \varepsilon > 0\}$ が，距離関数 d により X 上に定まる位相の基底である．特に通常の位相のもとでの実数 $\mathbb{R}$ の基底として開区間全体 $\{(a,b) \subset \mathbb{R}|a,b \in \mathbb{R}, a < b\}$ が取れる．

可算である基底 $\mathcal{B}$ $(|\mathcal{B}| \leq |\mathbb{N}|)$ が存在するような位相空間 $(X, \mathcal{O})$ は，第 2 可算公理を充たすと言われる．たとえば，命題 6.1.8 で見た通りユークリッド空間 $\mathbb{R}^n$ は第 2 可算公理を満たす．また命題 7.3.6 によれば，距離空間 X が第 2 可算公理を満たすのは，それがちょうど可分なときであった．ここで一般に，稠密な可算集合が存在するような位相空間が可分であると言われる．

また位相空間 X の各点 a について，a の可算個の開近傍 $(U_n)_{n\in\mathbb{N}}$ が存在して，a の任意の開近傍 U がいずれかの U_n を含むとき，位相空間 X は第1可算公理を充たすと言われる．

第2可算公理を充たさない例として非可算集合上の離散空間がある．よって第7.1節の（例）(7.3) で定義した距離関数 $d_0(x,y)\in\{0,1\}$ による距離空間 (X_0,d_0) は第2可算公理を充たさない．また非可算集合 X 上の位相を (8.1) で定めた位相空間 X は第1可算公理を充たさない．

命題 8.1.8

1. 距離空間 (X,d) は第1可算公理を充たす．
2. 第2可算公理を充たす位相空間 $(X,\mathcal{O})$ は第1可算公理を充たし，かつ可分である．

証明　8.1.8.1. 距離空間 (X,d) の点 a について可算個の開球 $(U(a;\dfrac{1}{n+1}))_{n\in\mathbb{N}}$ を考えればよい．

8.1.8.2. 位相空間 $(X,\mathcal{O})$ は第2可算公理を充たすとして，その位相の基底となる可算集合 $\mathcal{B}\subset\mathcal{O}$ を取る．点 $a\in X$ について $\mathcal{B}$ に属す a の開近傍全体 $\mathcal{B}_a=\{V\in\mathcal{B}|a\in V\}$ を取れば，これは可算集合である．しかも a の任意の開近傍 $U\in\mathcal{O}$ は $\mathcal{B}$ に属す集合の合併 $U=\bigcup\{V\in\mathcal{B}|V\subset U\}$ となるから，$V\subset U$ で a が属すような $V\in\mathcal{B}_a$ が存在する．

(AC). つぎに集合族 $\mathcal{B}$ の中で空集合以外の集合から一点ずつ点を取って集合 C をつくる．つまり C は小節 3.3.2 の意味で，集合族 $\{V\in\mathcal{B}|V\neq\emptyset\}$ の選択集合である．$\mathcal{B}$ が可算集合であるから C も可算である．いま $U\in\mathcal{O}$ を空でない開集合とする．$\emptyset\neq V\in\mathcal{B}$ を $V\subset U$ と取れば $\emptyset\neq C\cap V\subset C\cap U$ であるから C は X で稠密である．■

8.1.1　コンパクト性と連結性

さてつぎに第6章と第7章でユークリッド空間と距離空間の上で考えたコンパクト性と連結性を一般の位相空間上で定義する．定義は同じだが重要な概念なので何度でも繰り返す．

先ずコンパクト性から始める．位相空間 $(X, \mathcal{O})$ の部分集合 $A \subset X$ を考える．集合 A の被覆 $(O_i)_{i \in I}$ において集合 O_i がみな開集合であるとき，$(O_i)_{i \in I}$ を A の開被覆であるという．記号で書けば $A \subset \bigcup_{i \in I} O_i$ かつ $\{O_i | i \in I\} \subset \mathcal{O}$.

集合 $A \subset \mathbb{R}^n$ がコンパクトであるのは，A の任意の開被覆 $(O_i)_{i \in I}$ に対して必ずその有限部分被覆が取れることを言う．X の部分集合として X 自身がコンパクトであるとき, X はコンパクト位相空間あるいは略してコンパクト空間という.

するとユークリッド空間での命題 6.2.2, 6.2.3, 6.2.6 と定理 6.2.7 はそのまま一般の位相空間でも成り立つ．なぜならこれらの証明はすべて「集合 A が開集合であることと補集合 A^c が閉集合であることは同値」「開集合の連続写像による逆像は開集合」という事実のみによっていたからである．命題として再録しておく．読者自ら確かめられたい.

命題 8.1.9

位相空間 X の部分集合 A について以下の二条件は同値である.

1. A は位相空間 X のコンパクト集合.
2. 任意の閉集合族 $(C_i)_{i \in I}$ について，もし $(A \cap C_i)_{i \in I}$ が有限交叉性を持てば，$A \cap \bigcap_{i \in I} C_i \neq \emptyset$.

命題 8.1.10

コンパクト集合の閉部分集合はコンパクトである.

つまり位相空間 X のコンパクト部分集合 A の部分集合 $B \subset A$ について，B が X で閉集合であれば B は X のコンパクト部分集合となる.

命題 8.1.11

コンパクト集合の連続像はコンパクトになる.

つまり位相空間 X, Y と連続写像 : $X \to Y$ および集合 $A \subset X$ について A がコンパクトならば像 $f[A]$ は Y のコンパクト集合である.

定理 8.1.12

空でないコンパクト空間 X 上で定義された実数値連続関数 $f : X \to \mathbb{R}$ は最大値と最小値を持つ．

つぎに連結性について復習する．

位相空間 $(X, \mathcal{O})$ の部分集合 A が<u>連結</u>であるのは，ふたつの開集合 O_1, O_2 で

$$A \subset O_1 \cup O_2,\ A \cap O_1 \cap O_2 = \emptyset,\ A \cap O_1 \neq \emptyset,\ A \cap O_2 \neq \emptyset$$

となるものが存在しないことである．$A = X$ がこの意味で連結であるとき，位相空間 X は連結であると言われる．するとユークリッド空間での命題 6.3.2, 6.3.3, 6.3.4, 系 6.4 および命題 6.3.6.2 はすべて証明もそのままで一般の位相空間において成り立つ．これも読者自ら確かめられたい．念のため再録しよう．

命題 8.1.13

A を位相空間での連結な集合とする．このとき $A \subset B \subset \overline{A}$ となっている任意の集合 B も連結である．とくに閉包 $\overline{A}$ は連結である．

命題 8.1.14

位相空間において，どのふたつも交わるような連結集合から成る集合族の合併も連結である．

命題 8.1.15

位相空間において，連結集合の連続像は連結になる．

系 8.1

位相空間 X の連結集合 $A \subset X$ 上で定義された実数値連続関数 $f : A \to \mathbb{R}$ と $a, b \in A$ について，$[f(a), f(b)] \subset f[A]$.

集合 A の 2 点 $a, b \in A$ 間の関係 $a \simeq^A b$ を，2 点 a, b を元として含む A の連結部分集合が存在することで定め，この同値関係 $\simeq^A$ による同値類を集合 A の

連結成分 と呼ぶ.

> **命題 8.1.16**
>
> 位相空間における集合 A と点 $a \in A$ について，a を元として含む A の連結成分 $C(a)$ は，a を元として含む A の最大の連結部分集合である．とくに A が連結であることと，ある $a \in A$ について $A = C(a)$ であることは同値である.

演習問題 8.1

1. 命題 8.1.2 の証明を完結せよ.
2. 集合 A が位相空間 $(X, \mathcal{O})$ で稠密であるための必要十分条件は，任意の空でない開集合 $U \in \mathcal{O}$ と A が交わることである．これを示せ.
3. (8.2), (8.3) によってそれぞれ定めた関数 $d_1, d_2 : \mathbb{R}^n \times \mathbb{R}^n \to \mathbb{R}$ はともに集合 $\mathbb{R}^n$ 上の距離関数であることを確かめよ.
4. ここではユークリッド空間 $\mathbb{R}^2$ の部分集合 X を，$\mathbb{R}^2$ の部分距離空間とみなした位相空間 X を考える.
   6.3 節の演習 4 を用いて，平面 $\mathbb{R}^2$ 上の単位円 $S = \{(x, y) \in \mathbb{R}^2 | x^2 + y^2 = 1\}$ と直線 $\mathbb{R}$ は同相ではないことを示せ．また単位円 S から一点を取り除いた $S - \{(0, 1)\}$ と直線 $\mathbb{R}$ との間の同相写像 $f : (S - \{(0, 1)\}) \to \mathbb{R}$ を与えて，$S - \{(0, 1)\}$ と $\mathbb{R}$ は同相であることを示せ.
5. 部分集合族 $\mathcal{B} \subset \mathcal{P}(X)$ が X 上の位相 $\mathcal{O}$ の基底であることと，$\forall U \in \mathcal{O} \forall x \in U \exists V \in \mathcal{B}[x \in V \subset U]$ が成り立つことが同値であることを示せ.
6. 非可算集合 X について (8.1) で定めた $\mathcal{O}_{cc} \subset \mathcal{P}(X)$ は X 上の位相であることを確かめよ．さらに位相空間 $(X, \mathcal{O}_{cc})$ は第 1 可算公理を充たさないことを示せ.

§8.2　位相空間の構成

ここでは，与えられた位相空間と写像から別の集合上に位相を定めるいくつかの方法を導入する．はじめにふたつ準備をする.

命題 8.2.1

$\mathcal{B}$ を位相空間 $(X, \mathcal{O})$ の準基底とし，$f : Y \to X$ を写像とする．このとき $\{f^{-1}[V] | V \in \mathcal{B}\}$ によって Y 上で生成される位相は $\{f^{-1}[V] | V \in \mathcal{O}\}$ であり，写像 $f : Y \to X$ を連続にする Y 上の最も粗い位相である．

証明　位相空間 $(X, \mathcal{O})$ の準基底 $\mathcal{B}$ に関して $\mathcal{C} := \{f^{-1}[V] | V \in \mathcal{B}\}$ とおく．命題 8.1.7 により，$\mathcal{B}$ に属す集合の有限個の共通部分全体から成る集合を $\mathcal{B}_0$ として，$\mathcal{B}_0$ に属す集合の合併として表せる集合全体が位相 $\mathcal{O}$ と一致する．

$\mathcal{B}_0$ に属す集合の f による逆像全体から成る集合 $\{f^{-1}[V] | V \in \mathcal{B}_0\}$ は，第 3.1 節の演習 1h により $\mathcal{C}$ に属す集合の有限個の共通部分全体から成る集合 $\mathcal{C}_0$ と一致し，$\mathcal{O}$ に属す集合の f による逆像全体から成る集合 $\{f^{-1}[V] | V \in \mathcal{O}\}$ は，第 3.3 節の演習 2c により $\mathcal{C}_0$ に属す集合の合併として表せる集合全体と一致する．言い換えれば $\{f^{-1}[V] | V \in \mathcal{O}\}$ は Y 上の位相となり，その位相は $\mathcal{C}$ によって生成される．■

系 8.2

$\mathcal{B}$ を位相空間 $(X, \mathcal{O})$ の準基底とする．このとき位相空間 Y から X への写像 $f : Y \to X$ が連続であるための必要十分条件は，任意の $V \in \mathcal{B}$ について $f^{-1}[V]$ が Y で開集合であることである．

証明　位相空間 Y の位相を $\mathcal{O}_Y$ とし, X の準基底 $\mathcal{B}$ に関して $\mathcal{C} := \{f^{-1}[V] | V \in \mathcal{B}\} \subset \mathcal{O}_Y$ とする．命題 8.2.1 により，$\{f^{-1}[V] | V \in \mathcal{O}\}$ は $\mathcal{C}$ によって生成される Y 上の位相である．生成される位相の最小性により $\{f^{-1}[V] | V \in \mathcal{O}\} \subset \mathcal{O}_Y$ であり，これは $f : Y \to X$ が連続であることを意味する．■

命題 8.2.2

$f : X \to Y$ を位相空間 $(X, \mathcal{O})$ から集合 Y への写像とする．このとき $\{V \subset Y | f^{-1}[V] \in \mathcal{O}\}$ は Y 上の位相であり，写像 $f : X \to Y$ を連続にする Y 上の最も細かい位相である．

証明　$\mathcal{O}_Y = \{V \subset Y | f^{-1}[V] \in \mathcal{O}\}$ とおくと，3.1 節の演習問題 3.1 の 1.(h) により $\mathcal{O}_Y$ は有限個の集合の共通部分について閉じており，また 3.3 節の演習問題 3.3 の 2.(c) により $\mathcal{O}_Y$ は集合の合併について閉じている．■

8.2.1　始位相

$(X_i, \mathcal{O}_i)_{i\in I}$ を位相空間から成る族とし，集合 X からこれらの位相空間への写像 $f_i : X \to X_i$ の族 $(f_i)_i$ が与えられているとする．このとき，X の部分集合族

$$\begin{aligned}\{f_i^{-1}[V] \subset X | i \in I, V \in \mathcal{O}_i\} &= \bigcup_{i\in I}\{f_i^{-1}[V] | V \in \mathcal{O}_i\} \\ &= \{U \subset X | \exists i \in I \exists V \in \mathcal{O}_i [U = f_i^{-1}[V]]\}\end{aligned} \tag{8.4}$$

によって生成される X 上の位相 $\mathcal{O}$ を写像族 $(f_i)_{i\in I}$ による X 上の始位相という．つまり $\mathcal{O}$ は，すべての写像 f_i を連続にするような X 上の位相の内で最も粗い（小さい）位相である．有限個の開集合 $V_{i_k} \in \mathcal{O}_{i_k}$ ($i_k \in I$, $k = 1, 2, \ldots, n$, $n \in \mathbb{N}$) の逆像 $f_{i_k}^{-1}[V_{i_k}]$ の共通部分 $\bigcap\{f_{i_k}^{-1}[V_{i_k}] | k = 1, 2, \ldots, n\}$ として表せる X の部分集合全体から成る集合族が $\mathcal{O}$ の基底となる．

$I = \emptyset$ である場合には集合族 (8.4) が空であるから，始位相は X 上の密着位相 $\mathcal{O} = \{\emptyset, X\}$ となる．

命題 8.2.3

$(X_i, \mathcal{O}_i)_{i\in I}$ を位相空間の族とし，各 $i \in I$ について $\mathcal{B}_i$ を位相 $\mathcal{O}_i$ の準基底とする．このとき写像の族 $(f_i : X \to X_i)_i$ による X 上の始位相 $\mathcal{O}$ は，$\{f_i^{-1}[V] \subset X | i \in I, V \in \mathcal{B}_i\}$ によって X 上で生成される位相と一致する．

証明　命題 8.2.1 により各 $i \in I$ について $\mathcal{P}_i = \{f_i^{-1}[V] | V \in \mathcal{O}_i\}$ は $\mathcal{C}_i = \{f_i^{-1}[V] | V \in \mathcal{B}_i\}$ によって X 上で生成される位相である．いま $\bigcup_i \mathcal{C}_i$ によって生成された位相を $\mathcal{O}'$ として $\mathcal{O} = \mathcal{O}'$ を示す．

先ず $\bigcup_i \mathcal{C}_i \subset \mathcal{O}$ より，$\mathcal{O}' \subset \mathcal{O}$．逆に $\mathcal{C}_i \subset \mathcal{O}'$ より $\mathcal{P}_i \subset \mathcal{O}'$．これが任意の $i \in I$ について成り立つので $\bigcup_i \mathcal{P}_i \subset \mathcal{O}'$．したがって，$\mathcal{O} \subset \mathcal{O}'$．よって $\mathcal{O} = \mathcal{O}'$．

■

命題 8.2.4

$\mathcal{O}$を，位相空間の族$(X_i, \mathcal{O}_i)_{i\in I}$と写像の族$(f_i : X \to X_i)_i$による$X$上の始位相とする．

位相空間Yと写像$g : Y \to X$について以下の条件は同値である．

1. gは連続.
2. 任意の$i \in I$について合成写像$f_i \circ g$は連続.

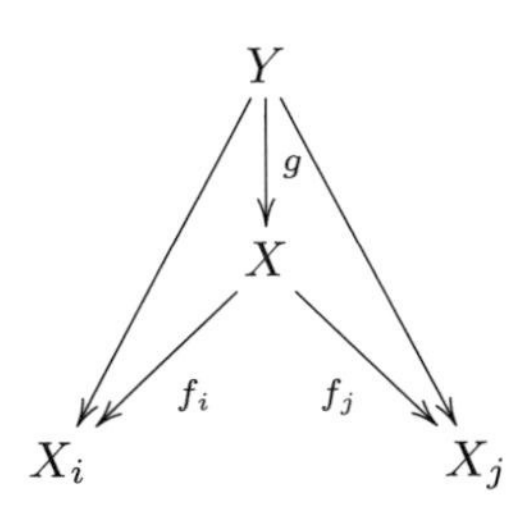

証明　$\mathcal{O}_Y$を位相空間Yの位相とする．系8.2により，gが連続であることと，$\mathcal{O}$の準基底$\{f_i^{-1}[V] | i \in I, V \in \mathcal{O}_i\}$の$g$による逆像たちが開集合であること$\{g^{-1}[f_i^{-1}[V]] | i \in I, V \in \mathcal{O}_i\} \subset \mathcal{O}_Y$は同値である．ここで$\{g^{-1}[f_i^{-1}[V]] | i \in I, V \in \mathcal{O}_i\} = \bigcup_{i\in I}\{(f_i \circ g)^{-1}[V] | V \in \mathcal{O}_i\}$であるから，これは$\bigcup_{i\in I}\{(f_i \circ g)^{-1}[V] | V \in \mathcal{O}_i\} \subset \mathcal{O}_Y$と同値，すなわち$\forall i \in I[\{(f_i \circ g)^{-1}[V] | V \in \mathcal{O}_i\} \subset \mathcal{O}_Y]$と同値である．これは任意の$i \in I$について$f_i \circ g$が連続であることを意味する．■

$\mathcal{O}$を，位相空間の族$(X_i, \mathcal{O}_i)_{i\in I}$と写像の族$(f_i : X \to X_i)_i$による$X$上の始位相とする．位相空間$(X, \mathcal{O})$のコンパクト性と連結性が導かれる場合を考える．先ず連結性を見る．

定理 8.2.5

位相空間の族$(X_i, \mathcal{O}_i)_{i\in I}$と写像の族$(f_i : X \to X_i)_i$が与えられていて，任意の$i \in I$について像$f_i[X]$が$X_i$において連結であるとし，さらに

以下の条件が充たされているとする:

$$\forall i_0 \in I \ \forall x, y \in X \ \exists z \in X \ [f_{i_0}(z) = f_{i_0}(y) \wedge \forall j \neq i_0(f_j(z) = f_j(x))] \tag{8.5}$$

このとき写像の族 $(f_i : X \to X_i)_i$ による X 上の始位相による位相空間 $(X, \mathcal{O})$ は連結である.

まず $x_0 \in X$ を任意に固定する.

補題 8.1

$i_0 \in I$ について集合 $M(x_0, i_0) = \{y \in X | \forall i \neq i_0(f_i(y) = f_i(x_0))\}$ は位相空間 X で連結である.

証明　$j \neq i_0$ と X_j での開集合 V_j の逆像 $f_j^{-1}[V_j]$ が集合 $M(x_0, i_0)$ と交わるとする. $y \in f_j^{-1}[V_j] \cap M(x_0, i_0)$ とすれば, $f_j(x_0) = f_j(y) \in V_j$. よって任意の $z \in M(x_0, i_0)$ について $f_j(z) = f_j(x_0) \in V_j$, すなわち $M(x_0, i_0) \subset f_j^{-1}[V_j]$.

したがって, X での開集合 $U = \bigcap\{f_{i_k}^{-1}[V_{i_k}] | k = 1, 2, \ldots, n\}$ $(V_{i_k} \in \mathcal{O}_{i_k})$ が $U \cap M(x_0, i_0) \neq \emptyset$ となっていたら, i_0 と異なる i_k を取り除いても $M(x_0, i_0)$ との交わりは変わらない. よって $M(x_0, i_0)$ を直和に分ける開集合があるとすれば, それはある $V_0, V_1 \in \mathcal{O}_{i_0}$ について $M(x_0, i_0) \cap f_{i_0}^{-1}[V_0] \cap f_{i_0}^{-1}[V_1] = \emptyset$, $M(x_0, i_0) \subset f_{i_0}^{-1}[V_0] \cup f_{i_0}^{-1}[V_1]$. しかしこのとき仮定 (8.5) により $f_{i_0}[X] \cap V_0 \cap V_1 = \emptyset$, $f_{i_0}[X] \subset V_0 \cup V_1$ となるので, $f_{i_0}[X]$ が連結であるならこのような分割はあり得ない. よって $M(x_0, i_0)$ は連結である. 補題 8.1 は示された. ■

つぎに $(f_i(y))_i$ が $(f_i(x_0))_i$ とほとんど一致するような点 $y \in X$ 全体の集合が X で連結であることを示す.

補題 8.2

有限集合 $I_0 = \{i_1, i_2, \ldots, i_n\} \subset I$ について集合 $M(x_0, I_0) = \{y \in X | \forall i \notin I_0(f_i(y) = f_i(x_0))\}$ は連結である.

証明　2点 $y,z\in M(x_0,I_0)$ について y,z を要素として含む連結集合が存在することを $y\simeq z$ と書き表すと，この関係は同値関係であった．$M(x_0,I_0)$ の任意の2点 y,z が $y\simeq z$ となっていたら命題8.1.16により $M(x_0,I_0)$ が連結であることが結論される．いま点列 $y_0,y_1,\ldots,y_n$ を集合 $M(x_0,I_0)$ から帰納的に取る．先ず $y_0=y$. $k<n$ について y_k が決まったら y_{k+1} を，$y_{k+1}\in M(y_k,i_{k+1})$ かつ $f_{i_{k+1}}(y_{k+1})=f_{i_{k+1}}(z)$ となるように取る．但し，y_n は $y_n=z$ と取る．仮定(8.5)よりこれは可能である．すると $\{y_k,y_{k+1}\}\subset M(y_k,i_{k+1})$ で補題8.1により集合 $M(y_k,i_{k+1})$ はすべて連結なので $y=y_0\simeq y_1\simeq\cdots\simeq y_n=z$. よって $y\simeq z$. 補題8.2は示された．■

（定理8.2.5）の証明．

$M=\bigcup\{M(x_0,I_0)|I_0\subset_{fin} I\}$ とおく．つまり I の有限部分集合 I_0 による集合 $M(x_0,I_0)$ 全体の合併が M である．任意の I_0 について $x_0\in M(x_0,I_0)$ であるから，補題8.2と命題8.1.14により集合 M は連結である．よって $\overline{M}=X$ が示されれば命題8.1.13により X が連結であることが結論される．

そこで点 $x\in X$ を任意に取る．$x\in\overline{M}$ を示すには，x の開近傍の内で始位相の基底に属するものが M と交わればよい．有限部分集合 I_0 と各 $i\in I_0$ について $f_i(x)$ の X_i での開近傍 V_i を取る．すると仮定(8.5)により $M(x_0,I_0)\cap\bigcap\{f_i^{-1}[V_i]|i\in I_0\}\neq\emptyset$ となる．■

つぎにコンパクト性を考える．初めに簡単な命題をひとつ用意する．

命題8.2.6

位相空間 X の部分集合 A について以下の二条件は同値である．

1. A は位相空間 X のコンパクト集合．
2. X の任意の部分集合族 $(C_i)_{i\in I}$ について，もし $(A\cap C_i)_{i\in I}$ が有限交叉性を持てば，$A\cap\bigcap_{i\in I}\overline{C_i}\neq\emptyset$.

証明　命題8.1.9により A がコンパクトであるための必要十分条件は，任意の閉集合族 $(C_i)_{i\in I}$ について，もし $(A\cap C_i)_{i\in I}$ が有限交叉性を持てば，$A\cap\bigcap_{i\in I}C_i\neq\emptyset$ ということであった．

いま部分集合族 $(C_i)_{i\in I}$ について，$(A\cap C_i)_{i\in I}$ が有限交叉性を持てば $(A\cap$

$\overline{C_i})_{i\in I}$ が有限交叉性を持つことは，$C \subset \overline{C}$ より分かる．よって A がコンパクトならば，$A \cap \bigcap_{i\in I} \overline{C_i} \neq \emptyset$.

逆に命題 8.2.6.2 の条件が成り立てば，閉集合 C について $\overline{C} = C$ より A がコンパクトなのは明らかである．■

定理 8.2.7

$I \neq \emptyset$ とする．位相空間 $(X_i, \mathcal{O}_i)_{i\in I}$ はすべてコンパクトであるとし，さらに写像の族 $(f_i : X \to X_i)_i$ について $(f_i)_i : X \to \prod_i X_i$ は全射であるとする．ここで $x \in X$ について $(f_i)_i(x) = (f_i(x))_i$．このとき族 $(f_i : X \to X_i)_i$ による X 上の始位相による位相空間 $(X, \mathcal{O})$ もコンパクトである．

証明　**(AC)**. X がコンパクトであることを示すには，命題 8.2.6 により，有限交叉性を持つ X の任意の部分集合族 $\mathcal{A}_0$ について $\bigcap\{\overline{A} | A \in \mathcal{A}_0\} \neq \emptyset$ を示せばよい．

さて $\mathcal{F} = \{\mathcal{A} \subset \mathcal{P}(X) | \mathcal{A}_0 \cup \mathcal{A}$ は有限交叉性を持つ$\}$ は集合族 $\mathcal{F} \subset \mathcal{P}(\mathcal{P}(X))$ として有限的性質を持つ．つまり $\mathcal{A} \subset \mathcal{P}(X)$ について，$\mathcal{A} \in \mathcal{F}$ は $\mathcal{A}$ の任意の有限部分集合が $\mathcal{F}$ に属すことと同値である．また仮定より $\emptyset \in \mathcal{F}$. よって選択公理と同値なテューキーの補題により $\mathcal{F}$ には極大元 $\mathcal{A}_1$ が存在する．いまこの極大元 $\mathcal{A}_1$ について $\mathcal{A} = \mathcal{A}_0 \cup \mathcal{A}_1$ が $\bigcap\{\overline{A} | A \in \mathcal{A}\} \neq \emptyset$ を充たせば $\bigcap\{\overline{A} | A \in \mathcal{A}\} \subset \bigcap\{\overline{A} | A \in \mathcal{A}_0\}$ であるから $\bigcap\{\overline{A} | A \in \mathcal{A}_0\} \neq \emptyset$ が示せたことになる．

$\mathcal{A}_1$ の極大性により，$B \subset X$ について $\mathcal{A} \cup \{B\}$ が有限交叉性を持てば $B \in \mathcal{A}_1$ である．これより以下が分かる．

補題 8.3

1. $\mathcal{A}_0 \subset \mathcal{A}_1$ つまり $\mathcal{A} = \mathcal{A}_1$.
2. $B \subset X$ がある $A \in \mathcal{A}$ を含めば $B \in \mathcal{A}$.
3. $\mathcal{A}$ に属す有限個の集合 $A_1, A_2, \ldots, A_k$ の共通部分 $A_1 \cap A_2 \cap \cdots \cap A_k$ は $\mathcal{A}$ に属す．
4. $B \subset X$ が任意の $A \in \mathcal{A}$ と交われば $B \in \mathcal{A}$.

$i \in I$ とする．$f_i[A_0 \cap A_1] \subset f_i[A_0] \cap f_i[A_1]$, cf. 3.1節の演習1f, であるから，$X_i$ の部分集合族 $\{f_i[A] | A \in \mathcal{A}\}$ は有限交叉性を持つ．仮定より X_i はコンパクトであるから $\bigcap\{\overline{f_i[A]} | A \in \mathcal{A}\} \neq \emptyset$. これが任意の $i \in I$ について成り立つので選択公理により $(x_i)_i \in \prod_{i \in I} X_i$ を $x_i \in \bigcap\{\overline{f_i[A]} | A \in \mathcal{A}\}$ が任意の $i \in I$ について成り立つように取る．ここで $(f_i)_i : X \to \prod_i X_i$ は全射であったから，$x \in X$ を $\forall i \in I[f_i(x) = x_i]$ となるように取る．

U を $x \in X$ の開近傍とする．始位相の定義により，有限個の $i_1, i_2, \ldots, i_n \in I$ と x_{i_k} の開近傍 U_{i_k} $(k = 1, 2, \ldots, n)$ について，U は共通部分 $\bigcap\{f_{i_k}^{-1}[U_i] | k = 1, 2, \ldots, n\}$ を含んでいる．

$k = 1, 2, \ldots, n$ とする．いま $x_{i_k} \in \bigcap\{\overline{f_{i_k}[A]} | A \in \mathcal{A}\}$ であるから，$A \in \mathcal{A}$ について x_{i_k} の開近傍 U_{i_k} は $f_{i_k}[A]$ と交わる，$U_{i_k} \cap f_{i_k}[A] \neq \emptyset$. よって $f_{i_k}^{-1}[U_{i_k}] \cap A \neq \emptyset$ となる．$A \in \mathcal{A}$ は任意であったから補題8.3.4により $f_{i_k}^{-1}[U_{i_k}] \in \mathcal{A}$.

$k = 1, 2, \ldots, n$ は任意だったので補題8.3.3により，$\bigcap\{f_{i_k}^{-1}[U_i] | k = 1, 2, \ldots, n\} \in \mathcal{A}$. $\bigcap\{f_{i_k}^{-1}[U_i] | k = 1, 2, \ldots, n\} \subset U$ であったから補題8.3.2から $U \in \mathcal{A}$. こうして $x \in X$ の任意の開近傍 U は $\mathcal{A}$ に属すことが分かった．特に U は任意の $A \in \mathcal{A}$ と交わる．すなわち $x \in \bigcap\{\overline{A} | A \in \mathcal{A}\}$. ■

逆に写像族 $(f_i : X \to X_i)_i$ による X 上の始位相による位相空間 $(X, \mathcal{O})$ がコンパクトであり，$(f_i)_i : X \to \prod_i X_i$ が全射であれば，どの X_i もコンパクトである．それは $(f_i)_i : X \to \prod_i X_i$ が全射なのでどの $f_i : X \to X_i$ も全射であり，したがって，命題8.1.11によりコンパクト空間の連続像 $X_i = f_i[X]$ もコンパクトだからである．

始位相の具体例をいくつかつくろう．

先ず，集合 X_1 から位相空間 $(X_2, \mathcal{O}_2)$ への写像 $f : X_1 \to X_2$ による X_1 上の始位相 $\mathcal{O}_1$ は，命題8.2.1により $\mathcal{O}_1 = \{f^{-1}[V] | V \in \mathcal{O}_2\}$ であった．

たとえば位相空間 $(X, \mathcal{O})$ の部分集合 $Y \subset X$ に対して，包含写像 $i : Y \to X$ による Y 上の始位相 $\mathcal{O}_Y$ は，包含写像による逆像が $i^{-1}[V] = Y \cap V$ であるから $\mathcal{O}_Y = \{Y \cap V | V \in \mathcal{O}\}$ となる．つまり部分集合 $A \subset Y$ が位相 $\mathcal{O}_Y$ により開集合であるのは，ある X での開集合 $V \in \mathcal{O}$ と Y との共通部分が $A = Y \cap V$

であるときである．こうして位相空間 $(X, \mathcal{O})$ の部分集合 $Y \subset X$ 上に入れた位相 $\mathcal{O}_Y$ を Y の 相対位相 という．相対位相により Y を位相空間としたとき，Y を X の 部分位相空間 という．位相空間しか考えていないときには，単に 部分空間 と略称する．

X の部分空間 Y とその部分集合 $A \subset Y$ について，A が Y で閉集合であるのは，A が Y とある X での閉集合 C との共通部分 $A = Y \cap C$ であるときである．なぜならこのとき，集合 $A \subset Y$ の Y での補集合が $Y - A = Y \cap (X - C)$ であり，C の X での補集合 $X - C$ が X で開集合だからである，cf. 命題8.1.4.4.

よって $A \subset Y$ が X の開集合ならば A は Y でも開集合であり，A が X の閉集合ならば A は Y でも閉集合である．この逆は成り立たない．たとえば X をユークリッド空間 $\mathbb{R}$ とし，部分空間 Y を半開区間 $[0,2)$ とすれば，$[0,1) = [0,2) \cap (-1,1)$ は Y では開集合であるが，X ではそうではない．しかし一般に X の部分空間 Y が X で開集合ならば，Y の開集合は X でも開集合である．また Y が X で閉集合ならば，Y の閉集合は X でも閉集合である．

Y を位相空間 X の部分空間とする．Y が位相空間として連結であることと位相空間 X の部分集合として連結であることは同値である．なぜなら Y が位相空間として連結ではないのは互いに素な部分空間 Y の開集合 U_0, U_1 の直和として Y が表されてしまう $Y = U_0 \coprod U_1$ ことである．部分空間 Y の開集合は X の開集合と Y の共通部分であるから，$U_i = Y \cap V_i\ (i = 0,1)$ となる X の開集合 V_0, V_1 について $Y \cap V_0 \cap V_1 = \emptyset$, $Y \subset V_0 \cup V_1$ が成り立つということで，このような X の開集合 V_0, V_1 が存在することが集合 Y が X で連結ではないということであった．

また Y が位相空間としてコンパクトであることと位相空間 X の部分集合としてコンパクトであることは同値である．証明は連結性と同様である．

定理 8.2.5 において条件 (8.5) が必要であることは以下の例で分かる．実数 $\mathbb{R}$ の区間 $(0,2)$ を取って，$X_0 = X_1 = (0,2)$ とし，これらをユークリッド空間 $\mathbb{R}$ の部分空間と考える．X_0, X_1 ともに連結である．$X = (\{(x_0, x_1) \in X_0 \times X_1 | x_0 = 1\} \cup \{(x_0, x_1) \in X_0 \times X_1 | x_1 = 1\}) - \{(1,1)\}$ とおき，写像 $f_i : X \to X_i$ を射影 $f_i = \mathrm{pr}_i$ とする．条件 (8.5) は充たされていない．このとき $f_i[X] = (0,2)$ で像は連結であるが，始位相による位相空間 X は，ふたつの交わらない開集合 $f_i^{-1}[(0,1) \cup (1,2)]\ (i = 0,1)$ に分離されてしまうので連結ではない．

また定理8.2.7において写像 $(f_i)_i : X \to \prod_i X_i$ が全射であるという条件が必要であることは以下の例で分かる．ユークリッド空間 $\mathbb{R}$ のコンパクト部分空間 $X_0 = [0,3]$ と区間 $X = (1,2)$ について写像 $f : X \to X_0$ を包含写像とする．これは全射ではない．写像 f により X に始位相を入れた位相空間 X は $\mathbb{R}$ の部分空間 $(1,2)$ と同相であり，開区間 $(1,2)$ はコンパクトではない．

つぎに位相空間の積を考える．

$(X_i, \mathcal{O}_i)_{i \in I}$ を空でない位相空間の族とし，X をこれらの直積集合 $X = \prod_{i \in I} X_i$ とする．各 $i \in I$ について $\mathrm{pr}_i : X \to X_i$ を射影として，写像の族 $(\mathrm{pr}_i : X \to X_i)_i$ による X 上の始位相 $\mathcal{O}$ を，X の直積位相といい，直積位相を集合 X に入れて位相空間としたとき，X を直積位相空間あるいは略して直積空間という．

始位相の定義により，有限個の開集合 $V_{i_k} \in \mathcal{O}_{i_k}$ $(i_k \in I,\ k = 1,2,\ldots,n,\ n \in \mathbb{N})$ の射影による逆像 $\mathrm{pr}_{i_k}^{-1}[V_{i_k}]$ の共通部分として表せる X の部分集合全体から成る集合族が直積位相 $\mathcal{O}$ の基底となる．ここで $\mathrm{pr}_j^{-1}[V] = \{(x_i)_i \in X | x_j \in V\}$ である．この集合を $V \times \prod_{i \neq j} X_i$ と書くことにすれば，上記の基底に属す共通部分は，I のある有限部分集合 J（これを $J \subset_{fin} I$ と書く）について $\bigcap\{\mathrm{pr}_j^{-1}[V_j] | j \in J\} = \prod_{j \in J} V_j \times \prod_{i \notin J} X_i$ となる．よって $\{\prod_{j \in J} V_j \times \prod_{i \notin J} X_i | J \subset_{fin} I, V_j \in \mathcal{O}_j\}$ が直積位相 $\mathcal{O}$ の基底となる．

特に $I \neq \emptyset$ が有限集合，たとえば $I = \{1,2,\ldots,n\}$ $(n \geq 1)$ であるときの直積空間 $\prod_{i \in I} X_i$ を考えてみると，$\{V_1 \times V_2 \times \cdots \times V_n | V_1 \in \mathcal{O}_1, V_2 \in \mathcal{O}_2, \ldots, V_n \in \mathcal{O}_n\}$ が，位相空間 $(X_1, \mathcal{O}_1), (X_2, \mathcal{O}_2), \ldots, (X_n, \mathcal{O}_n)$ の直積空間の直積位相の基底である．そこで直積空間 $\prod_{i \in \{1,2,\ldots,n\}} X_i$ を $X_1 \times X_2 \times \cdots \times X_n$ と書くことにする．

特に実数 $\mathbb{R}$ において，開区間全体 $\{(a,b) | a < b, a, b \in \mathbb{R}\}$ は通常の位相のもとでの位相空間 $\mathbb{R}$ の基底であるから，それの n 個の直積空間 $\underbrace{\mathbb{R} \times \mathbb{R} \times \cdots \times \mathbb{R}}_{n}$ の基底として直方体全体 $\{(a_1,b_1) \times (a_2,b_2) \times \cdots \times (a_n,b_n) | a_i < b_i, i = 1,2,\ldots,n\}$ が取れる．ここで各直方体はユークリッド空間 $\mathbb{R}^n$ において開集合である．逆にユークリッド空間 $\mathbb{R}^n$ における開球 $U(a;\varepsilon)$ は直方体の和で表せるから，直

積空間において開集合である．したがって，直積空間$\underbrace{\mathbb{R} \times \mathbb{R} \times \cdots \times \mathbb{R}}_{n}$とユークリッド空間$\mathbb{R}^n$は同相である．

命題 8.1.15 および定理 8.2.5, 8.2.7 の系として次を得る．

系 8.3

(AC) $I \neq \emptyset$ とする．

1. 連結な位相空間の族$(X_i, \mathcal{O}_i)_{i \in I}$の直積空間$\prod_{i \in I} X_i$も連結である．逆に直積空間$\prod_{i \in I} X_i$が連結であれば，いずれの$X_i$も連結である．
2. （チコノフの定理）
コンパクトな位相空間の族$(X_i, \mathcal{O}_i)_{i \in I}$の直積空間$\prod_{i \in I} X_i$もコンパクトである．逆に直積空間$\prod_{i \in I} X_i$がコンパクトであれば，いずれの$X_i$もコンパクトである．

つぎに位相空間$(X, \mathcal{O}_X)$のベキX^Iを考える．これは集合として配置集合のことでその元は写像$f : I \to X$である．$X^I = \prod_{i \in I} X$と考えて直積集合であるから，X^IにXから直積位相が入る．その基底を成す集合は，有限部分集合$J \subset_{fin} I$と開集合$V_j\ (j \in J)$について$\prod_{j \in J} V_j \times X^{I-J} = \{f \in X^I | \forall j \in J[f(j) \in V_j]\}$と表せる．

たとえば$I = \mathbb{N}$であるときには，直積空間$X^{\mathbb{N}}$の基底を成す集合として，$n_0 \in \mathbb{N}$と開集合$V_k\ (k < n_0)$について$\{(x_n)_n | \forall k < n_0[x_k \in V_k]\}$を考えればよい．この集合の元である列$(x_n)_n$は，初めの$n_0$-項までが指定された開集合$V_k$内にあり残りは任意である．

命題 8.2.4 よりつぎの系 8.4 を得る．

系 8.4

$(X_i, \mathcal{O}_i)_{i \in I}$を空でない位相空間の族とする．位相空間$Y$から直積空間$X = \prod_{i} X_i$への写像$g : Y \to X$について以下の条件は同値である．

(1)　g は連続．

(2)　任意の $i \in I$ について合成写像 $g_i = \mathrm{pr}_i \circ g : Y \to X_i$ は連続．

8.2.2　終位相

$(X_i, \mathcal{O}_i)_{i \in I}$ を位相空間から成る族とし，これらの位相空間から集合 X への写像 $f_i : X_i \to X$ の族 $(f_i)_i$ が与えられているとする．このとき，X の部分集合族

$$\mathcal{O} = \{V \subset X | \forall i \in I[f_i^{-1}[V] \in \mathcal{O}_i]\} = \bigcap_{i \in I} \{V \subset X | f_i^{-1}[V] \in \mathcal{O}_i\} \tag{8.6}$$

は，命題 8.2.2 と命題 8.1.2 により X 上の位相となる．この位相 $\mathcal{O}$ を写像族 $(f_i)_{i \in I}$ による X 上の終位相という．つまり $\mathcal{O}$ は，すべての写像 f_i を連続にするような X 上の位相の内で最も細かい（大きい）位相である．

$I = \emptyset$ のときには，集合族 (8.6) はベキ集合 $\mathcal{P}(X)$ での空な共通部分として全体 $\mathcal{P}(X)$ であるから，終位相 $\mathcal{O}$ は離散位相を与える．

命題 8.2.8

$\mathcal{O}$ を，位相空間の族 $(X_i, \mathcal{O}_i)_{i \in I}$ と写像の族 $(f_i : X_i \to X)_i$ による X 上の終位相とする．

位相空間 Y と写像 $g : X \to Y$ について以下の条件は同値である．

1. g は連続．
2. 任意の $i \in I$ について合成写像 $g \circ f_i$ は連続．

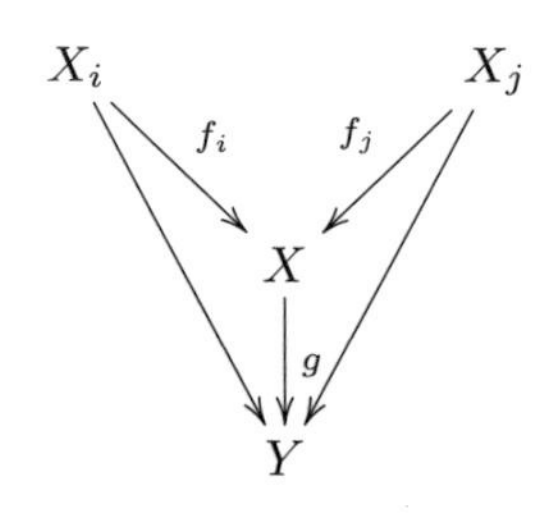

証明 $\mathcal{O}_Y$ を位相空間 Y の位相とする．g が連続ということは $\{g^{-1}[U] | U \in \mathcal{O}_Y\} \subset \mathcal{O} = \bigcap_{i \in I} \{V \subset X | f^{-1}[V] \in \mathcal{O}_i\}$ であるが，これは $\forall i \in I[\{g^{-1}[U] | U \in \mathcal{O}_Y\} \subset \{V \subset X | f_i^{-1}[V] \in \mathcal{O}_i\}]$ と書き換えられる．つまり $\forall i \in I[\{(g \circ f_i)^{-1}[U] | U \in \mathcal{O}_Y\} \subset \mathcal{O}_i]$ であり，これは任意の $i \in I$ について合成写像 $g \circ f_i$ が連続であることを意味する． ■

いくつか終位相の具体例をつくろう．

$(X, \mathcal{O}_X)$ を位相空間とし，$\equiv$ を集合 X 上の同値関係とする．商集合への標準的全射 $[\cdot] : X \to X/\equiv$ による商集合 $X/\equiv$ 上の終位相を，同値関係 $\equiv$ による商位相という．商位相により商集合を位相空間としたとき，$X/\equiv$ を商位相空間あるいは略して商空間と呼ぶ．同値類 $[a] \in (X/\equiv)$ の全射 $[\cdot]$ による逆像は自分自身 $[a] \in \mathcal{P}(X)$ であるから，同値類の集合 $V \subset (X/\equiv)$ が商位相で開集合であるのは，$V \subset \mathcal{P}(X)$ とみなして合併 $\bigcup V$ が X で開集合であるとき $\bigcup V \in \mathcal{O}_X$ である．

命題8.2.8の系としてつぎを得る．

系 8.5

$\equiv$ を集合 X 上の同値関係とし，商集合への標準的全射 $[\cdot] : X \to (X/\equiv)$ を考える．位相空間 X の同値関係 $\equiv$ による商空間 $X/\equiv$ から位相空間 Y への写像 $g : (X/\equiv) \to Y$ が連続であるための必要十分条件は，合成写像 $g \circ [\cdot] : X \to Y$ が連続であることである．

$(X, \mathcal{O}_X)$ を位相空間とし，$\equiv_0, \equiv_1$ を集合 X 上のふたつの同値関係として，$i = 0, 1$ について $[\cdot]_i : X \to X_i = (X/\equiv_i)$ を標準的全射とする．いま $\equiv_0$ のほうが $\equiv_1$ よりも細かいとする．つまり $\forall x, y \in X[x \equiv_0 y \to x \equiv_1 y]$．このとき命題3.4.3により，ふたつの商空間 X_i $(i = 0, 1)$ の間には，標準的全射を介して $[\cdot]_1 = h \circ [\cdot]_0$ となる写像 $h : X_0 \to X_1$ が（一意的に）存在する．$h([x]_0) = [x]_1$ であり，系8.5により h は連続な全射である．

$$\begin{array}{ccc} X & \xrightarrow{[\cdot]_0} & X/\equiv_0 \\ & {\scriptstyle [\cdot]_1} \searrow & \downarrow h \\ & & X/\equiv_1 \end{array}$$

もうひとつ終位相の例を見る．$(X_\lambda, \mathcal{O}_\lambda)_{\lambda\in\Lambda}$ を位相空間から成る族とし，X をこれらの直和集合 $X = \coprod_{\lambda\in I} X_\lambda$ とする．各 $\lambda \in \Lambda$ について $i_\lambda : X_\lambda \ni x \mapsto (\lambda, x) \in \coprod_{\lambda\in\Lambda} X_\lambda$ を包含写像として，写像の族 $(i_\lambda)_{\lambda\in\Lambda}$ による X 上の終位相 $\mathcal{O}$ を，X の直和位相といい，直和位相を集合 X に入れて位相空間としたとき，X を直和位相空間あるいは略して直和空間という．

命題8.2.8の系としてつぎが成り立つ．

系 8.6

$(X_\lambda, \mathcal{O}_\lambda)_{\lambda\in\Lambda}$ を位相空間から成る族とする．直和空間 $X = \coprod_{\lambda\in\Lambda} X_\lambda$ から位相空間 Y への写像 $g : X \to Y$ について以下の条件は同値である．

1. g は連続．
2. 任意の $\lambda \in \Lambda$ について合成写像 $g_\lambda = g \circ i_\lambda : X_\lambda \to Y$ は連続．

以下，簡単のため X_λ たちは互いに素であるとする．すると直和は $X = \bigcup_{\lambda\in\Lambda} X_\lambda$ である．集合 $V \subset \bigcup_{\lambda\in\Lambda} X_\lambda$ の包含写像 i_λ による逆像は $i_\lambda^{-1}[V] = V \cap X_\lambda$ であるから，終位相の定義により V が直和位相で開集合なのは，任意の λ について共通部分 $V \cap X_\lambda$ が X_λ で開集合であるときとなる．言い換えれば直和位相 $\mathcal{O}$ での開集合は X_λ での開集合 U_λ たちの合併 $\bigcup_{\lambda\in\Lambda} U_\lambda$ になっている集合，つまり $\mathcal{O} = \{\bigcup_{\lambda\in\Lambda} U_\lambda | \forall\lambda \in \Lambda[U_\lambda \in \mathcal{O}_\lambda]\}$ となる．

最後に終位相の連結性とコンパクト性について考える．$\mathcal{O}$ を，位相空間の族 $(X_i, \mathcal{O}_i)_{i\in I}$ と写像の族 $(f_i : X_i \to X)_i$ による X 上の終位相とする．ここでいずれかの写像 $f_i : X_i \to X$ が全射であれば，命題8.1.15と命題8.1.11により，もしすべての X_i が連結であれば X も連結となり，すべての X_i がコンパクトであれば X もコンパクトとなる．特に連結な位相空間の商空間は連結であり，コンパクトな位相空間の商空間はコンパクトである．しかし全射でなければこれらの性質は終位相には遺伝しない．たとえば位相空間 X と集合として交わらない Y について，包含写像 $i : X \to X \cup Y$ によって $X \cup Y$ 上に終位相を入れる．これは Y 上に離散位相を入れていることになるから，Y が2点以上の要素を持てば，$X \cup Y$ は連結にならず，Y が無限集合ならば $X \cup Y$ はコンパクトにならない．

また写像族全体として全射になっていても，たとえば直和 $X = \bigcup_{\lambda \in \Lambda} X_\lambda$ 上の直和位相において，ふたつ以上の位相空間の直和であれば X は連結にならない．また Λ が無限集合であれば，X はコンパクトにならない．しかし Λ が有限集合で，いずれの X_λ もコンパクトならば命題 6.2.1 により X もコンパクトである．

演習問題 8.2

1. 直方体はユークリッド空間 $\mathbb{R}^n$ において開集合であり，逆にユークリッド空間 $\mathbb{R}^n$ における開集合は直方体の和で表せることを示せ．
2. Y を位相空間 $(X, \mathcal{O})$ の部分空間とする．部分集合 $A \subset Y$ の Y における閉包は $\overline{A} \cap Y$ と一致することを示せ．ここで $\overline{A}$ は A の X での閉包を表す．
3. Y を位相空間 X の部分空間とする．Y が位相空間としてコンパクトであることと位相空間 X の部分集合としてコンパクトであることは同値であることを示せ．
4. 各 $i \in I$ について A_i は位相空間 X_i の部分集合であるとする．このとき直積空間 $\prod_{i \in I} X_i$ における集合 $A = \prod_i A_i$ の閉包 $\overline{A}$ は $\prod_i \overline{A_i}$ と一致することを示せ．ここで $\overline{A_i}$ は X_i での A_i の閉包を表す．とくに A_i がすべて X_i において閉集合であれば $\prod_i A_i$ も $\prod_i X_i$ において閉集合である．
5. 位相空間の可算族 $(X_n, \mathcal{O}_n)_{n \in \mathbb{N}}$ において，いずれの X_n も第 2 可算公理を充たすとする．このとき直積空間 $\prod_{n \in \mathbb{N}} X_n$ も第 2 可算公理を充たすことを示せ．とくに直積空間 $\mathbb{R}^{\mathbb{N}}$ は第 2 可算公理を充たす．
6. ふたつのコンパクトな位相空間 $(X, \mathcal{O}_X)$, $(Y, \mathcal{O}_Y)$ の直積空間 $(X \times Y, \mathcal{O})$ はコンパクトになることを，系 8.3（と選択公理）を用いずに直接，以下のように証明せよ．
   (a) $X \times Y$ がコンパクトであるには，X における開集合族 $(U_i)_{i \in I}$ と Y における開集合族 $(V_j)_{j \in J}$ による $X \times Y$ の開被覆 $(U_i \times V_j)_{i \in I, j \in J}$ が必ず有限部分被覆を持つことで十分である．
   以下で $\{U_i | i \in I\} \subset \mathcal{O}_X$ と $\{V_j | j \in J\} \subset \mathcal{O}_Y$ について $\mathcal{W} =$

$(U_i \times V_j)_{i \in I, j \in J}$ は $X \times Y$ の開被覆であるとする．

(b) $\mathcal{U} = \{U \in \mathcal{O}_X | Y$ のある有限開被覆 $\mathcal{V}$ について $\forall V \in \mathcal{V} \exists W \in \mathcal{W}[U \times V \subset W]\}$ は X の開被覆である．

(c) $\mathcal{W}$ の有限部分被覆が存在する．

7. (Cf. 3.3.2 項と演習問題 3.3 の 5.)

位相空間の族 $(X_\lambda)_{\lambda \in \Lambda}$ の直積空間 $\prod_{\lambda \in \Lambda} X_\lambda$ および射影 $\mathrm{pr}_\lambda : \prod_{\mu \in \Lambda} X_\mu \to X_\lambda \,(\lambda \in \Lambda)$ について以下を示せ．

(a) 任意に位相空間 A と連続写像の族 $f_\lambda : A \to X_\lambda \,(\lambda \in \Lambda)$ が与えられたら， 連続写像 $f : A \to \prod_{\lambda \in \Lambda} X_\lambda$ で任意の $\lambda \in \Lambda$ に対して

$$f_\lambda = \mathrm{pr}_\lambda \circ f$$

となるものが一意的に存在する．この f を $(f_\lambda)_{\lambda \in \Lambda}$ で表すことにする．

(b) 位相空間 X と連続写像の族 $\pi_\lambda : X \to X_\lambda \,(\lambda \in \Lambda)$ は以下をみたすとする： 任意に位相空間 A と連続写像の族 $g_\lambda : A \to X_\lambda \,(\lambda \in \Lambda)$ が与えられたら，連続写像 $g : A \to X$ で任意の $\lambda \in \Lambda$ に対して

$$g_\lambda = \pi_\lambda \circ g$$

となるものが一意的に存在する．

この g も $(g_\lambda)_{\lambda \in \Lambda}$ と書くことにする．

このとき写像 $(\pi_\lambda)_{\lambda \in \Lambda} : X \to \prod_{\lambda \in \Lambda} X_\lambda$ と $(\mathrm{pr}_\lambda)_{\lambda \in \Lambda} : \prod_{\lambda \in \Lambda} X_\lambda \to X$ は互いに逆であり，同相写像となる．

8. (Cf. 3.3.2 項と演習問題 3.3 の 6.)

位相空間 $(X_\lambda)_{\lambda \in \Lambda}$ の直和空間 $\coprod_{\lambda \in \Lambda} X_\lambda$ および包含写像 $i_\mu : X_\mu \to \coprod_{\lambda \in \Lambda} X_\lambda \,(\mu \in \Lambda)$ について以下を示せ．

(a) 任意に位相空間 B と連続写像の族 $f_\lambda : X_\lambda \to B \,(\lambda \in \Lambda)$ が与えられたら， 連続写像 $f : \coprod_{\lambda \in \Lambda} X_\lambda \to B$ で任意の $\lambda \in \Lambda$ に対して

$$f_\lambda = f \circ i_\lambda$$

となるものが一意的に存在する．この f を $\coprod_{\lambda\in\Lambda} f_\lambda$ で表すことにする．

(b) 位相空間 X と連続写像の族 $\iota_\lambda : X_\lambda \to X\,(\lambda\in\Lambda)$ は以下をみたすとする：任意に位相空間 B と連続写像の族 $g_\lambda : X_\lambda \to B\,(\lambda\in\Lambda)$ が与えられたら，連続写像 $g : X \to B$ で任意の $\lambda\in\Lambda$ に対して

$$g_\lambda = g\circ\iota_\lambda$$

となるものが一意的に存在する．
この g も $\coprod_{\lambda\in\Lambda} g_\lambda$ と書くことにする．
このとき写像 $\coprod_{\lambda\in\Lambda}\iota_\lambda : \coprod_{\lambda\in\Lambda} X_\lambda \to X$ と $\coprod_{\lambda\in\Lambda} i_\lambda : X \to \coprod_{\lambda\in\Lambda} X_\lambda$ は互いに逆であり，したがって，ともに同相写像となる．

§8.3 分離公理

前章までの距離空間においては，当たり前なので無意識に用いてきた事実がここでの主題である．その事実とは位相空間の分離性のことで，たとえば6章のユークリッド空間において，一点集合 $\{a\}$ は閉集合になる，cf. 6.1節の演習2. これは異なる2点 $a\neq b$ について b のある開近傍 U に a は属さない $a\notin U$ ということから従う．距離空間ではここでの開近傍 U は開球に取れる．あるいは命題6.2.5の証明において，異なる2点 $a\neq b$ について，b の開近傍 U_b と a の開近傍 U_a で交わらない $U_a\cap U_b=\emptyset$ ものが存在する，という事実を用いている．ここではこのような分離性が成り立つような位相空間において成り立つことがらをまとめる．

はじめに以下の条件を充たす位相空間 X を T_1-空間という．

(T_1) X の相異なる2点 a, b に対し, a の開近傍 U で b が属さないものがある．

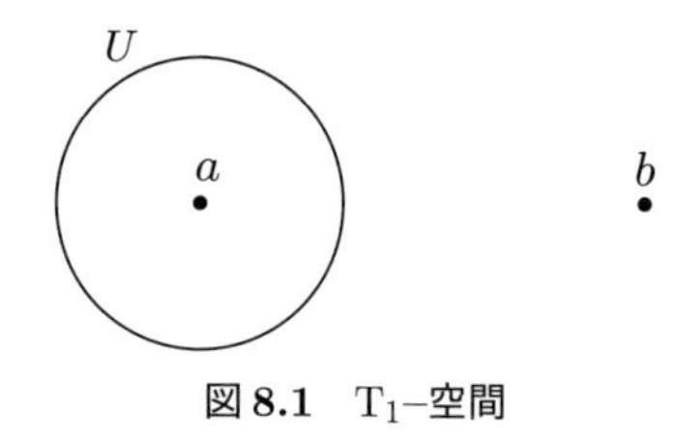

図 8.1　T_1–空間

命題 8.3.1

位相空間 X について以下の三条件は互いに同値である．

(1)　X は T_1-空間である．

(2)　X の任意の点 a について，a の開近傍全体の共通部分は $\{a\}$.

(3)　一点集合は閉集合．

証明　(1) と (2) が同値であるのは明らかである．
(1)⇒(3). $a \in X$ を T_1-空間 X の点とする．a と異なる任意の点 $b \neq a$ について b の開近傍 U で $a \notin U$ となるものがある．言い換えれば $X - \{a\}$ は開集合であり，$\{a\}$ は閉集合である．
(3)⇒(1). $a \in X$ について $\{a\}$ は閉集合であるとする．つまり $X - \{a\}$ は開集合．すると $U = X - \{a\}$ は $b \neq a$ の開近傍で $a \notin U$. よって X は T_1-空間である． ■

つぎに少し強い条件 (T_2) を考える．以下の条件を充たす位相空間 X をハウスドルフ空間という．

(T_2)　X の相異なる 2 点 a, b に対し, a の開近傍 U_a と b の開近傍 U_b で $U_a \cap U_b = \emptyset$ となるものが存在する．

明らかにハウスドルフ空間は T_1-空間である．距離空間では異なる 2 点の距離が正なので，その距離の半分を半径にする開球をそれらの点を中心にして考えればよいから，距離空間（したがって，ユークリッド空間）はハウスドルフ空間である．ハウスドルフ空間とコンパクト性の関連をふたつ挙げよう．

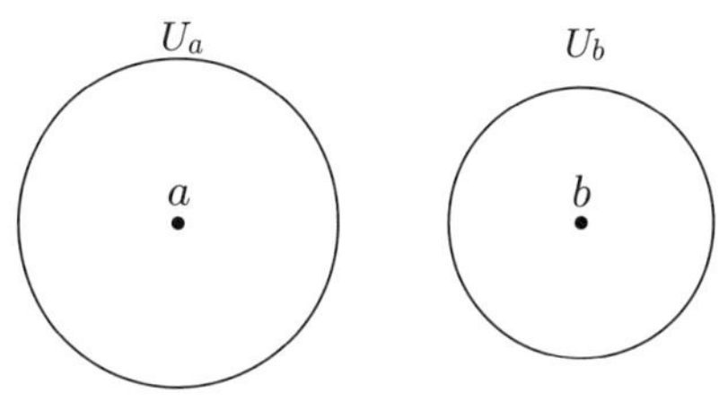

図 8.2 ハウスドルフ空間

> **命題 8.3.2** (Cf. 命題 6.2.5.)
> ハウスドルフ空間のコンパクト集合は閉集合である.

証明 (AC).

A をハウスドルフ空間 X におけるコンパクト集合とする. $b \in A^c$ として b の開近傍 U で $U \cap A = \emptyset$ となるものが存在することを示す.

X はハウスドルフ空間であるから, A の点 a に対して a の開近傍 V_a と b の開近傍 U_a で $V_a \cap U_a = \emptyset$ となるものが存在する. 選択公理により, A の各点 a に対してこのような組の族 $(V_a, U_a)_{a \in A}$ を取っておく. すると $(V_a)_{a \in A}$ はコンパクト集合 A の開被覆であるから, その有限部分被覆 $V_{a_1}, V_{a_2}, \ldots, V_{a_n}$ を取る. それらの合併 V は $A \subset V = \bigcup\{V_{a_i} | i = 1, 2, \ldots, n\}$ となっている. そこで $U = \bigcap\{U_{a_i} | i = 1, 2, \ldots, n\}$ とおくと, U は b の開近傍であり, $V_{a_i} \cap U_{a_i} = \emptyset$ より $V \cap U = \emptyset$. よって $A \cap U = \emptyset$. ■

> **系 8.7**
> コンパクト空間 X からハウスドルフ空間 Y への連続写像 $f : X \to Y$ は閉写像である. すなわち X の閉集合 C の f による像 $f[C]$ は Y で閉集合となる.

証明 コンパクト空間 X の閉集合 C は命題 8.1.10 によりコンパクト集合である. よって命題 8.1.11 によりその連続像 $f[C]$ もコンパクトとなる. したがって, 命題 8.3.2 によりコンパクト集合 $f[C]$ は Y で閉集合である. ■

もうひとつさらに強い分離条件を考える. 以下の条件を充たす T_1-空間 X を

正規空間という.

(T$_4$)　互いに素な閉集合 A_1, A_2 に対し，開集合 U_1, U_2 で
$A_1 \subset U_1, A_2 \subset U_2, U_1 \cap U_2 = \emptyset$ となるものが存在する

この状況は既にユークリッド空間では系 6.3 において，距離空間では系 7.1 において遭遇していた．距離空間は T$_1$-空間であるから以下を得る．

命題 8.3.3
距離空間は正規空間である．

命題 8.3.2 の証明と同様にして以下が分かる．

命題 8.3.4
コンパクトなハウスドルフ空間は正規空間である．

証明　(AC). ハウスドルフ空間は T$_1$-空間であるから条件 (T$_4$) を確かめればよい．

X をコンパクトなハウスドルフ空間として，A, B を互いに素な閉集合とする．先ず命題 8.1.10 により A, B はコンパクト集合である．X がハウスドルフ空間なので $a \in A$ と $b \in B$ に対して，a の開近傍 $U_a(b)$ と b の開近傍 $V_b(a)$ で $U_a(b) \cap V_b(a) = \emptyset$ となるものが存在する．選択公理によりこのような組の族 $(U_a(b), V_b(a))_{a\in A, b\in B}$ を取る．初めに $a \in A$ を任意に止めて考える．$(V_b(a))_{b\in B}$ はコンパクト集合 B の開被覆であるから，その有限部分被覆 $V_{b_1}(a), V_{b_2}(a), \ldots, V_{b_n}(a)$ を取る．$U_a = \bigcap\{U_a(b_i) | i = 1, 2, \ldots, n\}$, $V(a) = \bigcup\{V_{b_i}(a) | i = 1, 2, \ldots, n\}$ とおけば，U_a は $a \in A$ の開被覆で $V(a)$ は $B \subset V(a)$ なる開集合である．また $U_a(b_i) \cap V_{b_i}(a) = \emptyset$ より $U_a \cap V(a) = \emptyset$.

つぎに $a \in A$ を動かせば，$(U_a)_{a\in A}$ はコンパクト集合 A の開被覆であるから，その有限部分被覆 $U_{a_1}, U_{a_2}, \ldots, U_{a_m}$ を取る．このとき $U = \bigcup\{U_{a_j} | j = 1, 2, \ldots, m\}$ と $V = \bigcap\{V(a_j) | j = 1, 2, \ldots, m\}$ はともに開集合で，$A \subset U$, $B \subset V$ でしかも $U_{a_j} \cap V(a_j) = \emptyset$ より $U \cap V = \emptyset$ となる． ■

演習問題 8.3

1. 位相空間 X がハウスドルフ空間であることと，対角集合 $\Delta_X = \{(x,x)|x \in X\}$ が直積空間 $X \times X$ で閉集合であることは同値である．これを示せ．
2. X を位相空間，Y をハウスドルフ空間とする．また $f, g : X \to Y$ をともに連続写像とする．以下を示せ．
   (a) $\{x \in X | f(x) = g(x)\}$ は X で閉集合である．
   (b) ある X の稠密な集合 A の上では f, g が一致している，つまり $\overline{A} = X$ かつ $f|_A = g|_A$ であれば $f = g$.
3. 位相空間 X が T_1-空間であれば，その部分空間 Y も T_1-空間である．また X がハウスドルフ空間であれば，その部分空間 Y もハウスドルフ空間である．以上を示せ．
4. 位相空間の空でない族 $(X_i)_{i \in I}$ とそれらの直積空間 $X = \prod_{i \in I} X_i$ について以下を示せ．
   (a) X が T_1-空間であるための必要十分条件は，任意の X_i が T_1-空間であることである．
   (b) X がハウスドルフ空間であるための必要十分条件は，任意の X_i がハウスドルフ空間であることである．
5. コンパクト空間 X からハウスドルフ空間 Y への連続写像 $f : X \to Y$ が全単射であれば同相写像であることを示せ．

演習問題略解

第 1.1 節

1. $A = \emptyset$, $B = \{1, 2\}$, $C = \{2, 4\}$, $D = \{1, 2, 3, 4, 5\}$.

第 1.2 節

2 $B \cup \bigcap_{i=1}^{n} A_i = \bigcap_{i=1}^{n}(B \cup A_i)$ を $n = 2, 3, \ldots$ に関する数学的帰納法により示す.
$n = 2$ のときは (1.7) そのものである. いま $n \geq 2$ で成立しているとして, (1.7) より $B \cup \bigcap_{i=1}^{n+1} A_i = B \cup ((\bigcap_{i=1}^{n} A_i) \cap A_{n+1}) = (B \cup \bigcap_{i=1}^{n} A_i) \cap (B \cup A_{n+1})$ となり, これは帰納法の仮定より $\bigcap_{i=1}^{n}(B \cup A_i) \cap (B \cup A_{n+1}) = \bigcap_{i=1}^{n+1}(B \cup A_i)$ に等しい.
$B \cap \bigcup_{i=1}^{n} A_i = \bigcup_{i=1}^{n}(B \cap A_i)$ は (1.8) を用いて n に関する数学的帰納法により分かる.

3 (1.15) より $(A^c \cap B^c)^c = (A^c)^c \cup (B^c)^c$ となるが右辺は (1.13) により $A \cup B$ に等しいので $(A^c \cap B^c)^c = A \cup B$. この両辺の補集合を取って再び (1.13) より $A^c \cap B^c = ((A^c \cap B^c)^c)^c = (A \cup B)^c$.

4 $A \triangle B = (A - B) \cup (B - A) = (A \cap B^c) \cup (B \cap A^c)$ は対称差 $A \triangle B$ の定義による. 他方, 分配律より $(A \cup B) - (A \cap B) = (A \cup B) \cap (A \cap B)^c = (A \cup B) \cap (A^c \cup B^c) = (A \cap A^c) \cup (A \cap B^c) \cup (B \cap A^c) \cup (B \cap B^c) = (A \cap B^c) \cup (B \cap A^c)$.
あるいは要素を考えて, $x \in A \triangle B$ と $x \in (A \cup B) - (A \cap B)$ が任意の x について同値であることを示してもよい. $x \in (A \cup B) - (A \cap B)$ ということは, x が A, B の少なくとも一方には属すが. 同時に A, B 双方に属すことはないということなので, $x \in A - B$ または $x \in B - A$ ということと同値である.

5 第 1.2 節, 演習問題 4 の $A \triangle B = (A \cap B^c) \cup (B \cap A^c)$ と $(A^c)^c = A$ による.

6 はじめに $A \cap B \subset C$ が成り立っている仮定して $B \subset (A^c \cup C)$ を示すため, x を任意に取って $x \in B$ であるとする. $x \in A$ かどうかで場合分けする. もし $x \notin A$ ならば $x \in A^c$ であるから $x \in A^c \cup C$ である. $x \in A$ のときは $x \in A \cap B$ となるから, 仮定より $x \in C$ となりやはり $x \in A^c \cup C$ である. いずれの場合でも $x \in A^c \cup C$ であり x は任意だったので, $B \subset (A^c \cup C)$ が結論される.
逆に $B \subset (A^c \cup C)$ を仮定する. いま $x \in A \cap B$ であるとするととくに $x \in B$ であるから仮定より $x \in A^c \cup C$ すなわち $x \in A^c$ かまたは $x \in C$ である. ところが $x \in A \cap B$ より $x \in A$ なので $x \in A^c$ はあり得ないから, $x \in C$ となる. x は任意だったので $A \cap B \subset C$ が結論される.

7 $A-(B\cup C)=A\cap(B\cup C)^c=(A\cap B^c)\cap C^c=(A-B)-C$.

8 $(A\cup B)-C=(A\cup B)\cap C^c=(A\cap C^c)\cup(B\cap C^c)=(A-C)\cup(B-C)$.

9 $A-(B\cap C)=A\cap(B\cap C)^c=A\cap(B^c\cup C^c)=(A\cap B^c)\cup(A\cap C^c)=(A-B)\cup(A-C)$.

10 $(A\cap B)-C=A\cap B\cap C^c=(A\cap C^c)\cap B=(A-C)\cap B$.

11 第1.2節, 演習問題9より, $A-(B-C)=A-(B\cap C^c)=(A-B)\cup(A-C^c)$.

12 $A\triangle B=(A-B)\cup(B-A)=(B-A)\cup(A-B)=B\triangle A$.

13 xを任意にとって，$x\in(A\triangle B)\triangle C$という条件を分析すると，これは$x\in A\triangle B$と$x\in C$の一方のみが成立するということである．また$x\in A\triangle B$が成り立つのは$x\in A$と$x\in B$の一方のみが成立するということである．したがって$x\in(A\triangle B)\triangle C$は, 三条件$x\in A$, $x\in B$, $x\in C$のうちで成立する条件がちょうどひとつかもしくはすべて成立すると言い換えられる．$x\in A\triangle(B\triangle C)$も同様に言い換えられるのでこれらは同値である．

14. nに関する数学的帰納法によって示す．先ず$n=1$のときは明らかである．n個の集合に対して成立するとして，$x\in\triangle_{i=1}^{n+1}A_i=(\triangle_{i=1}^{n}A_i)\triangle A_{n+1}$という条件を考えれば，これは$x$がふたつの集合$\triangle_{i=1}^{n}A_i$と$A_{n+1}$の一方のみに属すということである．$x\in\triangle_{i=1}^{n}A_i$であるとすれば$x\notin A_{n+1}$．ここで$x\in\triangle_{i=1}^{n}A_i$は帰納法の仮定より$\{i\in\{1,2,\ldots,n\}|x\in A_i\}$の要素の個数が奇数であることと同値であるが, $x\notin A_{n+1}$よりこの集合の要素の個数は集合$\{i\in\{1,2,\ldots,n,n+1\}|x\in A_i\}$の要素の個数と一致する．また$x\in A_{n+1}$であるとすれば, $x\notin\triangle_{i=1}^{n}A_i$．これは$\{i\in\{1,2,\ldots,n\}|x\in A_i\}$の要素の個数が偶数であることと同値なので，集合$\{i\in\{1,2,\ldots,n,n+1\}|x\in A_i\}$の要素の個数が奇数ということを意味する．

15 $C=\emptyset$であれば$(A\triangle B)\cup C=A\triangle B=(A\cup C)\triangle(B\cup C)$. $C\neq\emptyset$であるとして要素$x\in C$を取れば, $x\in(A\triangle B)\cup C$であるが, $x\in(A\cup C)\cap(B\cup C)$なので$x\notin(A\cup C)\triangle(B\cup C)$．よって$(A\triangle B)\cup C\neq(A\cup C)\triangle(B\cup C)$.

第 2.1 節

2. $\min\{ab,(1-a)(1-b)\}\not\leq\frac{1}{4}\Leftrightarrow\neg[ab\leq\frac{1}{4}\vee(1-a)(1-b)\leq\frac{1}{4}]\Leftrightarrow[ab>\frac{1}{4}\wedge(1-a)(1-b)>\frac{1}{4}]\Rightarrow a(1-a)b(1-b)>\frac{1}{16}$による．

第 2.3 節

2. 偽な命題を$\perp$, 真な命題を$\top$で表して，$R\equiv Q\equiv\perp$かつ$P\equiv\top$とすればよい．

第 2.4 節

1. $\forall x\in A[x\leq b]$. その否定は$\exists x\in A[x\not\leq b]$または$\exists x\in A[x>b]$.
2. $b\in A\wedge\forall x\in A[x\leq b]$. その否定はたとえば$b\in A\to\exists x\in A[x>b]$.

第 2.6 節

1. $\exists b \in \mathbb{R} \forall x \in A[x \leq b]$ は，A は上に有界である（上界が存在する）．他方，$\forall x \in A \exists b \in \mathbb{R}[x \leq b]$ は，A によらず真．
2. $\neg \exists b \in \mathbb{R} \forall x \in A[x \leq b] \Leftrightarrow \forall b \in \mathbb{R} \exists x \in A[x > b] \Rightarrow \forall b \in \mathbb{R} \exists x \in A[x \geq b]$ は明らか．逆に $\forall b \in \mathbb{R} \exists x \in A[x \geq b]$ であるとして，任意に与えられた $b \in \mathbb{R}$ に対して仮定より $\exists x \in A[x \geq b+1 > b]$.
3. 明らかでないほうのみ考える．いま $\forall n \in \mathbb{N} \exists x \in A[b - \frac{1}{n} < x]$ であるとして，任意に与えられた $c < b$ に対してアルキメデスの原理より $n \in \mathbb{Z}^+$ を $\frac{1}{b-c} \leq n$ となるように取る．これより $\exists x \in A[c \leq b - \frac{1}{n} < x]$.
4. 「b は A の上限」は $\forall x \in A[x \leq b] \wedge \forall c \in \mathbb{R}[\forall x \in A(x \leq c) \rightarrow b \leq c]$. 最小性を表す $\forall c \in \mathbb{R}[\forall x \in A(x \leq c) \rightarrow b \leq c]$ は $\forall c < b \exists x \in A[c < x]$ や $\forall c < b \exists x \in A[c \leq x]$, $\forall n \in \mathbb{Z}^+ \exists x \in A[b - \frac{1}{n} < x]$ のいずれでもよい．その否定命題はたとえば $\exists x \in A[x > b] \vee \exists c < b \forall x \in A[c \geq x]$.

第 3.1 節

1a. $x \in A$ とすると $f(x) \in f[A]$．よって $x \in f^{-1}[f[A]]$. $A \neq f^{-1}[f[A]]$ となる例として，例えば $A = \{0, 1\}$, $X = A \cup \{2\}$, $f(0) = f(1) = f(2)$.

1b. $y \in f[f^{-1}[B]]$ として $x \in f^{-1}[B]$ を $y = f(x)$ となるようにとる．このとき $y = f(x) \in B$.
$f[f^{-1}[B]] \neq B$ となる例として，例えば $X = \{0\}, f(0) = 0, B = \{0, 1\}$.

1c. $B \subset f[X]$ であるとする．$y \in B$ に対して $x \in X$ を $y = f(x)$ となるようにとる．このとき $y \in B$ であるから $x \in f^{-1}[B]$．よって $y \in f[f^{-1}[B]]$.

1d. $y \in f[A_0] - f[A_1]$ として $x \in A_0$ を $y = f(x)$ となるようにとれば $y \notin f[A_1]$ より $x \notin A_1$．よって $y \in f[A_0 - A_1]$.
$f[A_0] - f[A_1] \neq f[A_0 - A_1]$ となる例として，例えば $A_0 = \{0\}, A_1 = \{1\}, f(0) = f(1)$.

1e. $y \in f[A_0 \cup A_1] \Leftrightarrow \exists x \in X[y = f(x) \wedge x \in A_0 \cup A_1] \Leftrightarrow \exists x \in X[y = f(x) \wedge x \in A_0] \vee \exists x \in X[y = f(x) \wedge x \in A_1] \Leftrightarrow y \in f[A_0] \cup f[A_1]$.

1f. $y \in f[A_0 \cap A_1]$ として $x \in A_0 \cap A_1$ を $y = f(x)$ となるようにとれば，$y \in f[A_0]$ かつ $y \in f[A_1]$. よって $y \in f[A_0] \cap f[A_1]$.
$f[A_0 \cap A_1] \neq f[A_0] \cap f[A_1]$ となる例は演習問題 1d と同じ．

1g. $x \in f^{-1}[B_0 \cup B_1] \Leftrightarrow f(x) \in B_0 \cup B_1 \Leftrightarrow f(x) \in B_0 \vee f(x) \in B_1 \Leftrightarrow x \in f^{-1}[B_0] \cup f^{-1}[B_1]$.

1h. $x \in f^{-1}[B_0 \cap B_1] \Leftrightarrow f(x) \in B_0 \cap B_1 \Leftrightarrow f(x) \in B_0 \wedge f(x) \in B_1 \Leftrightarrow x \in f^{-1}[B_0] \cap f^{-1}[B_1]$.

1i. $x \in f^{-1}[B_0 - B_1] \Leftrightarrow f(x) \in B_0 - B_1 \Leftrightarrow f(x) \in B_0 \wedge f(x) \notin B_1 \Leftrightarrow x \in f^{-1}[B_0] - f^{-1}[B_1]$.

2. $x \in (g \circ f)^{-1}[C] \Leftrightarrow (g \circ f)(x) \in C \Leftrightarrow g(f(x)) \in C \Leftrightarrow f(x) \in g^{-1}[C] \Leftrightarrow x \in f^{-1}[g^{-1}[C]]$.

3a. f, g ともに単射であるとして，$x_1, x_2 \in X$ について $(g \circ f)(x_1) = (g \circ f)(x_2)$ であるとする．このとき $g(f(x_1)) = g(f(x_2))$ で g が単射であるから $f(x_1) = f(x_2)$．さらに f も単射なので $x_1 = x_2$．

3b. f, g ともに全射であるとして $z \in Z$ を任意にとる．g が全射であるから $y \in Y$ を $g(y) = z$ となるようにとる．また f も全射であるので $x \in X$ を $f(x) = y$ となるようにとる．すると $(g \circ f)(x) = g(f(x)) = g(y) = z$ となる．

3c. $g \circ f$ は単射であるとして，$x_1, x_2 \in X$ について $f(x_1) = f(x_2)$ であるとする．このとき $(g \circ f)(x_1) = g(f(x_1)) = g(f(x_2)) = (g \circ f)(x_2)$ となり，$g \circ f$ が単射であるから $x_1 = x_2$ を得る．

3d. $g \circ f$ は全射であるとして $z \in Z$ を任意にとる．$x \in X$ を $g(f(x)) = (g \circ f)(x) = z$ となるように取れるので $z \in g[Y]$.

4a. id_X が全単射なので演習問題 3c より f は単射で，演習問題 3d より g は全射である．

4b. f, g ともに全単射であることは演習問題 4a による．またこのとき $f(g(y)) = y$, $g(f(x)) = x$ より $g(y) = x \Leftrightarrow y = f(x)$ であるから f, g は互いに逆である．また，$f^{-1}(y) = x \Leftrightarrow y = f(x)$ より $f^{-1} \circ f = \mathrm{id}_X$, $f \circ f^{-1} = \mathrm{id}_Y$ である．

4c. $f : X \to Y$ は全射ではなく，$g : Y \to X$ は単射ではなく，しかも $g \circ f$ が全単射になるような例として，例えば $X = \{0\}, Y = \{0, 1\}, f(0) = g(0) = g(1) = 0$. $X = Y$ となる例とするには無限集合にしなければいけないので，例えば $f, g : \mathbb{N} \to \mathbb{N}$ を $f(n) = 2n, g(n) = \lfloor n+1 \rfloor = (n+1)$ の整数部分，とすると，$g \circ f$ は全単射 $(g \circ f)(n) = n$ だが，f は全射でなく g は単射ではない．

5. $g : Y \to Z$ が単射であるとして，$g \circ f_0 = g \circ f_1$ であるとする．このとき $x \in X$ について $g(f_0(x)) = g(f_1(x))$ となり g は単射であるので $f_0(x) = f_1(x)$. よって $f_0 = f_1$.
つぎに $g : Y \to Z$ が単射でないとして，$y_0, y_1 \in Y$ を $y_0 \neq y_1$ かつ $g(y_0) = g(y_1)$ ととる．このとき $X = \{0\}$ とし $i = 0, 1$ について $f_i : X \to Y$ を $f_i(0) = y_i$ とすれば $g \circ f_0 = g \circ f_1$ で $f_0 \neq f_1$.

6. $g = f \circ h$ となる写像 $h : Z \to X$ が存在すれば, $g[Z] = (f \circ h)[Z] = f[h[Z]] \subset f[X]$. 逆に $g[Z] \subset f[X]$ であるとする. $z \in Z$ に対して $g(z) \in f[X]$ であるから $g(z) = f(x)$ となる $x \in X$ が存在するが, f が単射であるのでこのような x は z に対して一意的に定まる. よって $z \in Z$ にこの $x \in X$ を対応させることで写像 $h : Z \to X$ が定まる. このとき $(f \circ h)(z) = f(h(z)) = f(x) = g(z)$ となるので $g = f \circ h$.
また $h_1, h_2 : Z \to X$ が $f \circ h_1 = g = f \circ h_2$ を充たせば, f は単射であるので演習問題 5 より $h_1 = h_2$.

7. $f : X \to Y$ が全射であるとする．さらに $g_0 \circ f = g_1 \circ f$ であるとする．このとき $y \in Y$ について $x \in X$ を $f(x) = y$ となるようにとれば，$g_0(y) = g_0(f(x)) = g_1(f(x)) = g_1(y)$ となり，$g_0 = g_1$ である．

つぎに $f:X\to Y$ が全射でないとする．このとき $Z=\{0,1\}$ として $i=0,1$ について $g_i:Y\to Z$ を g_0 は定値写像 $g_0(y)\equiv 0$, $\forall y\in f[X][g_1(y)=0]$, $\forall y\in(Y-f[X])[g_1(y)=1]$ とすれば $g_0\circ f=g_1\circ f$ で $g_0\neq g_1$.

8. 仮定と命題 3.1.1 により，写像 $(\pi_0,\pi_1):A\to A_0\times A_1$ と $(\mathrm{pr}_0,\mathrm{pr}_1):A_0\times A_1\to A$ が，$\mathrm{pr}_n\circ(\pi_0,\pi_1)=\pi_n$, $\pi_n\circ(\mathrm{pr}_0,\mathrm{pr}_1)=\mathrm{pr}_n$ となるものとして存在することは分かっている．

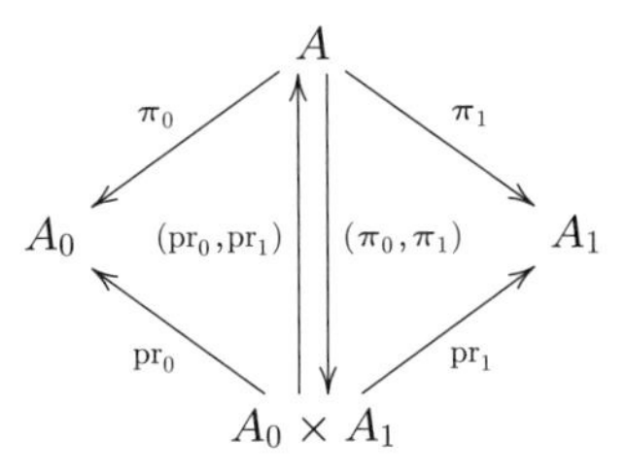

仮定より，写像 $f:A\to A$ で $n=0,1$ について $\pi_n\circ f=\pi_n$ となるのは $f=\mathrm{id}_A$ に限る．他方，$\pi_n\circ(\mathrm{pr}_0,\mathrm{pr}_1)\circ(\pi_0,\pi_1)=\mathrm{pr}_n\circ(\pi_0,\pi_1)=\pi_n$ なので，$(\mathrm{pr}_0,\mathrm{pr}_1)\circ(\pi_0,\pi_1)=\mathrm{id}_A$．逆の $(\pi_0,\pi_1)\circ(\mathrm{pr}_0,\mathrm{pr}_1)=\mathrm{id}_{A_0\times A_1}$ は命題 3.1.1 から同様にして分かる．

9. 命題 3.1.2 を用いて演習 8 と同様にして分かる．

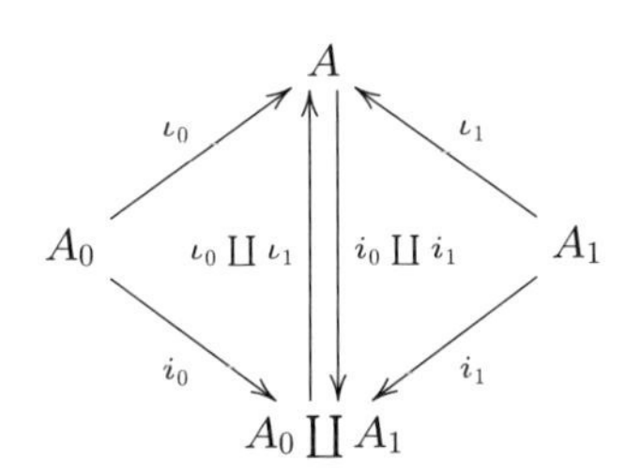

第 3.2 節

1a. はじめに F_* が単射であるとすれば，$F_*(\{x_1\})=f(x_1)=f(x_2)=F_*(\{x_2\})$ なら $\{x_1\}=\{x_2\}$, つまり $x_1=x_2$ となり f は単射である．つぎに F^* は全射であるとして $x\in X$ に対して $B\subset Y$ を $f^{-1}[B]=F^*(B)=\{x\}$ となるように取る．これは $\{f(x)\}\subset B$ を意味するから $f^{-1}[\{f(x)\}]\subset f^{-1}[B]=\{x\}$, よって $\{x\}=f^{-1}[\{f(x)\}]$. したがって f はやはり単射である．最後に f が単射であるとする．$A\subset X$ に対して，まず第 3.1 節，演習問題 1a より $A\subset f^{-1}[f[A]]=F^*(F_*(A))$. 逆に $x\in f^{-1}[f[A]]$ であるとすれば，$f(x)\in f[A]$. $a\in A$ を $f(x)=f(a)$ となるようにとる．このとき f が単射であるから $x=a\in A$. よって $f^{-1}[f[A]]\subset A$. したがって $F^*(F_*(A))=f^{-1}[f[A]]=A$, つまり $F^*\circ F_*=\mathrm{id}_{\mathcal{P}(X)}$. よって第 3.1 節, 演習問題 4a により F_* は単射で F^* は全射となる．

1b. はじめに F_* が全射であるとすれば，$y \in Y$ に対して $A \subset X$ を $f[A] = F_*(A) = \{y\}$ となるようにとれる．これより $y \in f[A] \subset f[X]$ であるから f は全射である．つぎに F^* が単射であるとして $y \in Y$ に対して $\{y\} \neq \emptyset$ より，$f^{-1}[\{y\}] = F^*(\{y\}) \neq F^*(\emptyset) = \emptyset$．よって f はやはり全射である．最後に f は全射であるとする．$B \subset Y$ に対して，まず第 3.1 節, 演習問題 1b より $F_*(F^*(B)) = f[f^{-1}[B]] \subset B$．逆に $y \in B$ であるとして，f が全射であるから $x \in X$ を $y = f(x)$ となるようにとる．このとき $x \in f^{-1}[B]$．よって $y \in f[f^{-1}[B]]$．したがって $F_*(F^*(B)) = f[f^{-1}[B]] = B$, つまり $F_* \circ F^* = \mathrm{id}_{\mathcal{P}(Y)}$．よって第 3.1 節, 演習問題 4a により F^* は単射で F_* は全射となる．

2. 命題 3.1.1 での $A_0^B \times A_1^B \ni (f_0, f_1) \mapsto f_0 \times f_1 \in (A_0 \times A_1)^B$．

第 3.3 節

1. $x \in (\bigcap_{i\in I} X_i) \cup Y \Leftrightarrow \forall i \in I(x \in X_i) \vee x \in Y \Leftrightarrow \forall i \in I(x \in X_i \vee x \in Y) \Leftrightarrow x \in \bigcap_{i\in I}(X_i \cup Y)$.
$x \in \bigcup_{i\in I} X_i) \cap Y \Leftrightarrow \exists i \in I(x \in X_i) \wedge x \in Y \Leftrightarrow \exists i \in I(x \in X_i \wedge x \in Y) \Leftrightarrow x \in \bigcup_{i\in I}(X_i \cap Y)$.
$x \in Y - (\bigcap_{i\in I} X_i) \Leftrightarrow x \in Y \wedge x \notin \bigcap_{i\in I} X_i \Leftrightarrow x \in Y \wedge \neg\forall i \in I(x \in X_i) \Leftrightarrow x \in Y \wedge \exists i \in I(x \notin X_i) \Leftrightarrow \exists i \in I(x \in Y \wedge x \notin X_i) \Leftrightarrow x \in \bigcup_{i\in I}(Y - X_i)$.
$x \in Y - (\bigcup_{i\in I} X_i) \Leftrightarrow x \in Y \wedge \neg\exists i \in I(x \in X_i) \Leftrightarrow x \in Y \wedge \forall i \in I(x \notin X_i) \Leftrightarrow \forall i \in I(x \in Y \wedge x \notin X_i) \Leftrightarrow x \in \bigcap_{i\in I}(Y - X_i)$.
$x \in \bigcap_{i\in I} X_i) \cup (\bigcap_{j\in J} Y_j) \Leftrightarrow \forall i \in I(x \in X_i) \vee \forall j \in J(x \in Y_j) \Leftrightarrow \forall i \in I \forall j \in J(x \in X_i \cup Y_j) \Leftrightarrow x \in \bigcap_{(i,j)\in I\times J}(X_i \cup Y_j)$.
$x \in \bigcup_{i\in I} X_i) \cap (\bigcup_{j\in J} Y_j) \Leftrightarrow \exists i \in I(x \in X_i) \wedge \exists j \in J(x \in Y_j) \Leftrightarrow \exists i \in I \exists j \in J(x \in X_i \cap Y_j) \Leftrightarrow x \in \bigcup_{(i,j)\in I\times J}(X_i \cap Y_j)$.

2a. $y \in f[\bigcup_{i\in I} X_i] \Leftrightarrow \exists x \in \bigcup_{i\in I} X_i[f(x) = y] \Leftrightarrow \exists i \in I \exists x \in X_i[f(x) = y] \Leftrightarrow \exists i \in I(y \in f[X_i]) \Leftrightarrow y \in \bigcup_{i\in I} f[X_i]$.

2b. $y \in f[\bigcap_{i\in I} X_i] \Leftrightarrow \exists x \in \bigcap_{i\in I} X_i[f(x) = y] \exists x \in A[\forall i \in I(x \in X_i) \wedge f(x) = y] \Leftrightarrow \exists x \in A \forall i \in I(x \in X_i \wedge f(x) = y) \Rightarrow \forall i \in I \exists x \in A(x \in X_i \wedge f(x) = y) \Leftrightarrow \forall i \in I \exists x \in X_i(f(x) = y) \Leftrightarrow \forall i \in I(y \in f[X_i]) \Leftrightarrow y \in \bigcap_{i\in I} f[X_i]$.

2c. $x \in f^{-1}[\bigcup_{j\in J} Y_j] \Leftrightarrow f(x) \in \bigcup_{j\in J} Y_j \Leftrightarrow \exists j \in J(f(x) \in Y_j) \Leftrightarrow \exists j \in J(x \in f^{-1}[Y_j]) \Leftrightarrow x \in \bigcup_{j\in J} f^{-1}[Y_j]$.

2d. $x \in f^{-1}[\bigcap_{j\in J} Y_j] \Leftrightarrow f(x) \in \bigcap_{j\in J} Y_j \Leftrightarrow \forall j \in J(f(x) \in Y_j) \Leftrightarrow \forall j \in J(x \in f^{-1}[Y_j]) \Leftrightarrow x \in \bigcap_{j\in J} f^{-1}[Y_j]$.

3a. $\bigcup_{n\in\mathbb{Z}^+} A_n = (0, 2)$, $\bigcap_{n\in\mathbb{Z}^+} A_n = \emptyset$.

3b. $\bigcup_{n\in\mathbb{Z}^+} A_n = [1, 2)$, $\bigcap_{n\in\mathbb{Z}^+} A_n = \{1\}$.

4. 結合律は 1.2 節の演習 13．$X \triangle \emptyset = X$ なので $\emptyset$ が単位元．$X \triangle X = \emptyset$ より X

の逆元は X.

5. 命題 3.1.1 と 3.1 節の演習 8 と同様.
6. 命題 3.1.2 と 3.1 節の演習 9 と同様.
7. 定義により $\{A\} \cup \mathcal{B}_0 \subset \mathcal{B}_n \subset \mathcal{B}_{n+1} \subset \mathcal{B}$ は明らかである．そこで $X, Y \in \mathcal{B}$ とすると $X, Y \in \mathcal{B}_n$ となる自然数 n が取れるから $X \cup Y \in \mathcal{B}_{n+1} \subset \mathcal{B}$. よって $X, Y \in \mathcal{B} \Rightarrow X \cup Y \in \mathcal{B}$. $X \in \mathcal{B} \Rightarrow X^c \in \mathcal{B}$ は容易に分かる．したがって，$\mathcal{B}_0$ と演算 $A, X^c, X \cup Y$ で帰納的に生成される集合族を $\mathcal{C} = \bigcap\{\mathcal{D} \subset \mathcal{P}(A) | \{A\} \cup \mathcal{B}_0 \subset \mathcal{D}, \forall X, Y \in \mathcal{D}[X^c, X \cup Y \in \mathcal{D}]\}$ とおけば，その最小性より $\mathcal{C} \subset \mathcal{B}$.
   逆を示すために $\mathcal{D} \subset \mathcal{P}(A)$ を，$\{A\} \cup \mathcal{B}_0 \subset \mathcal{D}$ かつ補集合とふたつの集合の合併について閉じている任意の集合族とする．($\mathcal{P}(A)$ 自身がこのような集合族 $\mathcal{D}$ の例となっていることに注意.）このとき $\bigcup_{n \in \mathbb{N}} \mathcal{B}_n = \mathcal{B} \subset \mathcal{D}$ を示せばよいので，n に関する数学的帰納法により，$\mathcal{B}_n \subset \mathcal{D}$ を示す．$n = 0$ の場合は仮定されている．いま $\mathcal{B}_n \subset \mathcal{D}$ であるとして，$X, Y \in \mathcal{B}_n$ であるとする．このとき帰納法の仮定より $X, Y \in \mathcal{D}$ であるから，$X^c, X \cup Y \in \mathcal{D}$. また $A \in \mathcal{D}$ も仮定されている．よって $\mathcal{B}_{n+1} \subset \mathcal{D}$.
8. $\forall i \in I[X_i \neq \emptyset]$ であるとする．$j \in I$ について $x_j \in X_j$ を任意にとる．選択公理 **AC** により $\prod_{i \neq j} X_i \neq \emptyset$ なので $(x_i)_{i \neq j} \in \prod_{i \neq j} X_i$ ととる．x_j と $(x_i)_{i \neq j}$ を貼り合わせれば $(x_i)_{i \in I} \in \prod_{i \in I} X_i$ で $\mathrm{pr}_j((x_i)_{i \in I}) = x_j$ となるのが得られる.

第 3.4 節

2. $a, b \in A$ について，$(a, b) \in R^*$ を，ある自然数 n と A の要素の列 $(a_0, a_1, \ldots, a_n)$ で $a = a_0$, $b = a_n$ かつ $\forall i < n[(a_i, a_{i+1}) \in X_0 \vee (a_{i+1}, a_i) \in X_0]$ となるものが存在することで定める.
   R は $X_0 \subset R_0$ なる同値関係なので $R^* \subset R$. 逆に R^* は $X_0 \subset R_0$ なる A 上の同値関係であるから $R \subset R^*$.
3. 単調写像 Γ によって帰納的に生成される集合を $R^+ \subset A \times A$ とおく．R は $X_0 \subset R_0$ なる同値関係なので $\Gamma(R) \subset R$. よって $R^+ \subset R$. 他方，演習 2 の $R^* \subset \Gamma(R^+) = R^+$. よって $R = R^* \subset R^+$.

第 4.1 節

1. $\mathbb{R}$ を有理数 $\mathbb{Q}$ を係数体とするベクトル空間とみなして，その基底 $\{1, \alpha_0\} \coprod V$, $\alpha_0 \notin \mathbb{Q}$ を取って，$f(1) = \alpha_0, f(\alpha_0) = 1$, $f(\beta) = \beta \, (\beta \in V)$ とおき，この f を $\mathbb{Q}$ 上のベクトル空間としての $\mathbb{R}$ 上の線型関数に一意的に拡張する．$\alpha_0 f(1) = \alpha_0^2 \neq 1 = f(\alpha_0 \cdot 1)$ なので，f は $\mathbb{R}$ を係数体とするベクトル空間 $\mathbb{R}$ 上の線型関数ではない.

2a. この命題は命題 (ろ) から明らかに従う．逆にこの命題からテューキーの補題 (は) が従う.

2b. テューキーの補題(は)からHausdorff maximal principleが従うのは，半順序$(A, \leq)$における全順序部分集合全体の集合$\mathcal{F} \subset \mathcal{P}(A)$が有限的性質を持つからである．Hausdorff maximal principleからツォルンの補題を示すには，空でない帰納的順序集合$(A, \leq)$での極大な全順序部分集合Lの上限$\sup L$がAでの極大元になることに注意すればよい．

第4.2節

2. 系4.3と命題4.2.2より任意の正の整数nについて$|\mathbb{Z}^n| = |\mathbb{N}|$. 再び命題4.2.2により代数方程式全体の集合は可算無限である．また各代数方程式の解は有限個．

第5.1節

1. 下に有界な空でない集合$X \subset L$について，Xの下界全体の集合をYとおく．Xは下に有界なので$Y \neq \emptyset$で，Xのどの要素xもYの上界になっている．Lは順序完備なので上限$\sup Y$が存在するが，$\sup Y$はYの最小上界であるから$\forall x \in X(\sup Y \leq x)$，つまり$\sup Y \in Y$，言い換えれば$\sup Y$は$Y$の最大要素，すなわち$\sup Y = \inf X$.
2. $s \in \mathbb{R}$が正の無限小であるとする．これは$\forall n \in \mathbb{Z}^+[0 < s < \frac{1}{n}]$を意味する．このとき$\forall n \in \mathbb{N}[n < \frac{1}{s}]$となってアルキメデスの原理に矛盾する．
3. アルキメデスの原理が$\mathbb{R}$で成り立たないとして，$a \in \mathbb{R}$を正の無限大とする．すなわち$\forall n \in \mathbb{N}[n < a]$. このとき$\forall r \in \mathbb{Q}[r < a]$. とくに$(a, a+1) \cap \mathbb{Q} = \emptyset$となって$\mathbb{Q}$の$\mathbb{R}$での稠密性に反す．
4. $a \leq b$とする．$(U_i)_{i \in I}$が$[a, b]$の被覆だから$[a, b] \subset \bigcup_{i \in I} U_i$.
$X = \{x \in [a, b] | [a, x]$ は有限被覆をもつ$\}$ とおく．$a \in X$よりXは空でなく，bがXの上界である．実数の連続性より$c = \sup X$とする．$c \in X$である．なぜなら$c \in U_i$となる開区間$U_i\ (i \in I)$が存在するからである．また$b \in U_i$となる開区間$U_i\ (i \in I)$が存在するので$c = b$でなければならない．

第5.2節

1. 数列$(a_n)_n$は$a_n \in [a, b]$で$\alpha = \lim_{n \to \infty} a_n$であるとする．$\alpha \geq a$を示す．$\alpha \leq b$も同様．仮に$\alpha < a$であるとすれば，正の数$a - \alpha$に対して$n$を$|\alpha - a_n| < a - \alpha$となるように取れる．すると$a_n < a$となって$a_n \in [a, b]$に矛盾する．

2a. 先ず$x \in \overline{(\overline{A})}$とする．正の数$\varepsilon$に対して$|x - b| < \frac{\varepsilon}{2}$となる$b \in \overline{A}$が存在する．さらに$|b - a| < \frac{\varepsilon}{2}$となる$a \in A$が存在する．すると$|x - a| < \varepsilon$. $\varepsilon > 0$は任意であったから$x \in \overline{A}$. 一般に$B \subset \overline{B}$であるから，逆$\overline{A} \subset \overline{(\overline{A})}$は明らか．

2b. 一般に正の数εに対して$a \in (a - \varepsilon, a + \varepsilon)$であるから$B^\circ \subset B$. よって$(A^\circ)^\circ \subset A^\circ$. 逆に$a \in A^\circ$として正の数$\varepsilon$を$(a - \varepsilon, a + \varepsilon) \subset A$となるように

取る．$(a-\varepsilon, a+\varepsilon) \subset A^\circ$ を示せば $a \in (A^\circ)^\circ$ となる．$b \in (a-\varepsilon, a+\varepsilon)$ として $\delta = \min\{b-a+\varepsilon, a+\varepsilon-b\}$ とすれば $(b-\delta, b+\delta) \subset (a-\varepsilon, a+\varepsilon) \subset A$.

2c. $A \subset B$ とする．$a \in A^\circ$ として正の数 ε を $(a-\varepsilon, a+\varepsilon) \subset A$ とすれば $(a-\varepsilon, a+\varepsilon) \subset B$ より $a \in B^\circ$. つぎに $a \in \overline{A}$ として正の数 ε を任意にとる．$x \in (a-\varepsilon, a+\varepsilon) \cap A$ となる x が存在するがこの $x \in (a-\varepsilon, a+\varepsilon) \cap B$. ε は任意であったから $x \in \overline{B}$.

3. はじめに $a \in A^\circ$ であるとして，数列 $(a_n)_n$ は $a = \lim_{n\to\infty} a_n$ であるとする．正の数 ε を $(a-\varepsilon, a+\varepsilon) \subset A$ となるようにとり，また番号 N を $\forall n \geq N[|a-a_n| < \varepsilon]$ ととれば $n \geq N$ について $a_n \in (a-\varepsilon, a+\varepsilon) \subset A$. 逆に $a \notin A^\circ$ とする．$\forall n \in \mathbb{N}[(a-\frac{1}{n+1}, a+\frac{1}{n+1}) \not\subset A]$ である．選択公理により数列 $(a_n)_n$ を $\forall n \in \mathbb{N}[a_n \in (a-\frac{1}{n+1}, a+\frac{1}{n+1}) - A]$ と取れば，$a = \lim_{n\to\infty} a_n$ であって $\forall n \in \mathbb{N}[a_n \notin A]$.

第 6.1 節

2. 一点集合 $\{a\}$ に属さない点 b を取ると，$b \neq a$ より $\varepsilon := \|b-a\| > 0$. よって $a \notin U(b;\varepsilon)$ より $b \notin \overline{\{a\}}$.
3. $b \notin \{a_0, \ldots, a_n\} \subset A$ としてよい．$0 < \varepsilon < \min\{\|b-a_i\| : i = 0, \ldots, n\}$ について，$U(b;\varepsilon) \cap (A - \{b, a_0, \ldots, a_n\}) = U(b;\varepsilon) \cap (A - \{b\}) \neq \emptyset$ より b は $A - \{a_0, \ldots, a_n\}$ の集積点.
4. 系 6.2.1c を示すため $x \in \overline{\overline{A}}$ とする．正の数 ε に対して $y \in U(x;\varepsilon) \cap \overline{A}$ ととる．つぎに正の数 δ を $U(y;\delta) \subset U(x;\epsilon)$ ととると，$z \in U(y;\delta) \cap A$ となる z が存在する．$z \in U(x;\varepsilon) \cap A$ である．ε は任意だったから $x \in \overline{A}$.
   系 6.2.1d を示すため $x \in \overline{(A \cup B)}$ であるとし，$x \notin \overline{A}$ であるとする．正の数 ε を $U(x;\varepsilon) \cap A = \emptyset$ となるようにとる．このとき $U(x;\varepsilon) \cap (A \cup B) = U(x;\varepsilon) \cap B$ より左辺が空でないので右辺も空でない．よって $\forall \delta \leq \varepsilon[U(x;\varepsilon) \cap B \neq \emptyset]$ なので $x \in \overline{B}$.
6. $A^\circ \subset A$ より，$\overline{A} \subset A \Leftrightarrow \overline{A} - A^\circ \subset A$.

第 6.2 節

1. コンパクト集合 A は命題 6.2.5 によって閉集合．よって閉集合 B との交わり $A \cap B$ も閉集合．それは命題 6.2.3 によりコンパクト．
2. コンパクト集合 A の閉部分集合 B は命題 6.2.3 によりコンパクト．よってその連続像 $f[B]$ は命題 6.2.6 によりコンパクトである．したがって，命題 6.2.5 によって $f[B]$ は閉集合.
3. 無理数 $\frac{1}{\sqrt{2}}$ に収束する有理数列 $(r_n)_n \subset \mathbb{Q} \cap [0,1]$ が存在するので，$\mathbb{Q} \cap [0,1]$ は閉集合ではない．命題 6.2.5 によりそれはコンパクトではない.
4. 命題 6.2.3 の証明と同じ.
5. (**AC**). 集合 $A \subset \mathbb{R}^n$ は列コンパクトであるとする．先ずその有界性を背理法で示す．A が有界ではないと仮定する．A の点列 $(a_m)_m$ を $\|a_m\| > m$ とな

るように取る．この点列のいかなる部分列 $(a_{m_k})_k$ も $\|a_{m_k}\| \to \infty\,(k \to \infty)$ なので (A の) どの点にも収束しない．したがって，A は列コンパクトではない．つぎに系 6.2.4 により，A の触点 a に収束する A の点列 $(a_m)_m$ を考えると，A は列コンパクトなのである部分列 $(a_{m_k})_k$ が A のある点 b に収束する．すると $b = \lim_{k\to\infty} a_{m_k} = a$ であるから $a \in A$. よって A は閉集合.

6. (**AC**). 可算コンパクト集合 A の可算無限部分集合を B として B が集積点を持たないとする．$\overline{B} - B$ の点は B の集積点なのでこのとき $\overline{B} - B = \emptyset$, つまり B は閉集合．定理 6.2.11 と命題 6.2.3, あるいは 6.2 節の演習 4 により B は可算コンパクト．B の各点 b に対し正の数 ε_b を $U(b;\varepsilon_b) \cap B = \{b\}$ となるように選んでおく．$(U(b;\varepsilon_b))_{b\in B}$ は可算コンパクト集合 B の可算開被覆であるから，有限個の点 $\{b_0,\ldots,b_m\} \subset B$ について $B \subset \bigcup\{U(b_i;\varepsilon_{b_i}) | i = 0,\ldots,m\}$ となる．ところが $B = B \cap \bigcup\{U(b_i;\varepsilon_{b_i}) | i = 0,\ldots,m\} = \{b_0,\ldots,b_m\}$ となり，B は有限集合である．
逆に閉集合 A は可算コンパクトではないとする．A の可算開被覆 $(U_m)_m$ でその任意の有限部分被覆も A を覆わないものを取る．集合列 $(U_m)_m$ は，任意の m について $A \cap \bigcup_{i\le m} U_i \subsetneq A \cap \bigcup_{i\le m+1} U_i$ となっているとしてよい．そこで A の点列 $(b_m)_m$ を $b_m \in (A \cap U_{m+1}) - \bigcup_{i\le m} U_i$ となるように取る．このとき $b_m \neq b_k\,(m \neq k)$ なので $B = \{b_m | m \in \mathbb{N}\}$ は A の可算無限部分集合である．いま x が B の集積点であるとすると，$B \cap \bigcup_{i\le m} U_i \subset \{b_i | i < m\}$ より x は $B - \bigcup_{i\le m} U_i$ の集積点でもある，cf. 6.1 節の演習 3. とくに x は $B - \bigcup_{i\le m} U_i$ の触点であり，$\bigcup_{i\le m} U_i$ は開集合だから $x \notin \bigcup_{i\le m} U_i$. これが任意の m について成り立つので $x \notin \bigcup_{m\in\mathbb{N}} U_m$, よって $x \notin A$. ところが A は閉集合で x は A の集積点でもあるから $x \in A$. これは矛盾である．よって可算無限部分集合 B は集積点を持たない．

第 6.3 節

1. A が空なら，任意の実数 a について A は開区間 (a,a) と等しい．$\emptyset \neq A \subset \mathbb{R}$ を連結集合とする．すると系 6.4 の証明 (6.3) で見た通り $a,b \in A \wedge a < c < b \Rightarrow c \in A$ となる．もし A が有界ならば $a = \inf A, b = \sup A$ として，$A \subset [a,b]$. また (6.3) より $(a,b) \in A$ となる．よって A は区間 $(a,b),(a,b],[a,b),[a,b]$ のいずれかに等しい．A が上に有界だが下に有界でなければ，A は区間 $(-\infty,b),(\infty,b]$ のいずれかと一致し，逆の場合は区間 $(a,\infty),[a,\infty)$ である．上にも下にも有界でなければ $A = (-\infty,\infty) = \mathbb{R}$ である．

2a. 定理 6.3.5 の [(2) ⇒ (3)] と同じ.

2b. 命題 6.3.4 による．

3. $P = (a_1,a_2), Q = (b_1,b_2) \in \mathbb{R}^2 - \mathbb{Q}^2$ を異なる 2 点とする．$a_1 \notin \mathbb{Q}$ として，$b_2 \notin \mathbb{Q}$ なら (a_1,a_2) と (a_1,b_2) を結ぶ y 軸に平行な線分と (a_1,b_2) と (b_1,b_2) を結ぶ x 軸に平行な線分を繋いだのが $\mathbb{R}^2 - \mathbb{Q}^2$ 内の 2 点 P,Q を結ぶ折れ線である．以下，$b_2 \in \mathbb{Q}$ とする．$b_1 \notin \mathbb{Q}$ である．$b \notin \mathbb{Q}$ を取って，(a_1,a_2) と (a_1,b)

を結ぶ y 軸に平行な線分，(a_1, b) と (b_1, b) を結ぶ x 軸に平行な線分，および (b_1, b) と (b_1, b_2) を結ぶ y 軸に平行な線分を繋げば $\mathbb{R}^2 - \mathbb{Q}^2$ 内の 2 点 P, Q を結ぶ折れ線が得られる．

$a_2 \notin \mathbb{Q}$ の場合も同様である．

4. $S^+ = \{(x, y) \in S | y \geq 0\}$, $S^- = \{(x, y) \in S | y \leq 0\}$ として $a = (1, 0), b = (-1, 0)$ とする．$f(a) \neq f(b)$ としてよい．S^+, S^- はともに弧であるから弧状連結，したがって，定理 6.3.5 より連結．その連続像 $f[S^+], f[S^-]$ は命題 6.3.4 により連結である．いま $y = \frac{f(a)+f(b)}{2}$ は $f(a) \neq f(b)$ より $f(a), f(b)$ いずれとも異なり，$f(a), f(b) \in f[S^+] \cap f[S^-]$ である．よって系 6.4 の証明 (6.3) により $y \in f[S^+] \cap f[S^-]$ となる．$x^{\pm} \in S^{\pm}$ (複号同順) を $f(x^{\pm}) = y$ となるように取れば，$f(x^+) \neq f(a), f(b)$ より $x^+ \neq a, b$. よって $x^+ \notin S^-$. したがって，$x^+ \neq x^-$ であるから f は単射ではない．

第 7.1 節

1. 三角不等式と対称性より $d(x, z) \leq d(x, y) + d(y, z)$ および $d(y, z) \leq d(x, y) + d(x, z)$.
2. $d(x, y) = \|x - y\| \geq 0$. $\|x - y\| = d(x, y) = 0 \Leftrightarrow x = y$. $d(x, y) = \|x - y\| = |-1| \|y - x\| = d(y, x)$. $d(x, z) = \|x - z\| = \|(x - y) + (y - z)\| \leq \|x - y\| + \|y - z\| = d(x, y) + d(y, z)$.
3. 点列 $(x_n)_n$ がコーシー列であるとする．任意に与えられた正の数 ε に対して番号 N を $\forall n, m \geq N[d(x_n, x_m) < \varepsilon]$ となるようにとると，任意の $n, m \geq N$ について不等式 (7.2) より $|d(x_n, x) - d(x_m, x)| \leq d(x_n, x_m) < \varepsilon$ となり，$(d(x_n, x))_n$ はコーシー列である．
4. 点 b が $U(a; \varepsilon)$ の外点であれば，ある $\delta > 0$ について $U(b; 2\delta) \cap U(a; \varepsilon) = \emptyset$. このとき $a \neq b$ より $c = b + \frac{\delta}{\|a-b\|}(a - b)$ として $c \notin U(a; \varepsilon)$ つまり $\|c - a\| \geq \varepsilon$. しかも $\|b - a\| = \|b - c\| + \|c - a\| = \delta + \|c - a\|$. よって $\|b - a\| > \varepsilon$. したがって，$b \notin U(a; \varepsilon)$. 逆に $\|b - a\| > \varepsilon$ であるとして $\varepsilon' = \|b - a\| - \varepsilon$ とおけば，$U(b; \varepsilon') \subset U(a; \varepsilon)^c$ である．よって b は $U(a; \varepsilon)$ の外点である．
5. もし $A = \bigcup\{U(a; \varepsilon) | \varepsilon > 0, U(a; \varepsilon) \subset A\}$ であれば，開球 $U(a; \varepsilon)$ は開集合で，開集合の合併はまた開集合であるから A も開集合である．逆に A が開集合であるとして，点 $a \in A$ に対して開球 $U(a; \varepsilon)$ が $U(a; \varepsilon) \subset A$ となるようにとれるので $A \subset \bigcup\{U(a; \varepsilon) | \varepsilon > 0, U(a; \varepsilon) \subset A\} \subset A$ である．
6. 閉集合の有限個の合併はまた閉集合であるから一点集合 $\{a\}$ が閉集合であることを示せばよい．$b \neq a$ に対して $0 < \varepsilon = d(a, b)$ に対して $a \notin U(b; \varepsilon)$ より $U(b; \varepsilon) \cap \{a\} = \emptyset$. よって $\{a\}$ の補集合が開集合なので $\{a\}$ は閉集合である．
7. ある正の数 ε について $U(x; \varepsilon) \cap (A - \{x\})$ が有限集合 $\{a_1, \ldots, a_n\}$ であるとする．このとき $d = \min\{d(x, a_i) | i = 1, \ldots, n\} > 0$ について $U(x; d) \cap (A - \{x\}) = \emptyset$ となり，x は A の集積点ではない．

8a. 点列 $(x_n)_n$ が x に収束するとする．任意に与えられた正の数 ε に対して番号 N を $\forall n \geq N[d(x_n, x) < \varepsilon]$ となるようにとれば，任意の $n, m \geq N$ について $d(x_n, x_m) \leq d(x_n, x) + d(x_m, x) < 2\varepsilon$．よって $(x_n)_n$ はコーシー列である．

8b. 点列 $(x_n)_n$ が x に収束するとするとしてその部分列 $(x_{n_k})_k$ を考える．任意に与えられた正の数 ε に対して番号 N を $\forall n \geq N[d(x_n, x) < \varepsilon]$ となるようにとり，番号 K を $n_K \geq N$ となるようにとる．このとき $\forall k \geq K\,[d(x_{n_k}, x) < \varepsilon]$ となる．

8c. 点列 $(x_n)_n$ はコーシー列であるとする．このとき番号 N を $\forall n, m \geq N[d(x_n, x_m) < 1]$ となるようにとれる．すると $\forall n \geq N[x_n \in U(x_N; 1)]$ であるから，$M = \max(\{d(x_i, x_N) + 1 : i < N\} \cup \{1\})$ とおけば $\forall n \in \mathbb{N}[x_n \in U(x_N; M)]$．

8d. 点列 $(x_n)_n$ はコーシー列であるとしてその部分列 $(x_{n_k})_k$ を考える．任意に与えられた正の数 ε に対して番号 N を $\forall n, m \geq N[d(x_n, x_m) < \varepsilon]$ となるようにとり，番号 K を $n_K \geq N$ となるようにとる．このとき $\forall k, l \geq K[d(x_{n_k}, x_{n_l}) < \varepsilon]$ となる．

8e. 点列 $(x_n)_n$ はコーシー列であるとしてその部分列 $(x_{n_k})_k$ が x に収束するとする．$\varepsilon > 0$ を与えられた正の数とする．番号 N_0 を $\forall n, m \geq N_0[d(x_n, x_m) < \frac{\varepsilon}{2}]$ となるようにとる．つぎに番号 N_1 を $\forall k \geq N_1[d(x_{n_k}, x) < \frac{\varepsilon}{2}]$ となるようにとる．そこで $N = \max\{N_0, N_1\}$ とおけば，任意の $k \geq N$ について，$d(x_k, x) \leq d(x_k, x_{n_k}) + d(x_{n_k}, x) < \frac{\varepsilon}{2} + \frac{\varepsilon}{2} = \varepsilon$ となる．

第 7.2 節

2a. はじめに $D(x) \in C(X)$ を確かめる．不等式 (7.2) より，$|D(x)(y) - D(x)(z)| = |d(x, y) - d(x, z)| \leq d(y, z)$ であるから $D(x)$ は X 上で（一様）連続関数である．つぎに $|(D(x) - D(y))(z)| = |D(x)(z) - D(y)(z)| = |d(x, z) - d(y, z)| \leq d(x, y)$ であるから，$D(x) - D(x_0)$ は有界関数．よって $D(x) - D(x_0) \in B(X)$．さらに不等式 (7.2) より，$\|D(x) - D(x_0)\|_\infty = \sup\{|d(x, y) - d(x_0, y)|\,|y \in X\} \leq d(x, x_0)$．ここで $y = x_0$ として $|d(x, x_0) - d(x_0, x_0)| = d(x, x_0)$．つまり $\|D(x) - D(x_0)\|_\infty = d(x, x_0)$．

2b. 演習 2a により e は等長写像であり，その像 $e[X]$ は閉包 $\overline{e[X]}$ で稠密である．また $\overline{e[X]}$ は完備距離空間 $B(X)$ での閉部分集合であるから，その部分距離空間として完備であることが命題 7.2.1 から従う．

3. $a(k) = (a(k, n))_{n \in \mathbb{N}} \in \boldsymbol{\ell}$ として $(a(k))_{k \in \mathbb{N}}$ を $\boldsymbol{\ell}$ におけるコーシー列とする．自然数 n について $|a(k, n) - a(m, n)| \leq \|a(k) - a(m)\|$ であり $(a(k))_k$ がコーシー列であるから実数列 $(a(k, n))_k$ もコーシー列である．その極限を $a_n = \lim_{k \to \infty} a(k, n)$ とおく．このとき実数列 $a = (a_n)_n$ は絶対収束し，$a = \lim_{k \to \infty} a(k)$ となる．

正の数 ε を任意にとる．番号 K を $\forall k, m \geq K[\|a(k) - a(m)\| < \varepsilon]$ となるようにとる．$k, m \geq K$ とする．$\sum_{n=0}^{p} |a(k, n) - a(m, n)| \leq \|a(k) - a(m)\| < \varepsilon$

が任意のpについて成り立つ．ここで$m \to \infty$として$a(m,n) \to a_n$であるから$\sum_{n=0}^{p} |a(k,n) - a_n| \leq \varepsilon$. これが任意の$p$について成り立つので$\sum_{n=0}^{\infty} |a(k,n) - a_n| \leq \varepsilon$となる．よって$|a_n| \leq |a(k,n) - a_n| + |a(k,n)|$より$\sum_{n=0}^{\infty} |a_n| \leq \varepsilon + \|a(k)\| < \infty$. ゆえに$(a_n)_n \in \boldsymbol{\ell}$. さらに$\sum_{n=0}^{\infty} |a(k,n) - a_n| \leq \varepsilon$は$\|a(k) - a\| \leq \varepsilon$を意味するから$a = \lim_{k\to\infty} a(k)$.

第 **7.3** 節

2. Aを有界として点$a \in X$と正の数rを$A \subset U(a;r)$となるように取る．するとAの2点x, yについて$d(x,y) \leq d(x,a) + d(a,y) < 2r$なので$\delta(A) \leq r$.
   逆に$\delta(A) = r$とし，点$x_0 \in A$をひとつ取る．Aの任意の点xについて$d(x_0, x) \leq r$. よって$A \subset U(x_0; r)$.
3. **(AC).** Xの各点xに対して正の数$\varepsilon(x)$を，$U(x; 2\varepsilon(x))$があるU_iに含まれるようにとる．このとき$(U(x;\varepsilon(x)))_{x\in X}$は$X$の開被覆となる．$X$はコンパクトだから有限個の点$x_0, x_1, \ldots, x_n \in X$を$X = \bigcup\{U(x_k; \varepsilon(x_k)) | k = 0, 1, \ldots, n\}$となるようにとる．そこで$r = \min\{\varepsilon(x_k) | k = 0, 1, \ldots, n\}$とおく．この数$r$が(7.9)を充たすことが以下のように分かる．いま$A \neq \emptyset$が$\delta(A) \leq r$であるとする．$a_0 \in A$をひとつ固定する．$d(a_0, x_k) < \varepsilon(x_k)$となる$k \leq n$をとる．すると$a \in A$について$d(a, x_k) \leq d(a, a_0) + d(a_0, x_k) < r + \varepsilon(x_k) \leq 2\varepsilon(x_k)$. よって$A \subset U(x_k; 2\varepsilon(x_k))$. iを$U(x_k; 2\varepsilon(x_k)) \subset U_i$として$A \subset U_i$.
4. 正の数$r = r(\mathfrak{U})$をXの開被覆$\mathfrak{U} = (U_i)_{i\in I}$に対して条件(7.9)を充たすものとする．$X$は全有界であるから有限個の点$x_0, x_1, \ldots, x_n \in X$を$X = \bigcup\{U(x_k; \frac{r}{2}) | k = 0, 1, \ldots, n\}$となるように取る．$\delta(U(x_k; \frac{r}{2})) \leq r$であるから各$k$について$U(x_k; \frac{r}{2}) \subset U_{i_k}$となる$i_k$が存在する．このとき$X = \bigcup\{U_{i_k} | k = 0, 1, \ldots, n\}$.

第 **8.1** 節

1. 先ず位相の族$(\mathcal{O}_i)_{i\in I}$の共通部分$\bigcap_{i\in I} \mathcal{O}_i$が位相であることを確かめる．任意の$i \in I$について$\{\emptyset, X\} \subset \mathcal{O}_i$だから$\{\emptyset, X\} \subset \bigcap_{i\in I} \mathcal{O}_i$. $U_1, U_2 \in \bigcap_{i\in I} \mathcal{O}_i$ならば任意の$i \in I$について$U_1, U_2 \in \mathcal{O}_i$であり，各$\mathcal{O}_i$は位相であるから$U_1 \cap U_2 \in \mathcal{O}_i$. これが任意の$i \in I$について成り立つので$U_1 \cap U_2 \in \bigcap_{i\in I} \mathcal{O}_i$. また$\mathcal{U} \subset \bigcap_{i\in I} \mathcal{O}_i$ならば，任意の$i \in I$について$\mathcal{U} \subset \mathcal{O}_i$より$\bigcup \mathcal{U} \in \mathcal{O}_i$. これが任意の$i \in I$について成り立つので$\bigcup \mathcal{U} \in \bigcap_{i\in I} \mathcal{O}_i$.
   つぎに$\mathcal{O}$をX上のすべての位相$\mathcal{O}_i$より粗い位相とする．これは$\forall i \in I(\mathcal{O} \subset \mathcal{O}_i)$を意味するから$\mathcal{O} \subset \bigcap_{i\in I} \mathcal{O}_i$であり，$\bigcap_{i\in I} \mathcal{O}_i$は$\mathcal{O}$より細かい．
2. 集合Aが位相空間$(X, \mathcal{O})$で稠密であれば$\overline{A} = X$. つまりXの任意の点xはAの触点である．よって空でない開集合$U \in \mathcal{O}$に属す点$x \in U$はAの触点なのでその開近傍UとAは交わる．
   逆に任意の空でない開集合$U \in \mathcal{O}$とAが交わるとする．Xの点xがAの触点であることを示すために x の開近傍 U をとると，仮定より A は U と交わる．したがって，x は A の触点である．$x \in X$ は任意だったから $\overline{A} = X$, つまり A は X で稠密である．

3. $a = (a_1, a_2, \ldots, a_n), b = (b_1, b_2, \ldots, b_n), c = (c_1, c_2, \ldots, c_n) \in \mathbb{R}^n$ とする．$k = 1, 2$ について $d_k(a, b) \geq 0$, $d_k(a, b) = 0 \Rightarrow a = b$ かつ $d_k(a, b) = d_k(b, a)$ は明らかである．三角不等式は $|a_i - c_i| \leq |a_i - b_i| + |b_i - c_i|$ より $d_1(a, c) = \sum_i |a_i - c_i| \leq \sum_i |a_i - b_i| + \sum_i |b_i - c_i| = d_1(a, b) + d_1(b, c)$ および $d_2(a, c) = \max\{|a_i - c_i| : i = 1, 2, \ldots, n\} \leq \max\{|a_i - b_i| : i = 1, 2, \ldots, n\} + \max\{|b_i - c_i| : i = 1, 2, \ldots, n\} = d_2(a, b) + d_2(b, c)$.
4. 6.3 節の演習 4 により任意の連続関数 $f : S \to \mathbb{R}$ は単射ではないので同相写像ではない．他方, 関数 $p : (S - \{(0, 1)\}) \to \mathbb{R}$ を $p(x, y) = \frac{x}{1-y}$ で定めればこれが同相写像となる．$q(z) = \left(\frac{2z}{1+z^2}, \frac{z^2-1}{1+z^2}\right)$ が p の逆写像 $q : \mathbb{R} \to (S - \{(0, 1)\}$ を与える．
5. $\mathcal{B}$ が X 上の位相 $\mathcal{O}$ の基底であるとして，開集合 $U \in \mathcal{O}$ とその点 $x \in U$ をとる．$\mathcal{B}$ が基底であるから $U = \bigcup\{V \in \mathcal{B} | V \subset U\}$ であるから $x \in V \subset U$ となる $V \in \mathcal{B}$ が存在する．

   逆に $\forall U \in \mathcal{O} \forall x \in U \exists V \in \mathcal{B}[x \in V \subset U]$ が成り立つとして開集合 $U \in \mathcal{O}$ を考えれば，$\forall x \in U \exists V \in \mathcal{B}[x \in V \subset U]$ であるから $U \subset \bigcup\{V \in \mathcal{B} | V \subset U\}$ となる．よって $U = \bigcup\{V \in \mathcal{B} | V \subset U\}$ であり $\mathcal{B}$ は基底である．
6. 先ず $\mathcal{O}_{cc}$ が X 上の位相であることを確かめる．$\mathcal{O}_{cc}$ の有限部分集合族 $\mathcal{U} = \{U_i | i = 1, \ldots, n\}$ $(n \in \mathbb{N})$ を考えて共通部分 $\bigcap \mathcal{U} \in \mathcal{O}_{cc}$ を示す．U_i の内で空なものがあれば $\bigcap \mathcal{U} = \emptyset$ となり $\bigcap \mathcal{U} \in \mathcal{O}_{cc}$ は定義による．そうでないとすると各 $U \in \mathcal{U}$ の補集合 U^c は可算集合であるから $(\bigcap \mathcal{U})^c = \bigcup\{U^c | U \in \mathcal{U}\}$ も可算集合である．よって $\bigcap \mathcal{U} \in \mathcal{O}_{cc}$. つぎに集合族 $\mathcal{U} \subset \mathcal{O}_{cc}$ についてその合併 $\bigcup \mathcal{U} \in \mathcal{O}_{cc}$ を示す．$(\bigcup \mathcal{U})^c = \bigcap\{U^c | U \in \mathcal{U}\}$ であり各 $U \in \mathcal{U}$ の補集合 U^c は可算集合か X そのものである．ひとつでも空でない $U \in \mathcal{U}$ があれば $(\bigcup \mathcal{U})^c$ は可算集合であり，そうでなければ $(\bigcup \mathcal{U})^c = X$ となり $\bigcup \mathcal{U} = \emptyset$. いずれにせよ $\bigcup \mathcal{U} \in \mathcal{O}_{cc}$.

   つぎに $\mathcal{O}_{cc}$ が第 1 可算公理を充たさないことを示す．点 $x \in X$ の開近傍から成る可算族 $(U_n)_{n \in \mathbb{N}}$ を任意に取る．このとき各 n について補集合 U_n^c は可算集合であるからその合併 $E = \bigcup\{U_n^c | n \in \mathbb{N}\}$ も可算である．よってその補集合 $E^c = \bigcap\{U_n | n \in \mathbb{N}\}$ は x の開近傍である．ここで x と異なる点 $a \in E^c$ をひとつとると x の開近傍 $V = E^c - \{a\}$ は $V \subsetneq E^c$ なので $\forall n(U_n \not\subset V)$. 開近傍から成る可算族 $(U_n)_{n \in \mathbb{N}}$ は任意だったので $\mathcal{O}_{cc}$ は第 1 可算公理を充たさない．

第 8.2 節

1. 8.1 節の（例）(8.3) における距離関数 $d_2(a, b) = \max\{|a_i - b_i| : i = 1, 2, \ldots, n\}$ による位相はユークリッド空間 $\mathbb{R}^n$ の位相と同じであった．直

方体 $V = (a_1, b_1) \times (a_2, b_2) \times \cdots \times (a_n, b_n)$ の点 $x = (x_1, x_2, \ldots, x_n)$ に対して $\varepsilon = \min\{|a_i - x_i|, |x_i - b_i| : i = 1, 2, \ldots, n\}$ とすれば，$U_2(x;\varepsilon) = \{y \in \mathbb{R}^n | d_2(y, x) < \varepsilon\} \subset V$ であるから直方体 V は開集合である．逆に点 $a = (a_1, a_2, \ldots, a_n)$ を中心とした開球 $U_2(a;\varepsilon)$ は直方体 $(a_1 - \varepsilon, a_1 + \varepsilon) \times (a_2 - \varepsilon, a_2 + \varepsilon) \times \cdots \times (a_n - \varepsilon, a_n + \varepsilon)$ であるから開集合は直方体の和で表せる．

2. 命題 8.1.4.2b によれば，位相空間での集合 A の閉包は，A を含む閉集合の共通部分であった．他方，部分空間 Y の閉集合 B は，X のある閉集合 C により $B = C \cap Y$ と表される．よって X における閉集合系を $\mathcal{C}$ で表せば，$A \subset Y$ の Y における閉包は $\bigcap\{C \cap Y | A \subset C \cap Y, C \in \mathcal{C}\} = \bigcap\{C \cap Y | A \subset C \in \mathcal{C}\} = \bigcap\{C | A \subset C \in \mathcal{C}\} \cap Y = \overline{A} \cap Y$.

3. 位相空間 X での開集合族 $(V_i)_{i \in I}$ に対して $U_i = Y \cap V_i$ $(i \in I)$ とおけば，位相空間 Y での開集合族 $(U_i)_i$ が Y の被覆であることと位相空間 X での開集合族 $(V_i)_i$ が集合 Y の被覆であることは同値であるから．

4. 点 $x = (x_i)_i \in \prod_i X_i$ $(x_i = \mathrm{pr}_i(x))$ の開近傍 U は，I のある有限部分集合 J と各 x_j の開近傍 V_j により $U = \prod_{j \in J} V_j \times \prod_{i \notin J} X_i$ と表せる．よって，x の任意の開近傍 U が $A = \prod_i A_i$ と交わる必要十分条件は，任意の $i \in I$ について $x_i \in \overline{A_i}$ である．

5. **(AC)**. 各 X_n の可算基底 $\mathcal{B}_n$ を取る．$\{\prod_{n<m} V_n \times \prod_{n \geq m} X_n | m \in \mathbb{N}, V_n \in \mathcal{O}_n\}$ が直積空間 $\prod_{n \in \mathbb{N}} X_n$ の基底であるから，$\{\prod_{n<m} V_n \times \prod_{n \geq m} X_n | m \in \mathbb{N}, V_n \in \mathcal{B}_n\}$ もそうである．命題 4.2.2 によりこの集合は可算だから直積空間も第 2 可算公理を充たすことが分かる．

6a. $\{U \times V | U \in \mathcal{O}_X, V \in \mathcal{O}_Y\}$ は直積空間 $X \times Y$ の基底であった．よって $X \times Y$ の任意の開被覆 $\mathcal{W}$ に対して $\{U \times V | U \in \mathcal{O}_X, V \in \mathcal{O}_Y, \exists W \in \mathcal{W}[U \times V \subset W]\}$ も $X \times Y$ の開被覆となる．この有限部分被覆 $(U_i \times V_i)_{i=0,1,\ldots,n}$ を取り，各 i について $W_i \in \mathcal{W}$ を $U_i \times V_i \subset W_i$ となるように取れば，$(W_i)_{i=0,1,\ldots,n}$ が求める $\mathcal{W}$ の有限部分被覆である．

6b. $x \in X$ を任意に取る．$\{x\} \times Y$ は Y と同相であるからコンパクトである．$\{x\} \times Y$ を被覆する $\mathcal{W}$ の有限部分集合 $\{U_i \times V_i | i = 1, 2, \ldots, n\}$ が存在する．ここで $U = \bigcap\{U_i | i = 1, 2, \ldots, n\}$ として $x \in U$. また $U \in \mathcal{U}$ となる．なぜなら Y の有限開被覆 $(V_i)_{i=1,2,\ldots,n}$ について $U \times V_i \subset U_i \times V_i \in \mathcal{W}$.

6c. $\mathcal{U}$ の有限部分被覆 $\mathcal{U}_0$ を取り，各 $U \in \mathcal{U}_0$ について Y の有限開被覆 $\mathcal{V}(U)$ と $V \in \mathcal{V}(U)$ に対して $W(U, V) \in \mathcal{W}$ を $U \times V \subset W(U, V)$ となるように取る．このとき $\{W(U, V) | U \in \mathcal{U}_0, V \in \mathcal{V}(U)\}$ は $\mathcal{W}$ の有限開被覆となる．

7a. $f_\lambda = \mathrm{pr}_\lambda \circ f$ となる写像 $f : A \to \prod_{\lambda \in \Lambda} X_\lambda$ の一意的存在は 3.3.2 項の演習 5 による．その連続性は系 8.4 による．

7b. 写像 $(\pi_\lambda)_{\lambda \in \Lambda}$ と $(\mathrm{pr}_\lambda)_{\lambda \in \Lambda}$ が互いに逆であることは 3.3.2 項の演習 5 による．写像 $(\pi_\lambda)_\lambda$ の連続性は $\pi_\lambda = \mathrm{pr}_\lambda \circ (\pi_\lambda)_\lambda$ と系 8.4 による．逆に $(\mathrm{pr}_\lambda)_{\lambda \in \Lambda}$ の連続性は仮定と射影 pr_λ の連続性による．

8a. $f_\lambda = f \circ i_\lambda$ となる写像 $f : \coprod_{\lambda\in\Lambda} X_\lambda \to B$ の一意的存在は 3.3.2 項の演習 6 による．その連続性は系 8.6 による．

8b. 写像 $\coprod_{\lambda\in\Lambda} \iota_\lambda$ と $\coprod_{\lambda\in\Lambda} i_\lambda$ が互いに逆であることは 3.3.2 項の演習 6 による．写像 $\coprod_\lambda \iota_\lambda$ の連続性は $\iota_\lambda = \coprod_\lambda \iota_\lambda \circ i_\lambda$ と系 8.6 による．逆に $\coprod_\lambda i_\lambda$ の連続性は仮定と包含写像 i_λ の連続性による．

第 8.3 節

1. X をハウスドルフ空間とし $(x, y) \notin \Delta_X$ とする．つまり $x \neq y$. x の開近傍 U と y の開近傍 V を $U \cap V = \emptyset$ となるように取る．すると $(U \times V) \cap \Delta_X = \emptyset$. よって Δ_X は $X \times X$ で閉集合である．
   逆に $x \neq y$ とすれば $(x, y) \notin \Delta_X$. Δ_X が $X \times X$ で閉集合であるとして，(x, y) の開近傍で Δ_X と交わらないものがある．そのような開近傍として x のある開近傍 U と y のある開近傍 V による積 $U \times V$ が取れる．すると $(U \times V) \cap \Delta_X = \emptyset$. これは $U \cap V = \emptyset$ を意味する．

2a. $x \in X$ を $f(x) \neq g(x)$ なる点とする．Y がハウスドルフ空間であるから $f(x)$ の開近傍 U と $g(x)$ の開近傍 V を $U \cap V = \emptyset$ となるように取る．すると $f^{-1}[U], g^{-1}[V]$ はともに x の開近傍であり，任意の $y \in f^{-1}[U] \cap g^{-1}[V]$ は $f(y) \neq g(y)$ を充たす．

2b. 演習 2a による．

4a. すべての X_i が T_1-空間であるとする．X の異なる 2 点 x, y について $i_0 \in I$ を $x_{i_0} = \mathrm{pr}_{i_0}(x) \neq \mathrm{pr}_{i_0}(y) = y_{i_0}$ となるように取る．X_{i_0} は T_1-空間であるから，x_{i_0} の開近傍 U を $y_{i_0} \notin U$ と取る．すると $U \times \prod_{i\neq i_0} X_i$ は x の開近傍で $y \notin U \times \prod_{i\neq i_0} X_i$.
   逆に X が T_1-空間であるとする．$x \in X$ と $i_0 \in I$ について，X の部分空間 $Y = \{y \in X | \forall i \neq i_0[\mathrm{pr}_i(y) = \mathrm{pr}_i(x)]\}$ は X_{i_0} と同相である．演習 3 により Y は T_1-空間であるから X_{i_0} も T_1-空間.

4b. 演習 4a と同様.

5. 系 8.7 による．

参考文献

[1] 新井 紀子，数学は言葉，math stories, 東京図書
[2] 斎藤 毅，集合と位相，大学数学の入門 8, 東京大学出版会
[3] 齋藤 正彦，数学の基礎，基礎数学 14, 東京大学出版会
[4] 砂田 利一，基幹講座 数学 微分積分，東京図書（近刊）
[5] 松坂 和夫，集合・位相入門，岩波書店

索　引

索　引

記号

あ行

か行

さ行

た行

な行

は行

ま行

や行

ら行

わ行

□基幹講座 数学 代表編集委員

砂田 利一（すなだ としかず）
明治大学名誉教授
東北大学名誉教授

新井 敏康（あらい としやす）
東京大学大学院数理科学研究科教授

木村 俊一（きむら しゅんいち）
広島大学大学院先進理工系科学研究科教授

西浦 廉政（にしうら やすまさ）
北海道大学名誉教授
東北大学材料科学高等研究所研究顧問

□著者

新井 敏康（あらい としやす）
千葉大学名誉教授
東京大学名誉教授

基幹講座 数学 集合・論理と位相　　Printed in Japan

2016年11月25日 第1刷発行
2025年 5 月10日 第4刷発行

編　者　基幹講座 数学 編集委員会
著　者　新井敏康
発行所　東京図書株式会社
〒102-0072 東京都千代田区飯田橋 3-11-19
振替 00140-4-13803 電話 03(3288)9461
https://www.tokyo-tosho.co.jp/

ISBN 978-4-489-02249-4